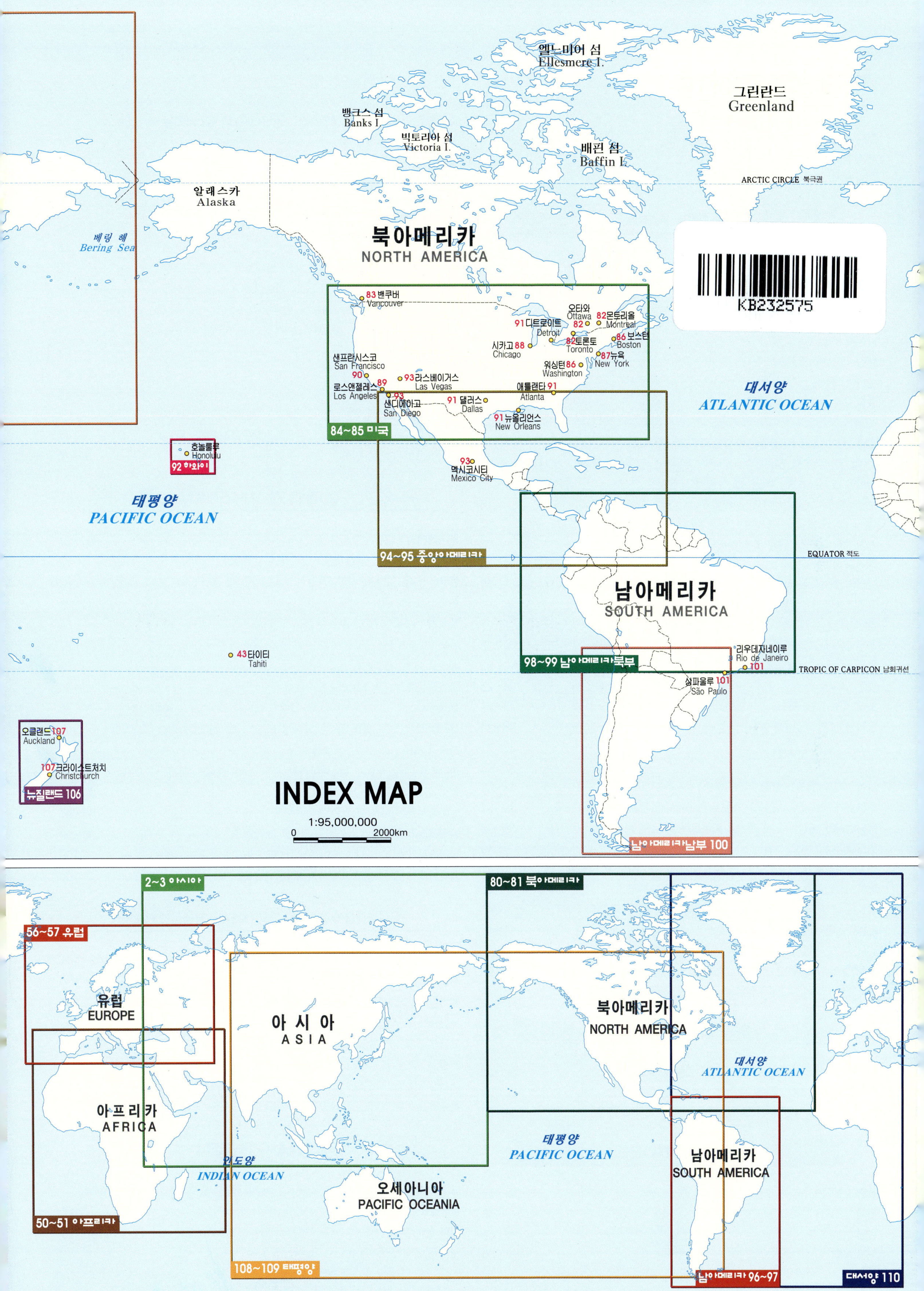
엘느미어 섬
Ellesmere I.
그린란드
Greenland
뱅크스 섬
Banks I.
빅토리아 섬
Victoria I.
배핀 섬
Baffin I.
알래스카
Alaska
ARCTIC CIRCLE 북극권
베링 해
Bering Sea
북아메리카
NORTH AMERICA
KB232575
83 밴쿠버
Vancouver
오타와
Ottawa
82 몬트리올
Montréal
91 디트로이트
Detroit
82
82 토론토
Toronto
86 보스턴
Boston
시카고 88
Chicago
87 뉴욕
New York
샌프란시스코
San Francisco
워싱턴 86
Washington
93 라스베이거스
Las Vegas
대서양
ATLANTIC OCEAN
로스앤젤레스 89
Los Angeles
애틀랜타 91
Atlanta
93
샌디에이고
San Diego
91 댈러스
Dallas
84~85 미국
91 뉴올리언스
New Orleans
호놀룰루
Honolulu
92 하와이
태평양
PACIFIC OCEAN
93
멕시코시티
Mexico City
94~95 중앙아메리카
EQUATOR 적도
남아메리카
SOUTH AMERICA
43 타이티
Tahiti
98~99 남아메리카북부
리우데자네이루
Rio de Janeiro
101
TROPIC OF CAPRICON 남회귀선
상파울루 101
São Paulo
오클랜드 107
Auckland
107 크라이스트처치
Christchurch
뉴질랜드 106
INDEX MAP
1:95,000,000
0   2000km
남아메리카남부 100
2~3 아시아
80~81 북아메리카
56~57 유럽
유럽
EUROPE
아시아
ASIA
북아메리카
NORTH AMERICA
대서양
ATLANTIC OCEAN
아프리카
AFRICA
인도양
INDIAN OCEAN
태평양
PACIFIC OCEAN
남아메리카
SOUTH AMERICA
오세아니아
PACIFIC OCEANIA
50~51 아프리카
108~109 태평양
남아메리카 96~97
대서양 110

차 례 CONTENTS

지도 찾아 보기 INDEX MAP
세계 여러 나라 THE STATE INFORMATION
세계 유산, 관광 도시 WORLD HERITAGE, SIGHTSEEING CITY

아시아 ASIA

아시아 ASIA ·· 2~3
동부아시아 EAST ASIA ·· 4~5
중국 CHINA ··· 6~7
중국(만주 지방) CHINA(MANCHURIA) ···················· 8
베이징 BEIJING(北京) ··· 9
톈진 TIANJIN(天津) ··· 10
상하이 SHANGHAI(上海) ·· 11
충칭 CHUNGQING(重庆) ··· 12
스자좡 SHIJIAZHUANG(石家庄), 후허하오터 HUHEHAOTE(呼和浩特), 선양 SHENYANG(沈阳) ········ 13
창춘 CHANGCHUN(长春), 하얼빈 HARBIN(哈尔滨) ······· 14
타이위안 TAIYUAN(太原), 항저우 HANGZHOU(杭州), 푸저우 FUZHOU(福州), 난창 NANCHANG(南昌) ······· 15
허페이 HEFEI(合肥), 지난 JINAN(济南), 정저우 ZHENGZHOU(郑州)
우한 WUHAN(武汉), 광저우 GUANGZHOU(广州), 하이커우 HAIKOU(海口) ···· 16
창사 CHANGSHA(长沙), 구이양 GUIYANG(贵阳), 우루무치 ÜRÜMQI(乌鲁木齐), 쿤밍 KUNMING(昆明) ···· 17
시안 XIAN(西安), 난닝 NANNING(南宁) ···················· 18
란저우 LANZHOU(兰州), 시닝 XINING(西宁), 라싸 LHASA(拉萨), 인촨 YINCHUAN(银川) ···· 19
난징 NANJING(南京), 쑤저우 SUZHOU(苏州), 징더전 JINGDEZHEN(景德镇), 다롄 DALIAN(大连) ······ 20
지린 JILIN(吉林), 원저우 WENZHOU(温州), 탕산 TANGSHAN(唐山)
친황다오 QINHUANGDAO(秦皇岛), 뤄양 LUOYANG(洛阳), 카이펑 KAIFENG(开封) ···· 21
청두 CHENGDU(成都), 타이베이 TAIPEI(台北) ············ 22
홍콩 HONGKONG(香港), 마카오 MACAU(澳門) ··········· 23
일본 JAPAN ·· 24~25
도쿄 TOKYO(東京) ··· 26~27
오사카 OSAKA(大阪) ·· 28~29
나고야 NAGOYA(名古屋) ····································· 30~31
교토 KYOTO(京都) ·· 32~33
나라 NARA(奈良), 고베 KOBE(神戸) ···················· 34~35
후쿠오카 FUKUOKA(福岡), 삿포로 SAPPORO(札幌) ···· 36~37
동남아시아 SOUTH EAST ASIA, 자카르타 JAKARTA ···· 38~39
인도차이나 INDOCHINA ··· 40
쿠알라룸푸르 KUALA LUMPUR, 마닐라 MANILA, 싱가포르 SINGAPORE ···· 41
방콕 BANGKOK, 하노이 HANOI, 호찌민 HOCHIMINH ···· 42
괌 GUAM, 사이판 SAIPAN, 팔라우 PALAU, 로타 ROTA, 타이티 TAHITH ······· 43
서남아시아 SOUTH WEST ASIA ·························· 44~45
인도 INDIA, 델리 DELHI, 뭄바이 MUMBAI(BOMBAY) ······· 46~47
이스라엘 ISRAEL, 레바논 LEBANON, 키프로스 KYPRUS, 시리아 SYRIA, 요르단 JORDAN ···· 48
이스탄불 ISTANBUL, 예루살렘 JERUSALEM, 테헤란 TEHERAN ···· 49

아프리카 AFRICA

아프리카 AFRICA, 카이로 CAIRO, 카사블랑카 CASABLANCA ···· 50~51
북부아프리카 NORTHERN AFRICA ······················ 52~53
남부아프리카 SOUTHERN AFRICA, 나이로비 HONGKONG, 케이프타운 HONGKONG ···· 54~55

유럽 EUROPE

유럽 EUROPE ··· 56~57
영국 UNITED KINGDOM ·· 58
런던 LONDON ··· 59
북부 유럽 NORTH EUROPE ······································ 60

스톡홀름 STOCKHOLM, 코펜하겐 COPENHAGEN, 암스테르담 AMSTERDAM
브뤼셀 BRÜSSELS ·· 61
중부 유럽 MIDDLE EUROPE ······························· 62~63
베를린 BERLIN ··· 64
뮌헨 MÜNCHEN, 프랑크푸르트 FRANKFURT ·············· 65
남부 유럽 SOUTH EUROPE ·································· 66~67
파리 PARIS ·· 68
로마 ROMA(ROME), 밀라노 MILANO, 베네치아 VENEZIA(VENICE) ···· 69
마드리드 MADRID, 리스본 LISBON, 바르셀로나 BARCELONA ···· 70
제네바 GENEVA, 취리히 ZÜRICH, 빈 WIEN ··············· 71
인스브루크 INNSBRUCK, 잘츠부르크 SALZBURG, 아테네 ATHENS(ATHINAI) ········ 72
남동부 유럽 SOUTH EAST EUROPE ························· 73
중앙 러시아 CENTRAL RUSSIA ·························· 74~75
모스크바 MOSCOW(MOSKVA) ·································· 76
상트페테르부르크 SANKTPETERBURG, 키예프 KIEV, 바르샤바 WARSZAWA
프라하 PRAHA, 부다페스트 BUDAPEST, 베오그라드 BEOGRAD ···· 77
러시아 RUSSIA ·· 78~79

아메리카 AMERICA

북아메리카 NORTH AMERICA ···························· 80~81
토론토 TORONRO, 몬트리올 MONTREAL, 오타와 OTTAWA ···· 82
벤쿠버 VANCOUVER, 나이아가라 NIAGARA, 캐나다 로키 CANADIAN ROCKY ···· 83
미국 UNITED STATES OF AMERICA ···················· 84~85
워싱턴 WASHINGTON, 보스턴 BOSTON ····················· 86
뉴욕 NEW YORK ··· 87
시카고 CHICAGO ·· 88
로스앤젤레스 LOS ANGELES ···································· 89
샌프란시스코 SAN FRANCISCO, 그랜드 캐니언 GRAND CANYON ···· 90
디트로이트 DETROIT, 애틀란타 ATLANTA, 댈러스 DALLAS, 뉴올리언스 NEW ORLEANS ···· 91
하와이 제도 HAWAII IS., 호놀룰루 HONOLULU ··········· 92
샌디에이고 SAN DIEGO, 라스베이거스 LAS VEGAS, 멕시코 시티 MEXICO CITY ···· 93
중앙 아메리카 MIDDLE AMERICA ······················ 94~95
남아메리카 SOUTH AMERICA ···························· 96~97
남아메리카 북부 NORTHERN SOUTH AMERICA ···· 98~99
남아메리카 남부 SOUTHERN SOUTH AMERICA ······· 100
상파울루 SÃO PAULO, 리우데자네이루 RIO DE JANEIRO ···· 101

오세아니아 OCEANIA · 대양 OCEAN · 양극지방 POLAR

오스트레일리아 AUSTRALIA, 골드코스트 GOLD COAST ···· 102~103
시드니 SYDNEY, 브리즈번 BRISBANE ····················· 104
멜버른 MELBOURNE, 캔버라 CANBERRA ················· 105
뉴질랜드 NEW ZEALAND ·· 106
오클랜드 AUCKLAND, 크라이스트처치 CHRISTCHURCH ···· 107
태평양 PACIFIC OCEAN ···································· 108~109
대서양 ATLANTIC OCEAN ······································ 110
북극해 ARCTIC OCEAN, 남극 ANTARCTICA ············· 111

기타 OTHER

세계자연유산 WORLD NATURAL HERITAGE, 세계문화유산 WORLD CULTURAL HERITAGE
세계 축제 WORLD FESTIVAL ·································· 112
지명 찾아 보기 INDEX ···································· 113~120
세계 전도 THE WORLD

세계 여러 나라 THE STATE INFORMATION

국제연합 The United Nation (UN) · 본부 미국 뉴욕
설립 1945년 | 회원국 193개국('13)
목적 국제평화의 안전과 유지. 국가간의 경제, 사회, 문화, 인도적 문제의 해결과 인권, 기본적 자유의 존중.

국제적십자사 International Red Cross(IRC) · 본부 스위스 제네바
설립 1863년 | 회원국 190개국('09)
목적 인종.경제.종교로부터의 독립성, 각국적십자의 평등성을 기본원칙으로 하고 세계 평화의 유지와 발전에 기여하는것이 목적.

국제올림픽위원회 International Olympic Committee(IOC) · 본부 스위스 로잔
설립 1894년 | 회원국 206개국('17)
목적 올림픽 전통과 이념을 선양, 아마추어 경기권장, 근대 올림픽대회 총괄. 올림픽 경기의 정기적인 개최.

대한민국 KOREA · 본문 5M4
면적 223(남한100천㎢) | 인구 51,069천명 | 수도 서울 | 1인당GNI 27,340$ | 언어 한국어 | 종교 불교, 천주교, 기독교, 기타 | 화폐 원

가나 GHANA · 본문 52F9
면적 239천㎢ | 인구 26,984천명 | 수도 아크라 | 1인당GNI 1,770$ | 언어 영어, 아샨테어 | 종교 신교, 이슬람교 | 화폐 Cedi 세디 | 대사관 주 가나 대사관 (233-302)776-157

가봉 GABON · 본문 50F6
면적 268천㎢ | 인구 1,751천명 | 수도 리브르 | 1인당GNI 10,650$ | 언어 불어, 토착어 | 종교 원시종교, 가톨릭 | 화폐 중앙아프리카 세파 프랑 | 대사관 주 가봉 대사관 (00241)0530-1900

가이아나 GUYANA · 본문 99G2
면적 215천㎢ | 인구 808천명 | 수도 조지타운 | 1인당GNI 3,750$ | 언어 영어 | 종교 힌두교, 영국국교회, 신교 | 화폐 가이아나 Dollar | 대사관 주 베네수엘라 대사관 겸임국

감비아 GAMBIA · 본문 44C8
면적 11천㎢ | 인구 1,970천명 | 수도 반줄 | 1인당GNI 500$ | 언어 영어, 만딩고어 | 종교 이슬람교,신교 | 화폐 Dalasi 달라시 | 대사관 주 세네갈 대사관 겸임국

과테말라 GUATEMALA · 본문 94F6
면적 109천㎢ | 인구 16,255천명 | 수도 과테말라 | 1인당GNI 3,340$ | 언어 에스파냐어 | 종교 가톨릭 | 화폐 Quetzal 케찰 | 대사관 주 과테말라 대사관 (502)2382-4051~5

그레나다 GRENADA · 본문 98F1
면적 340천㎢ | 인구 107천명 | 수도 세인트조지스 | 1인당GNI 7,490$ | 언어 영어 | 종교 신교 | 화폐 동카리브 달러 | 대사관 주 트리니다드토바고 대사관 겸임국

그리스 GREECE · 본문 73C6
면적 132천㎢ | 인구 11,126천명 | 수도 아테네 | 1인당GNI 22,690$ | 언어 그리스어 | 종교 그리스정교 | 화폐 Euro | 대사관 주 그리스 대사관 (30-210)698-4080~2

기니 GUINEA · 본문 44D8
면적 246천㎢ | 인구 12,348천명 | 수도 코나크리 | 1인당GNI 460$ | 언어 불어, 수수어 | 종교 이슬람교, 신교 | 화폐 기니 Franc | 대사관 주 세네갈 대사관 겸임국

기니비사우 GUINEABISSAU · 본문 52C8
면적 36천㎢ | 인구 1,788천명 | 수도 비사우 | 1인당GNI 590$ | 언어 포르투갈이, 크레올어 | 종교 민속종교, 이슬람교 | 화폐 서아프리카 세파 프랑 | 대사관 주 세네갈 대사관 겸임국

나미비아 NAMIBIA · 본문 50F8
면적 824천㎢ | 인구 2,392천명 | 수도 빈트후크 | 1인당GNI 5870$ | 언어 영어 | 종교 신교,가톨릭 | 화폐 나미비아 달러 | 대사관 주 남아공 대사관 겸임국

나우루 NAURU · 본문 108M8
면적 20㎢ | 인구 10천명 | 수도 야렌 | 1인당GNI 15,737$ | 언어 영어, 나우루어 | 종교 신교,가톨릭 | 화폐 오스트레일리아 달러 | 대사관 주 피지 대사관 겸임국

나이지리아 NIGERIA · 본문 44H9
면적 924천㎢ | 인구 183,523천명 | 수도 아부자 | 1인당GNI 2,710$ | 언어 영어, 하우사어 | 종교 신교, 이슬람교 | 화폐 Niara 나이라 | 대사관 주 나이지리아 대사관 (234-9)461-2701

남아프리카공화국 REP. OF SOUTH AFRICA · 본문 50G9
면적 1,221천㎢ | 인구 53,491천명 | 수도 프리토리아 | 1인당GNI 7,410$ | 언어 영어, 반투어, 줄루어 | 종교 신교 | 화폐 Rand 랜드 | 대사관 주 남아프리카 대사관 +27-(0)12-460-2508

네덜란드 NETHERLANDS · 본문 62B2
면적 37천㎢ | 인구 16,844천명 | 수도 암스테르담 | 1인당GNI 51,060$ | 언어 네덜란드어 | 종교 가톨릭,신교 | 화폐 Euro | 대사관 주 네덜란드 대사관 (31-70)740-0200, 740-0214~5

네팔 NEPAL · 본문 46E3
면적 147천㎢ | 인구 28,441천명 | 수도 카트만두 | 1인당GNI 730$ | 언어 네팔어 | 종교 힌두교, 불교, 이슬람교 | 화폐 네팔 루피 | 대사관 주 네팔 대사관 (977-1)4270172, 4270417

노르웨이 NORWAY · 본문 52C3
면적 324천㎢ | 인구 5,141천명 | 수도 오슬로 | 1인당GNI 102,700$ | 언어 노르웨이어, 덴마크어 | 종교 신교 | 화폐 Krone 노르웨이 크로네 | 대사관 주 노르웨이 대사관 +47-2254-7090

뉴질랜드 NEW ZEALAND · 본문 106C3
면적 275천㎢ | 인구 4,596천명 | 수도 웰링턴 | 1인당GNI 40,318$ | 언어 영어 | 종교 신교, 가톨릭 | 화폐 뉴질랜드 달러 | 대사관 주 뉴질랜드 대사관 (64-4)473-9073

니제르 NIGER · 본문 52H7
면적 1,267천㎢ | 인구 19,268천명 | 수도 니아메 | 1인당GNI 400$ | 언어 불어 | 종교 이슬람교, 원시종교 | 화폐 서아프리카 세파 프랑 | 대사관 주 코트디부아르 대사관 겸임국

니카라과 NICARAGUA · 본문 95H6
면적 130천㎢ | 인구 6,257천명 | 수도 마나구 | 1인당GNI 1,790$ | 언어 에스파냐어 | 종교 가톨릭, 신교 | 화폐 Cordoba 코르도바 | 대사관 주 니카라과 대사관 (505)-2267-6777/6688

덴마크 DENMARK · 본문 52C5
면적 43천㎢ | 인구 5,662천명 | 수도 코펜하겐 | 1인당GNI 61,670$ | 언어 덴마크어 | 종교 신교 | 화폐 덴마크 크로네 | 대사관 주 덴마크 대사관 (45)3946-0400

도미니카공화국 DOMINICA REP. · 본문 95J5
면적 48천㎢ | 인구 10,652천명 | 수도 산토도밍고 | 1인당GNI 5,770$ | 언어 에스파냐어 | 종교 가톨릭, 신교 | 화폐 페소 | 대사관 주 도미니카공화국 대사관 (1-809)482-6505

도미니카연방 DOMINICA · 본문 95L5
면적 750㎢ | 인구 73천명 | 수도 로조 | 1인당GNI 6930$ | 언어 영어, 불어방언 | 종교 가톨릭, 신교 | 화폐 동카리브 달러 | 대사관 주 도미니카공화국 대사관 겸임국

독일 GERMANY · 본문 62D3
면적 357천㎢ | 인구 82,562천명 | 수도 베를린 | 1인당GNI 47,250$ | 언어 독일어 | 종교 신교, 가톨릭 | 화폐 Euro | 대사관 주 독일 대사관 (49-30)260-650

동티모르 TIMOR-LESTE · 본문 39H7
면적 15천㎢ | 인구 1,173천명 | 수도 딜리 | 1인당GNI 3,847$ | 언어 포르투갈어, 테툼어 | 종교 가톨릭 | 화폐 U.S Dallar 미국 달러 | 대사관 주 동티모르 대사관 (670)332-1635

라오스 LAOS · 본문 40D2
면적 237천㎢ | 인구 7,020천명 | 수도 비엔티안 | 1인당GNI 1,450$ | 언어 라오스어 | 종교 불교, 신교 | 화폐 kip 킵 | 대사관 주 라오스 대사관 (856)21-352-031~3

라이베리아 LIBERIA · 본문 52E9
면적 111천㎢ | 인구 4,503천명 | 수도 몬로비아 | 1인당GNI 410$ | 언어 영어, 토속어 | 종교 원시종교, 이슬람교 | 화폐 라이베리아 달러 | 대사관 주 나이지리아 대사관 겸임국

라트비아 LATVIA · 본문 74B3
면적 65천㎢ | 인구 2,031천명 | 수도 리가 | 1인당GNI 15,290$ | 언어 라트비아어, 러시아어 | 종교 신교, 그리스정교 | 화폐 Euro | 대사관 주 스웨덴 대사관 겸임국

러시아 RUSSIA · 본문 86J3
면적 17,098천㎢ | 인구 142,098천명 | 수도 모스크바 | 1인당GNI 13,850$ | 언어 러시아어 | 종교 러시아정교, 이슬람교 | 화폐 Rouble 루블 | 대사관 주 러시아 대사관 (7-495)783-2727

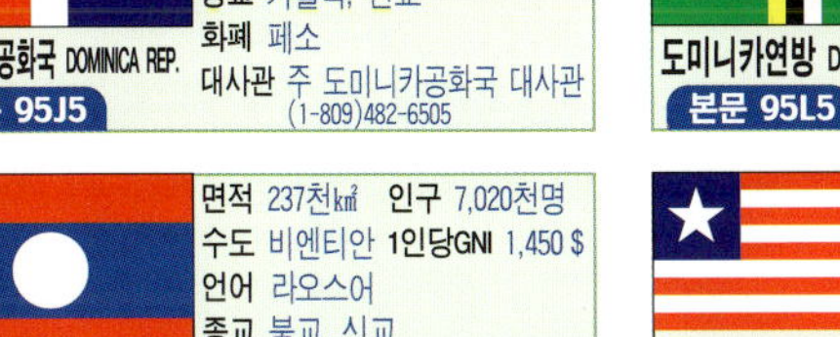

레바논 LEBANON · 본문 48D2
면적 10천㎢ | 인구 5,054천명 | 수도 베이루트 | 1인당GNI 9,870$ | 언어 아랍어, 영어 | 종교 회교 | 화폐 레바논 파운드(리브르) | 대사관 주 레바논 대사관 (961)5-922-846/847/849

레소토 LESOTHO · 본문 54E8
면적 30천㎢ | 인구 2,120천명 | 수도 마세루 | 1인당GNI 1,500$ | 언어 레소토어, 영어 | 종교 가톨릭, 신교 | 화폐 Loti 로티 | 대사관 주 남아공대사관 겸임국

루마니아 RUMANIA · 본문 73E2
면적 238천㎢ | 인구 21,579천명 | 수도 부쿠레슈티 | 1인당GNI 9,050$ | 언어 루마니아어, 헝가리어 | 종교 루마니아정교 | 화폐 Leu 루마니아 레우 | 대사관 주 루마니아 대사관 (40-21)230-7198

룩셈부르크 LUXEMBOURG · 본문 70C4
면적 2,590㎢ | 인구 543천명 | 수도 룩셈부르크 | 1인당GNI 69,880$ | 언어 불어, 독일어 | 종교 가톨릭 | 화폐 Euro | 대사관 주 벨기에 대사관 겸임국

르완다 RWANDA · 본문 54F3
면적 26천㎢ | 인구 12,428천명 | 수도 키갈리 | 1인당GNI 630$ | 언어 불어, 기냐르완다어 | 종교 가톨릭,토착신앙 | 화폐 르완다 프랑 | 대사관 주 르완다 대사관 (250)252-577-577

리비아 LIBYA · 본문 53J5
면적 1,760천㎢ | 인구 6,317천명 | 수도 트리폴리 | 1인당GNI 11,956$ | 언어 아랍어 | 종교 이슬람교 | 화폐 Dinar 디나르 | 대사관 주 리비아 대사관 (216)71-274-759

리투아니아 LITHUANIA · 본문 74A3
면적 65천㎢ | 인구 2,999천명 | 수도 빌뉴스 | 1인당GNI 14,900$ | 언어 리투아니아어, 러시아어 | 종교 로마가톨릭 | 화폐 Euro | 대사관 주 폴란드 대사관 겸임국

리히텐슈타인 LIECHTENSTEIN · 본문 75M3
면적 160㎢ | 인구 37천명 | 수도 파두츠 | 1인당GNI 119,918$ | 언어 독일어 | 종교 가톨릭, 신교 | 화폐 스위스 프랑 | 대사관 주 스위스 대사관 겸임국

마다가스카르 MADAGASCAR · 본문 55I7
면적 587천㎢ | 인구 24,235천명 | 수도 안타나나리보 | 1인당GNI 440$ | 언어 말라가시어, 호바어 | 종교 토착신앙, 기독교, 회교 | 화폐 Ariary 아리아리 | 대사관 주 마다가스카르 대사관 (261)20-222-2933

마케도니아 MACEDONIA · 본문 73C5
면적 26천㎢ | 인구 2,109천명 | 수도 스코페 | 1인당GNI 4,870$ | 언어 마케도니아어 | 종교 마케도니아정교 | 화폐 Denar 데나르 | 대사관 주 불가리아 대사관 겸임국

말라위 MALAWI · 본문 54F5
면적 118천㎢ | 인구 17,309천명 | 수도 릴롱궤 | 1인당GNI 270$ | 언어 영어 | 종교 기독교, 이슬람교 | 화폐 Kwacha 콰차 | 대사관 주 짐바브웨 대사관 겸임국

말레이시아 MALAYSIA · 본문 40C4
면적 330천㎢ | 인구 30,651천명 | 수도 콸라룸푸르 | 1인당GNI 10,430$ | 언어 말레이어, 영어 | 종교 이슬람교, 불교 | 화폐 Ringgit 링깃 | 대사관 주 말레이시아 대사관 (603)4251-2336

말리 MALI · 본문 52F7
면적 1,240천㎢ | 인구 16,259천명 | 수도 바마코 | 1인당GNI 670$ | 언어 불어, 아랍어 | 종교 이슬람교, 토속신앙 | 화폐 서아프리카 세파 프랑 | 대사관 주 세네갈 대사관 겸임국

멕시코 MEXICO · 본문 94D4
면적 1,964천㎢ | 인구 125,236천명 | 수도 멕시코시티 | 1인당GNI 9,940$ | 언어 에스파냐어 | 종교 가톨릭 | 화폐 Peso 멕시코 페소 | 대사관 주 멕시코 대사관 (52-55)5202-9866

모나코 MONACO · 본문 67L5
면적 2.0㎢ | 인구 38천명 | 수도 모나코 | 1인당GNI 173,377$ | 언어 프랑스어 | 종교 가톨릭 | 화폐 Euro | 대사관 주 프랑스 대사관 겸임국

모로코 MOROCCO · 본문 60E4
면적 447천㎢ | 인구 33,955천명 | 수도 라바트 | 1인당GNI 3,020$ | 언어 아랍어, 베르베르어 | 종교 이슬람교, 신교 | 화폐 Dirham 디르함 | 대사관 주 모로코 대사관 (212-537)75-1767,1966,6726,6791

※자료기준: 면적(2015년), 인구(2015년), 1인당GNI(2013년), 대사관은 해당국가의 한국대사관임.
국민총소득(GNI): 한 나라의 국민이 국내외의 생산 활동에 참여한 대가로 받은 소득의 합계.
※자료출처: UN(국제연합), 대한민국 외교통상부

세계 여러 나라 THE STATE INFORMATION

모리셔스 MAURITIUS 본문 55L11
면적 1,970㎢ | 인구 1,254천명
수도 포트루이스 | 1인당GNI 9,570 $
언어 영어, 크레올어
종교 힌두교, 가톨릭
화폐 Rupee 모리셔스 루피
대사관 주 케냐 대사관 겸임국

모리타니 MAURITANIA 본문 52D7
면적 1,031천㎢ | 인구 4,080천명
수도 누악쇼트 | 1인당GNI 610 $
언어 아랍어, 불어
종교 이슬람교, 신교
화폐 Ouguiya 우기야
대사관 주 모로코 대사관 겸임국

모잠비크 MOZAMBIQUE 본문 54F6
면적 802천㎢ | 인구 27,122천명
수도 마푸토 | 1인당GNI 610 $
언어 포르투갈어, 영어
종교 신교, 이슬람교, 기타
화폐 Metical 메티칼
대사관 주 모잠비크 대사관
(258)84-518-1272

몽골 MONGOL 본문 4H2
면적 1,564천㎢ | 인구 2,923천명
수도 울란바토르 | 1인당GNI 1,183 $
언어 몽골어
종교 라마교
화폐 Togrog 투그릭
대사관 주 몽골 대사관
(976)7007-1020

몰도바 MOLDOVA 본문 73G2
면적 34천㎢ | 인구 3,437천명
수도 키시네프 | 1인당GNI 2,470 $
언어 몰도바어
종교 그리스정교
화폐 Leu 몰도바 레우
대사관 주 우크라이나 대사관 겸임국

몰디브 MALDIVES 본문 2I9
면적 300㎢ | 인구 358천명
수도 말레 | 1인당GNI 5,600 $
언어 디베히어, 아랍어
종교 이슬람교
화폐 Rufiyaa 루피야
대사관 주 스리랑카 대사관 겸임국

몰타 MALTA 본문 67P9
면적 320㎢ | 인구 431천명
수도 발레타 | 1인당GNI 20,980 $
언어 몰타어, 영어
종교 가톨릭
화폐 Euro
대사관 주 이탈리아 대사관 겸임국

미국 U.S.A. 본문 84G5
면적 9,834천㎢ | 인구 325,128천명
수도 워싱턴 | 1인당GNI 53,470 $
언어 영어
종교 신교, 가톨릭, 유대교
화폐 U.S Dollar
대사관 주 미국 대사관
(1-202)939-5600

미얀마 MYANMAR 본문 45Q6
면적 677천㎢ | 인구 54,164천명
수도 네피도 | 1인당GNI 1,183 $
언어 미얀마어
종교 불교, 신교, 이슬람교
화폐 Kyat 짯
대사관 주 미얀마 대사관
(95-1)527-142~4

미크로네시아 MICRONESIA 본문 108K7
면적 700㎢ | 인구 104천명
수도 팔리키르 | 1인당GNI 3,280 $
언어 영어, 미크로네시아어
종교 신교
화폐 U.S Dollar
대사관 주 피지 대사관 겸임국

바누아투 VANUATU 본문 108M9
면적 12천㎢ | 인구 264천명
수도 포트빌라 | 1인당GNI 3,130 $
언어 비스마라어, 영어
종교 신교
화폐 Vata 바투
대사관 주 파푸아뉴기니 대사관 겸임국

바레인 BAHRAIN 본문 44H5
면적 770㎢ | 인구 1,360천명
수도 마나마 | 1인당GNI 21,477 $
언어 아랍어
종교 이슬람교, 신교
화폐 바레인 디나르
대사관 주 바레인 대사관
(973)1753-1120

바베이도스 BARBADOS 본문 95L6
면적 430㎢ | 인구 287천명
수도 브리지타운 | 1인당GNI 14,317 $
언어 영어
종교 영국국교회, 신교
화폐 바베이도스 달러
대사관 주 트리니다드토바고 대사관 겸임국

바하마 BAHAMAS 본문 95I4
면적 14천㎢ | 인구 388천명
수도 나소 | 1인당GNI 21,570 $
언어 영어
종교 신교
화폐 바하마 달러
대사관 주 도미니카공화국 대사관 겸임국

방글라데시 BANGLADESH 본문 45O6
면적 148천㎢ | 인구 160,411천명
수도 다카 | 1인당GNI 1,010 $
언어 벵골어, 영어
종교 이슬람교, 힌두교, 불교
화폐 Taka 타카
대사관 주 방글라데시 대사관
(8802)5881-2088~90

베냉 BENIN 본문 42G9
면적 115천㎢ | 인구 10,880천명
수도 포르토노보 | 1인당GNI 790 $
언어 불어, 토착어
종교 원시종교, 이슬람교, 가톨릭
화폐 서아프리카 세파 프랑
대사관 주 가나 대사관 겸임국

베네수엘라 VENEZUELA 본문 98F2
면적 912천㎢ | 인구 31,293천명
수도 카라카스 | 1인당GNI 12,550 $
언어 에스파냐어
종교 가톨릭
화폐 Bolivar 볼리바르
대사관 주 베네수엘라 대사관
(58-212)954-1270,1006,1139

베트남 VIETNAM 본문 40D3
면적 334천㎢ | 인구 93,387천명
수도 하노이 | 1인당GNI 1,740 $
언어 베트남어
종교 불교, 가톨릭
화폐 Dong 동
대사관 주 베트남 대사관
(84-24)3771-0404

벨기에 BELGIE 본문 62B3
면적 31천㎢ | 인구 11,183천명
수도 브뤼셀 | 1인당GNI 46,340 $
언어 네덜란드어, 불어
종교 가톨릭
화폐 Euro
대사관 주 벨기에 대사관 (유럽연합)
(32-2)675-5777

벨라루스 BELARUS 본문 74B3
면적 208천㎢ | 인구 9,260천명
수도 민스크 | 1인당GNI 6,730 $
언어 벨로루시어
종교 러시아정교
화폐 벨라루스 루블
대사관 주 벨라루스 대사관
(375-17)306-0147

벨리즈 BELIZE 본문 94G5
면적 23천㎢ | 인구 348천명
수도 벨모판 | 1인당GNI 4,510 $
언어 영어, 에스파냐어
종교 가톨릭, 신교
화폐 벨리즈 달러
대사관 주 엘살바도르 대사관 겸임국

보스니아헤르체고비나 BOSNIA HERZEGOVINA 본문 73A4
면적 51천㎢ | 인구 3,820천명
수도 사라예보 | 1인당GNI 4,780 $
언어 세르비아어, 크로아티아어
종교 이슬람교, 세르비아정교
화폐 Marka 마르카
대사관 주 크로아티아 대사관 겸임국

보츠와나 BOTSWANA 본문 54D7
면적 582천㎢ | 인구 2,056천명
수도 가보로네 | 1인당GNI 7,770 $
언어 영어, 보츠와나어
종교 토착신앙, 기독교
화폐 Pula 풀라
대사관 주 남아공 대사관 겸임국

볼리비아 BOLIVIA 본문 98F7
면적 1,099천㎢ | 인구 11,025천명
수도 라파스 | 1인당GNI 2,550 $
언어 에스파냐어, 게추아어
종교 가톨릭
화폐 Boliviano 볼리비아노
대사관 주 볼리비아 대사관
(591)2-211-0361~3

브루나이 BRUNEI 본문 38E4
면적 5,770㎢ | 인구 429천명
수도 반다르세리베가완 | 1인당GNI 38,750 $
언어 말레이어, 영어, 중국어
종교 이슬람교
화폐 브루나이 달러
대사관 주 브루나이 대사관
(673)233-0248~9

부룬디 BURUNDI 본문 54F3
면적 28천㎢ | 인구 10,813천명
수도 부줌부라 | 1인당GNI 260 $
언어 불어, 부룬디어
종교 가톨릭, 기독교
화폐 부룬디 프랑
대사관 주 르완다 대사관 겸임국

부르키나파소 BURKINA FASO 본문 52F8
면적 273천㎢ | 인구 17,915천명
수도 와가두구 | 1인당GNI 750 $
언어 불어, 모시어
종교 토착신앙, 이슬람교, 기독교
화폐 서아프리카 세파 프랑
대사관 주 코트디부아르 대사관 겸임국

부탄 BHUTAN 본문 47G3
면적 38천㎢ | 인구 776천명
수도 팀푸 | 1인당GNI 2,330 $
언어 티베트어, 네팔어
종교 라마교, 힌두교
화폐 Ngultrum 눌트럼
대사관 주 방글라데시 대사관 겸임국

불가리아 BULGARIA 본문 73E4
면적 111천㎢ | 인구 7,113천명
수도 소피아 | 1인당GNI 7,360 $
언어 불가리아어, 터키어
종교 불가리아정교
화폐 Lev 레프
대사관 주 불가리아 대사관
(359)2-971-2181

브라질 BRAZIL 본문 99H5
면적 8,515천㎢ | 인구 203,657천명
수도 브라질리아 | 1인당GNI 11,690 $
언어 포르투갈어
종교 가톨릭
화폐 Real 헤알
대사관 주 브라질 대사관
(55)61-3321-2500

사모아 SAMOA 본문 108N9
면적 2,840㎢ | 인구 193천명
수도 아피아 | 1인당GNI 3,970 $
언어 영어, 사모아어
종교 기독교
화폐 Tala 탈라
대사관 주 뉴질랜드 대사관 겸임국

사우디아라비아 SAUDI ARABIA 본문 44F6
면적 2,207천㎢ | 인구 29,898천명
수도 리야드 | 1인당GNI 26,260 $
언어 아랍어
종교 이슬람교
화폐 사우디아라비아 리얄
대사관 주 사우디아라비아 대사관
(966)11-488-2211

산마리노 SAN MARINO 본문 6705
면적 61㎢ | 인구 32천명
수도 산마리노 | 1인당GNI 48,987 $
언어 이탈리아어
종교 가톨릭
화폐 Euro
대사관 주 이탈리아 대사관 겸임국

상투메프린시페 SAO TOME AND PRINCIPE 본문 54A2
면적 964㎢ | 인구 203천명
수도 상투메 | 1인당GNI 1,470 $
언어 포르투갈어, 토착어
종교 가톨릭
화폐 Dobra 도브라
대사관 주 가봉 대사관 겸임국

세네갈 SENEGAL 본문 52D8
면적 197천㎢ | 인구 14,967천명
수도 다카르 | 1인당GNI 1,050 $
언어 불어, 월로프어
종교 이슬람교
화폐 서아프리카 세파 프랑
대사관 주 세네갈 대사관
(221)33-824-0672

세르비아 SERBIA 본문 73C4
면적 77천㎢ | 인구 7,177천명
수도 베오그라드 | 1인당GNI 6,050 $
언어 세르비아어, 크로아티아어
종교 정교회, 이슬람교
화폐 Dinar 세르비아 디나르
대사관 주 세르비아 대사관
(381)11-3674-225

세이셸 SEYCHELLES 본문 55I4
면적 460㎢ | 인구 94천명
수도 빅토리아 | 1인당GNI 13,210 $
언어 영어, 불어
종교 가톨릭
화폐 Rupee 세이셸 루피
대사관 주 에티오피아 대사관 겸임국

세인트루시아 ST.LUCIA 본문 95L6
면적 539㎢ | 인구 185천명
수도 캐스트리스 | 1인당GNI 7,060 $
언어 영어
종교 가톨릭
화폐 동카리브 달러
대사관 주 트리니다드토바고 공화국 대사관 겸임국

세인트빈센트그레나딘 ST. VINCENT AND THE GRENADINES 본문 95L6
면적 389㎢ | 인구 109천명
수도 킹스타운 | 1인당GNI 6,460 $
언어 영어
종교 성공회
화폐 동카리브 달러
대사관 주 트리니다드토바고 공화국 대사관 겸임국

세인트킷츠네비스 ST. KITTS AND NEVIS 본문 95L5
면적 261㎢ | 인구 55천명
수도 바스테르 | 1인당GNI 13,890 $
언어 영어
종교 성공회
화폐 동카리브 달러
대사관 주 도미니카공화국 대사관 겸임국

소말리아 SOMALIA 본문 53P9
면적 638천㎢ | 인구 11,123천명
수도 모가디슈 | 1인당GNI 128 $
언어 소말리아어, 아랍어
종교 이슬람교
화폐 소말리아 실링
대사관 주 케냐 대사관 겸임국

솔로몬 SOLOMON 본문 108L8
면적 29천㎢ | 인구 584천명
수도 호니아라 | 1인당GNI 1,600 $
언어 영어
종교 기독교
화폐 솔로몬제도 달러
대사관 주 파푸아뉴기니 대사관 겸임국

수단 SUDAN 본문 53L7
면적 1,861천㎢ | 인구 39,613천명
수도 하르툼 | 1인당GNI 1,550 $
언어 아랍어, 영어
종교 이슬람교, 원시종교
화폐 수단 파운드
대사관 주 수단 대사관
(249)1-8358-0031~2

수리남 SURINAME 본문 99G3
면적 164천㎢ | 인구 548천명
수도 파라마리보 | 1인당GNI 9,370 $
언어 네덜란드어, 영어, 토착어
종교 기독교, 힌두교, 이슬람교
화폐 수리남 달러
대사관 주 베네수엘라 대사관 겸임국

스리랑카 SRILANKA 본문 46E7
면적 66천㎢ | 인구 21,612천명
수도 스리자야와르데네푸라코테 | 1인당GNI 3,170 $
언어 싱하리어, 타밀어, 영어
종교 불교, 힌두교, 이슬람교
화폐 스리랑카 루피
대사관 주 스리랑카 대사관
(94)11-2699036~8

스와질란드(에스와티니) SWAZILAND 본문 54F8
면적 17천㎢ | 인구 1,286천명
수도 음바바네 | 1인당GNI 2,990 $
언어 영어, 스와지어
종교 기독교, 토착신앙
화폐 Lilanggeni 릴랑게니
대사관 주 남아공 대사관 겸임국

스웨덴 SWEDEN 본문 60E3
면적 450천㎢ | 인구 9,694천명
수도 스톡홀름 | 1인당GNI 67,710 $
언어 스웨덴어
종교 루터교
화폐 스웨덴 크로나
대사관 주 스웨덴 대사관
(46-8)5458-9400, 9432

스위스 SWITZERLAND 본문 62D5
면적 41천㎢ | 인구 8,239천명
수도 베른 | 1인당GNI 90,680 $
언어 독일어, 불어, 이탈리아어
종교 구교, 신교
화폐 스위스 프랑
대사관 주 스위스 대사관
(41)31-356-2444

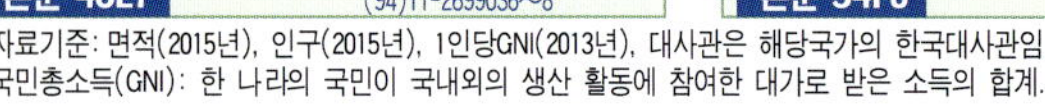

※ 자료기준: 면적(2015년), 인구(2015년), 1인당GNI(2013년), 대사관은 해당국가의 한국대사관임.　　　※ 자료출처: UN(국제연합), 대한민국 외교통상부
국민총소득(GNI): 한 나라의 국민이 국내외의 생산 활동에 참여한 대가로 받은 소득의 합계.

세계여러나라 THE STATE INFORMATION

국가	본문	면적	인구	수도	1인당GNI	언어	종교	화폐	대사관
 스페인 SPAIN	66G6	506천㎢	47,199천명	마드리드	29,940$	에스파냐어	가톨릭	Euro	주 스페인 대사관 (34-91)353-2001
슬로바키아 SLOVAKIA	63I4	49천㎢	5,458천명	브라티슬라바	17,810$	슬로바키아어	가톨릭, 기독교	Euro	주 슬로바키아 대사관 (421)2-3307-0711
슬로베니아 SLOVENIA	67P3	20천㎢	2,079천명	류블랴나	23,220$	슬로베니아어	가톨릭	Euro	주 오스트리아 대사관 겸임국
시리아 SYRIA	48F3	185천㎢	22,265천명	다마스쿠스	1,573$	아랍어, 영어, 불어	이슬람교	시리아 파운드	주 레바논 대사관 겸임국
시에라리온 SIERRALEONE	52D9	72천㎢	6,319천명	프리타운	660$	영어, 크레올어, 멘데어	토속신앙, 이슬람교	Leone 리온	주 나이지리아 대사관 겸임국
싱가포르 SINGAPORE	40D5	712㎢	5,619천명	싱가포르	54,040$	영어, 중국어, 말레이어	불교, 이슬람교, 기독교	싱가포르 달러	주 싱가포르 대사관 (65)6256-1188
아랍에미리트 ARAB EMIRATES	44H6	84천㎢	9,577천명	아부다비	43,085$	아랍어, 영어	이슬람교	아랍에미리트 디르함	주 아랍에미리트 대사관 (971-2-441-1520)(971-2-641-6406)
아르메니아 ARMENIA	44F2	30천㎢	2,989천명	예레반	3,800$	아르메니아어	아르메니아정교	Dram 드람	주 러시아 대사관 겸임국
아르헨티나 ARGENTINA	100C4	2,780천㎢	42,155천명	부에노스아이레스	14,504$	에스파냐어	가톨릭	아르헨티나 페소	주 아르헨티나 대사관 (54-11)4802-8062, 8865
아이슬란드 ICELAND	60M6	103천㎢	337천명	레이캬비크	146,290$	아이슬란드어, 덴마크어	루터복음교	아이슬란드 크로나	주 노르웨이 대사관 겸임국
아이티 HAITI	95J5	28천㎢	10,404천명	포르토프랭스	810$	불어, 토속어	가톨릭	Gourde 구르드	주 도미니카공화국 대사관 겸임국
아일랜드 IRELAND	58C5	70천㎢	4,727천명	더블린	43,090$	아일랜드어, 영어	가톨릭	Euro	주 아일랜드 대사관 (353-1)660-8800, 8053/668-2109
아제르바이잔 AZERBAIDZHAN	44G2	87천㎢	9,613천명	바쿠	7,350$	아제르바이잔어	이슬람교	아제르바이잔 마나트	주 아제르바이잔 대사관 (994-12)596-7901~3
아프가니스탄 AFGHANISTAN	44J4	653천㎢	32,007천명	카불	690$	파슈토어, 다리어	이슬람교	Afgani 아프가니	주 아프가니스탄 대사관 (93-20)210-2481
안도라 ANDORRA	66I5	468㎢	81천명	안도라라벨랴	41,015$	에스파냐어, 불어	가톨릭	Euro	주 스페인 대사관 겸임국
 알바니아 ALBANIA	73C5	29천㎢	3,197천명	티라나	4,510$	알바니아어	이슬람교, 희랍정교, 가톨릭	Lek 레크	주 그리스 대사관 겸임국
알제리 ALGERIE	52G5	2,382천㎢	40,633천명	알제	5,330$	아랍어, 불어	이슬람교	알제리 디나르	주 알제리 대사관 (213)23-47-28-38, 40
앙골라 ANGOLA	54C5	1,247천㎢	22,820천명	루안다	5,170$	포르투갈어, 토착어	가톨릭, 기독교, 토착신앙	Kwanza 콴자	주 앙골라 대사관 (244)222-006-067~8
에리트레아 ERITREA	44E7	118천㎢	6,738천명	아스마라	490$	티그리냐어, 아랍어	이슬람교, 에리트레아 정교	Nafka 낙파	주 수단 대사관 겸임국
에스토니아 ESTONIA	60G4	45천㎢	1,280천명	탈린	17,780$	에스토니아어	루터파신교, 러시아정교	Euro	주 핀란드 대사관 겸임국
에콰도르 ECUADOR	98C4	257천㎢	16,226천명	키토	5,760$	에스파냐어	가톨릭	U.S Dollar	주 에콰도르 대사관 (593)2-290-9227-9
 에티오피아 ETHIOPIA	53N9	1,104천㎢	98,942천명	아디스아바바	470$	암하라어, 영어	이슬람교, 에티오피아 정교	Birr 비르	주 에티오피아 대사관 (251-11)3-72-81-11~4
앤티가바부다 ANTIGUA AND BARBUDA	95L5	442㎢	92천명	세인트존스	13,050$	영어	성공회	동카리브 달러	주 도미니카공화국 대사관 겸임국
 엘살바도르 ELSALVADOR	94G6	21천㎢	6,426천명	산살바도르	3,720$	에스파냐어	가톨릭, 성공회	US Dollar	주 엘살바도르 대사관 (503)2263-9145
영국 UNITED KINGDOM	58G4	242천㎢	63,844천명	런던	41,680$	영어	영국국교회, 가톨릭	Pound 영국 파운드	주 영국 대사관 (44)20-7227-5500
예멘 YEMEN	44G7	528천㎢	25,535천명	사나	1,330$	아랍어	이슬람교	Yemen Rial 예멘 리알	주 예멘 대사관 (967)1-431-801/4
오만 OMAN	44I6	310천㎢	4,158천명	무스카트	20,662$	아랍어, 영어	이슬람교	Riyal Omani 오만 리알	주 오만 대사관 (968)2469-1490~2
 오스트레일리아 AUSTRALIA	102E4	7,692천㎢	23,923천명	캔버라	65,400$	영어	기독교	오스트레일리아 달러	주 오스트레일리아 대사관 (61-2)6270-4100
오스트리아 AUSTRIA	63G5	84천㎢	8,558천명	빈	50,390$	독일어	가톨릭, 신교	Euro	주 오스트리아 대사관 (43-1)478-1991
온두라스 HONDURAS	94G5	112천㎢	8,424천명	테구시갈파	2,180$	에스파냐어	가톨릭	Lempira 렘피라	주 온두라스 대사관 (504)2235-5561/3
요르단 JORDAN	48E6	89천㎢	7,690천명	암만	4,950$	아랍어, 영어	이슬람교, 기독교	요르단 디나르	주 요르단 대사관 (962-6)593-0745~6
 우간다 UGANDA	54F2	242천㎢	40,141천명	캄팔라	600$	영어, 우간다어	가톨릭, 기독교, 이슬람교	우간다 실링	주 우간다 대사관 (256)414-500-197
우루과이 URUGUAY	100E4	176천㎢	15,180천명	몬테비데오	11,625$	에스파냐어	가톨릭	Peso 우루과이 페소	주 우루과이 대사관 (598)2628-9374~5
우즈베키스탄 UZBEKISTAN	75F4	447천㎢	29,710천명	타슈켄트	1,880$	우즈베크어	이슬람교	Som 숨	주 우즈베키스탄 대사관 (998-71)252-3151~3
우크라이나 UKRAINA	74C4	604천㎢	44,646천명	키예프	3,960$	우크라이나어	러시아정교, 가톨릭	Hryvnia 흐리우냐	주 우크라이나 대사관 (380-44)246-3759~61
이라크 IRAQ	53O4	435천㎢	35,767천명	바그다드	6,720$	아랍어, 쿠르드어	이슬람교	이라크 디나르	주 이라크 대사관 (964)770-725-2006,770-040-5883
이란 IRAN	44I4	1,629천㎢	79,476천명	테헤란	5,780$	페르시아어	이슬람교	Rial 리알	주 이란 대사관 (98-21)8805-4900~4
이스라엘 ISRAEL	48C4	22천㎢	7,920천명	예루살렘	33,930$	헤브라이어, 아랍어, 영어	유태교, 이슬람교, 기독교	Shekel 세켈	주 이스라엘 대사관 (972-9)951-0318/22
이집트 EGYPT	53L5	1,002천㎢	84,706천명	카이로	3,140$	아랍어	이슬람교	Pound 이집트 파운드	주 이집트 대사관 (20-2)3761-1234~7
이탈리아 ITALIA	6706	301천㎢	61,142천명	로마	35,620$	이탈리아어	가톨릭	Euro	주 이탈리아 대사관 (39)06-802461
인도 INDIA	46D4	3,287천㎢	1,282,390천명	뉴델리	1,570$	힌두어, 영어	힌두교, 이슬람교, 불교	Rupee 인도 루피	주 인도 대사관 (91-11)4200-7000
인도네시아 INDONESIA	38G7	1,911천㎢	255,709천명	자카르타	3,580$	인도네시아어, 자바어	이슬람교, 기독교	Rupiah 루피아	주 인도네시아 대사관 (62-21)2967-2555
일본 JAPAN	25G5	378천㎢	126,164천명	도쿄	46,330$	일본어	신도, 불교, 기독교	Yen 엔	주 일본 대사관 (81-3)3452-7611/9
 자메이카 JAMAICA	95I5	11천㎢	2,813천명	킹스턴	5,220$	영어	신교 기타	자메이카 달러	주 자메이카 대사관 (1-876)924-2731, 4198
잠비아 ZAMBIA	54E5	753천㎢	15,520천명	루사카	1,810$	영어	토착신앙	Kwacha 콰차	주 짐바브웨 대사관 겸임국
적도기니 EQUATORIAL GUINEA	54B2	28천㎢	799천명	말라보	14,320$	에스파냐어	가톨릭	CFA Franc 중앙아프리카	주 가봉 대사관 겸임국
조지아 GRUZIYA	78F5	70천㎢	4,305천명	트빌리시	3,560$	그루지야어	이슬람교, 신교	Lari 라리	주 러시아 대사관 트빌리시 분관 (995)32-297-03-18/20
 중국 CHINA	6C6	9,597천㎢	1,401,587천명	베이징	6,560$	중국어	불교, 도교, 이슬람교, 기독교	Yuan 위안	주 중국 대사관 (86-10)8531-0700

※ 자료기준: 면적(2015년), 인구(2015년), 1인당GNI(2013년), 대사관은 해당국가의 한국대사관임.
국민총소득(GNI): 한 나라의 국민이 국내외의 생산 활동에 참여한 대가로 받은 소득의 합계.
※ 자료출처: UN(국제연합), 대한민국 외교통상부

세계여러나라 THE STATE INFORMATION

국가	면적	인구	수도	1인당GNI	언어	종교	화폐	대사관	본문
중앙아프리카공화국 CENTRAL AFRICAN REP.	623천㎢	4,803천명	방기	320 $	불어, 상고어	토착종교, 기독교	CFA Franc 중앙아프리카	주 카메룬 대사관 겸임국	45K9
지부티 DJIBOUTI	23천㎢	900천명	지부티	1,781 $	불어, 아랍어	이슬람교	지부티 프랑	주 에티오피아 대사관 겸임국	36F8
짐바브웨 ZIMBABWE	391천㎢	15,046천명	하라레	860 $	영어, 토착어	기독교, 토착신앙	US Dollar	주 짐바브웨 대사관 (263-4)756-541~4	46E6
차드 CHAD	1,284천㎢	13,606천명	은자메나	1,030 $	불어, 아랍어, 사라어	이슬람교, 토착종교	CFA Franc 중앙아프리카	주 카메룬 대사관 겸임국	45J7
체코 CZECH	79천㎢	10,777천명	프라하	18,970 $	체코어	로마가톨릭	Koruna 코루나	주 체코 대사관 (420)234-090-411	55G4
칠레 CHILE	756천㎢	17,924천명	산티아고	15,230 $	에스파냐어	가톨릭, 신교	Peso 칠레 페소	주 칠레 대사관 (56-2)2228-4214,(56-9)7430-4546	92B4
키리바시 KIRIBATI	726천㎢	106천명	타라와	2,620 $	영어, 미크로네시아어	가톨릭	오스트레일리아 달러	주 피지 대사관 겸임국	101M8
카메룬 CAMEROON	476천㎢	23,399천명	야운데	1,290 $	불어, 영어	기독교, 토착신앙, 이슬람교	CFA Franc 중앙아프리카	주 카메룬 대사관 (237)222-203-756,222-204-127	46B2
카보베르데 CAPE VERDE	4,033㎢	508천명	프라이아	3,620 $	포르투갈어, 크레올어	가톨릭	Escudo 이스쿠두	주 세네갈 대사관 겸임국	42B4
카자흐스탄 KAZAKHSTAN	2,725천㎢	16,770천명	아스타나	11,550 $	카자흐어	이슬람교, 러시아정교	Tenge 텡게	주 카자흐스탄 대사관 (7-7172)790-490~1	67F4
카타르 QATAR	12천㎢	2,351천명	도하	86,790 $	아랍어, 영어	이슬람교	Riyal 카타르 리얄	주 카타르 대사관 (974)4483-2238~9	36H5
캄보디아 CAMBODIA	181천㎢	15,667천명	프놈펜	950 $	캄보디아어	불교	Riel 리엘	주 캄보디아 대사관 (855-23)211-900~3	32D3
캐나다 CANADA	9,985천㎢	35,871천명	오타와	52,210 $	영어, 불어	가톨릭, 프로테스탄트	캐나다 달러	주 캐나다 대사관 (1-613)244-5010	77H2
케냐 KENYA	592천㎢	46,749천명	나이로비	1,160 $	스와힐리어, 영어	기독교, 이슬람교	Shilling 케냐 실링	주 케냐 대사관 (254-20)361-5000	46G2
코모로 COMOROS	2,235㎢	770천명	모로니	840 $	불어, 아랍어, 코모로어	이슬람교	Franc 코모로 프랑	주 케냐 대사관 겸임국	47H5
코스타리카 COSTA RICA	51천㎢	5,002천명	산호세	9,550 $	에스파냐어	가톨릭	Colon 콜론	주 코스타리카 대사관 (506)2588-0852,0848,0804,0845	90B1
코트디부아르 COTE DIVOIRE	322천㎢	21,295천명	야무수크로	1,450 $	불어, 기타부족언어	토착신앙, 이슬람교, 기독교	CFA Franc 서아프리카	주 코트디부아르 대사관 (225)2248-6701, 6703	44E9
콜롬비아 COLOMBIA	1,142천㎢	49,529천명	보고타	7,590 $	에스파냐어	가톨릭	Peso 콜롬비아 페소	주 콜롬비아 대사관 (57-1)616-7200, 8149, 8872	90D3
콩고 CONGO	342천㎢	4,671천명	브라자빌	2,590 $	불어, 토착어	토착신앙, 가톨릭, 기독교	CFA Franc 중앙아프리카	주 콩고민주공화국 대사관 겸임국	46C2
콩고민주공화국 DEMOCRATIC REP. OF CONGO	2,345천㎢	71,246천명	킨샤사	430 $	불어, 토착어	가톨릭, 기독교, 토착신앙	Franc 콩고민주공화국 프랑	주 콩고민주공화국 대사관 (243)1-503-5001~4	46D3
쿠바 CUBA	110천㎢	11,249천명	아바나	6,884 $	에스파냐어	가톨릭	Peso 쿠바 페소	주 멕시코 대사관 관할국	87H4
쿠웨이트 KUWAIT	18천㎢	3,583천명	쿠웨이트	55,809 $	아랍어	이슬람교	Dinar 쿠웨이트 디나르	주 쿠웨이트 대사관 (965)2537-8621~3	36G5
크로아티아 CROATIA	57천㎢	4,255천명	자그레브	13,420 $	크로아티아어	가톨릭, 정교회	Kuna 쿠나	주 크로아티아 대사관 (385-1)4821-282	59Q4
키르기스스탄 KIRGHIZSTAN	200천㎢	5,708천명	비슈케크	1,210 $	키르기스어, 러시아어	이슬람교, 러시아정교	Som 솜	주 키르기스스탄 대사관 (996)312-579-771~3	67G4
키프로스 CYPRUS	9,251㎢	1,165천명	니코시아	25,210 $	그리스어, 터키어	정교회, 이슬람교	Euro	주 그리스 대사관 겸임국	40B2
타이 THAILAND	513천㎢	67,401천명	방콕	5,340 $	타이어	불교	Baht 밧	주 타이 대사관 (662)247-7537~9	32C2
타지키스탄 TAJIKISTAN	143천㎢	8,610천명	두샨베	990 $	타지크어, 터키어	이슬람교	Somoni 소모니	주 타지키스탄 대사관 (992-44)600-2114	67G5
탄자니아 TANZANIA	947천㎢	52,291천명	다르에스살람	860 $	스와힐리어, 영어	기독교, 이슬람교	Shilling 탄자니아 실링	주 탄자니아 대사관 (255-22)211-6086~8	46F4
터키 TURKEY	784천㎢	76,691천명	앙카라	10,970 $	터키어, 쿠르드어, 아랍어	이슬람교	Lira 리라	주 터키 대사관 (90-312)468-4821~3	36E3
토고 TOGO	57천㎢	7,171천명	로메	530 $	불어, 토착어	기독교, 이슬람교, 토착신앙	CFA Franc 서아프리카	주 가나 대사관 겸임국	44G9
통가 TONGA	747천㎢	106천명	누쿠알로파	4,490 $	영어, 통가어	기독교	Pa'anga 팡가	주 뉴질랜드 대사관 겸임국	100N10
투르크메니스탄 TURKMENISTAN	488천㎢	5,373천명	아시가바트	6,880 $	투르크멘어, 터키어	이슬람교, 동방정교회	투르크메니스탄 마나트	주 투르크메니스탄 대사관 (993-12)94-72-86~88	36I3
투발루 TUVALU	26㎢	10천명	푸나푸티	5,840 $	영어, 투발루어, 길버트어	신교	오스트레일리아 달러	주 피지 대사관 겸임국	100N8
튀니지 TUNISIE	164천㎢	11,235천명	튀니스	4,200 $	아랍어, 불어	이슬람교	Dinar 튀니지 디나르	주 튀니지 대사관 (216)71-799-905, 71-893-060	44H4
트리니다드토바고 TRINIDAD AND TOBAGO	5,130㎢	1,347천명	포트오브스페인	15,760 $	영어	가톨릭, 힌두교, 기독교	트리니다드토바고 달러	주 트리니다드토바고 대사관 (1-868)622-9081, 1069	87L6
파나마 PANAMA	75천㎢	3,988천명	파나마	10,700 $	에스파냐어	가톨릭, 신교	US Dollar	주 파나마 대사관 (507)264-8203, 8360	87H7
파라과이 PARAGUAY	407천㎢	7,033천명	아순시온	4,010 $	에스파냐어, 과라니어	가톨릭	Guarani 과라니	주 파라과이 대사관 (595-21)605-606, 401, 419	92E2
파키스탄 PAKISTAN	796천㎢	188,144천명	이슬라마바드	1,360 $	우르드어, 펀자브어	이슬람교	Rupee 파키스탄 루피	주 파키스탄 대사관 (92-51)227-9380~1	38B3
파푸아뉴기니 PAPUA NEW GUINEA	463천㎢	7,632천명	포트모르즈비	2,020 $	영어, 피진어, 모투어	기독교, 토착신앙	Kina 키나	주 파푸아뉴기니 대사관 (675)321-5822~4	31K7
팔라우 PALAU	459㎢	21천명	멜레케오크	10,970 $	영어, 팔라우어	기독교, 토착종교	U.S Dollar	주 필리핀 대사관 겸임국	31I4
페루 PERU	1,285천㎢	31,161천명	리마	6,270 $	에스파냐어, 게추아어	가톨릭	Sol 솔	주 페루 대사관 (51-1)632-5000, 5015	90D6
포르투갈 PORTUGAL	92천㎢	10,610천명	리스본	21,270 $	포르투갈어	가톨릭	Escudo	주 포르투갈 대사관 (351-21)793-7200	58D7
폴란드 POLAND	312천㎢	38,222천명	바르샤바	13,240 $	폴란드어	가톨릭	Zroty 즈워티	주 폴란드 대사관 (48-22)559-2900~4	55I3
프랑스 FRANCE	641천㎢	67,250천명	파리	43,520 $	불어	가톨릭	Euro	주 프랑스 대사관 (33-1)4753-0101	58J3
피지 FIJI	18천㎢	893천명	수바	4,370 $	영어, 피진어	기독교, 힌두교, 이슬람교	Dollar 피지 달러	주 피지 대사관 (679)330-0977, 0683, 0709	100N9
핀란드 FINLAND	338천㎢	5,464천명	헬싱키	48,820 $	핀란드어, 스웨덴어	루터파, 그리스정교	Euro	주 핀란드 대사관 (358-9)251-5000	52G2
필리핀 PHILIPPINES	300천㎢	101,803천명	마닐라	3,270 $	타갈로그어, 영어	가톨릭, 이슬람교	Peso 필리핀 페소	주 필리핀 대사관 (63-2)856-9210	30G2
헝가리 HUNGARY	93천㎢	9,911천명	부다페스트	13,260 $	헝가리(마자르)어	가톨릭, 칼빈교	Forint 포린트	주 헝가리 대사관 (36-1)462-3080	65B2

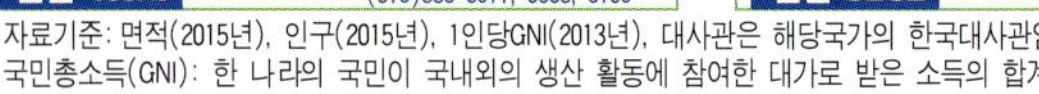

※자료기준: 면적(2015년), 인구(2015년), 1인당GNI(2013년), 대사관은 해당국가의 한국대사관임. ※자료출처: UN(국제연합), 대한민국 외교통상부
국민총소득(GNI): 한 나라의 국민이 국내외의 생산 활동에 참여한 대가로 받은 소득의 합계.

아 시 아 Asia

국 명	세계유산명	지도보기
대한민국	종묘, 창덕궁, 조선 왕릉	5M4
	수원화성, 경주 역사 유적 지구	5M4
	해인사 장경판전, 석굴암, 불국사	5M4
	제주 화산섬과 용암동굴	5M5
	고창·화순·강화 고인돌 유적	5M4
북 한	고구려 고분군	5M4,8B6
일 본	고대 교토의 역사기념물	24E5
	시라카미 산지	25H2
	시라카와고와 고카야마 역사마을	25F4
	후지산	24C7
	이쓰쿠시마 신사	24D5
	호류사 지역 불교 건축물군	24E5
	히로시마 평화 기념관	24D5
	히메지 성	24E5
중 국	고구려의 수도와 왕릉, 그리고 귀족의 무덤	5M3,8B5
	구궁	5K4
	둔황의 막고굴(모가오쿠)	4F3
	라싸의 포탈라궁	5K6
	만리장성	5K4
	베이징원인의 유물이 발견된 저우커우뎬	5K4
	아미(어메이)산과 낙산(러산)대불	4H6
	우당산의 도교사원군	5J5
	무릉원(우링위안)	5J6
	구채구(주자이거우) 풍경구	4H5
	진시황제릉	5I5
	청더의 피서 산장, 외팔묘(와이바먀오)	5K3
	취푸의 공자묘.공자림, 공자부	5K4
	타이산 산	5K4
	도강언(두장옌)	4H5
	황산 산	5K5
필 리 핀	코르딜레라스(코르디에라) 계단식 논	39G2
	투바이타하 산호초 자연공원	39G4
	필리핀의 바로크양식 성당군	39G2
베 트 남	후에의 역사 건축물	38D2,40D2
	하롱만	38D1,40D1
라 오 스	루앙프라방 역사 건축물군	38C2,40D2
	팍세의 왓푸사원	38C2
캄보디아	앙코르의 유적군	38C3,40C3
타 이	반치앙의 고고유적	38C2,40C2
	수코타이 역사지구	38B2,40B2
	아유타야 역사지구	38C3,40C3
말레이시아	키나발루 공원	38F4
네 팔	치트완 국립공원	45K5,46E3
	사가르마타 국립공원	45O5,46F3
	카투만두 계곡	45O5,46F3
방글라데시	바게르하트의 이슬람 도시 유적	45O6,46F4
	파하르푸르의 불교유적	45O5,46F3
인 도	고아의 성당과 수도원	45L7,46C5
	난다데비 국립공원	45M4,46D2
	델리의 쿠트브 미나르 유적지	45M5,46D3
	델리의 후마윤묘지	45M5,46D3
	마나스 야생동물보호구역	45P5,46G3
	마하발리푸람 건축과 조각군	45N8,46E6
	산치의 불교유적	45M6,46D4
	순다르반스 국립공원	45O6,46F4
	아그라 요새	45M5,46D3
	아잔타 석굴 사원	45M6,46D4
	엘레판타 섬의 동굴	45L7,46C5
	엘로라 석굴 사원군	45L6,46D4
	카주라호의 사원군	45M6,46D4
	카지랑가 국립공원	45P5,47G3
	케오라데오 국립공원	45M5,46D3
	코나라크의 태양신 사원	45D7,46F5
	아그라의 타지마할	45M5,46D3
	대촐라 사원	45M8,46D6
	파타다칼 사원군	45M7,46D5
	인도 산악철도	45M5,46D3
	함피 도시유적	45M746D5
스리랑카	갈의 옛시가지와 요새	45N9,46E7
	담불라 황금사원	45N9,46E7
	아누라다푸라 성지	45N9,46F7
	성지캔디	45N9,46F7
	시기리야 고대도시	45N9,46F7
	신하라자 삼림보존지역	45N9,46F7
	폴로나루와 고대도시	45N9,46F7
파키스탄	라호르성채와 살리마르정원	45L4,46C2
	모헨조다로 고고유적	45K5,46B3
	타타 역사건축물	45K6,46B4
	타흐티바히의 불교유적과 사리바롤 역사도시	46C2
	탁실라 도시유적	45L4,46C2
이 란	고대도시 초가잔빌	44G4
	이스파한(에스파한)의 메이단에맘	44H4
	페르세폴리스	44H4
이 라 크	원형도시 하트라	44E3
아르메니아	아흐파트 수도원	44F2
조 지 아	므츠헤타 역사도시	44F2,53O2
	바그라티 대성당과 겔라티 수도원	44F2,53O2
	어퍼스 바네티	44F2,53O2
터 키	넴루트산의 거대한 무덤	44E3
	디브리이의 대모스크와병원	44E3
	사프란볼루 옛시가지	44D2
	이스탄불 역사지구	44C2
	크산토스-레톤	44C3
	카파도키아 유적과 궤레메 국립공원	44O3
	히에라 폴리스와 파묵칼레	44C3
	히타이트의 수도 하투샤	44O3
키프로스	트로도스 지역의 벽화 교회군	48A2
	파포스 고고유적	48A2
시 리 아	고대도시 팔미라	44E4
	다마스쿠스 옛시가지	48E3
	보스라 옛시가지	48E4
	알레포 옛시가지	44E3
레 바 논	성지 바알베크, 페니키아도시 비블로스	48D2
	이슬람 도시 안자르	48D3
	페니키아도시 티레	48D3
이스라엘	예루살렘	48D5
인도네시아	보로부두르 불교 사원	38E7
요 르 단	대상도시 페트라	48D6
	쿠세이르암라	48E5
예 멘	사나 옛시가지	44F7
	시밤 성벽도시	44G7
	자비드 역사지구	44F8
오 만	바트·알쿠틈·알아인의 선사유적	44I6
	비플라의 성채	44I6
	아플라즈 관개시설유적지	44I6
우즈베키스탄	부하라 역사지구	44J3,75F5

아프리카 Africa

국 명	세계유산명	지도보기
이 집 트	고대테베와 네크로폴리스	53M5
	기자-다슈르 피라미드지역	53M5
	아부메나 그리스도교유적	53L4
	아부심벨에서 필라에 이르는 누비아 유적군	53M6
	이슬람도시 카이로	53M4
리 비 아	가다메스 옛시가지	52H4
	렙티스마그나의 고고유적	52I4
	사브라타 고고유적	52I4
	키레네 고고유적	53K4
	타드라르트아카쿠스 바위그림	52I6
튀 니 지	고대 카르타고의 도시 케르쿠안과 네크로폴리스	52I3
	카이로우안유적	52H3
	수스 옛시가지	52I3
	엘젬의 원형 경기장	52I3
	이츠케울 국립공원	52H3
	카르타고 고고유적	52I3
	튀니스 옛시가지	52I3
알 제 리	알제의 카스바	52G3
	베니함마드 요새도시	52G3
	가르다이아 음자브 계곡	52G4
	제밀라 고고유적	52H3
	타실리 나제르 신석기 바위그림	52H5
	티파사 고고유적	52G3
	팀가드 고고유적	52H3
모 로 코	마라케시 옛시가지	52E4
	메크네스 옛시가지	52E4
	아이트벤하두 크사르(요새)	52E4
	페스 옛시가지	52F4
모리타니	대상도시 우이단·싱게티·티시드·우알라타	52D6,E7
	방다르갱 국립공원	52C7
세 네 갈	고레 섬(노예무역지)	52C8
	니오콜로코바 국립공원	52D8
	주지국립조류보호구역	52C7
말 리	반디아가라라의 절벽	52F8
	팀북투	52F7
	젠네의 옛시가지	52F8
코트디부아르	님바산 엄정 자연보존지역	52E9
가 나	가나의 성채	52F9
	아샨티 전통건축물군	52F9
베 냉	아보메 왕궁	52G9
니 제 르	W국립공원	52G8
	아이르와 테네레 자연보전지역	52H7
카 메 룬	드야동물보호지역	54B2
중앙아프리카공화국	마노보군다세인트플로리스 국립공원	53K9
에티오피아	랄리벨라 암굴교회군	53N8
	시미엔 국립공원	53N8
	아와시강 하류유역	53O8
	악숨 고고유적	53O8
	오모강 하류유역	53N9
	티야의 비석군	53N9
	파실게비·곤다르 유적군	53N8
우 간 다	르웬조리산지 국립공원	53M10
	브윈디 국립공원	53M11
콩고민주공화국	가람바 국립공원	54E2
	비룽가 국립공원	54E3
	살롱가 국립공원	54D3
	오가피야생돌물 보호지역	54E2
	카후지-비에가 국립공원	54E3
탄자니아	세렝게티 국립공원	54F3
	셀루스 동물보호구역	54G4
	응고롱고로 자연보존구역	54F3
	킬리만자로 국립공원	54G3
	킬와키시와니·송고 음나라 유적	54G4
말 라 위	말라위호 국립공원	54F5
모잠비크	모잠비크 섬	54H6
짐바브웨	빅토리아폭포	54E6
	대짐바브웨 유적	54F7
	마나풀스 국립공원·사피와추어 사파리지역	54E6
	카미유적	54E7
마다가스카르	암보히망가 언덕	55I7
	베마라하칭기 자연보존지역	55H6
세 이 셸	발레드메 자연보호구역	55I4
	알다브라 환초	55I4
감 비 아	쿤타킨테(제임스)섬과 관련 유적	52C8

유 럽 Europe

국 명	세계유산명	지도보기
영 국	에드워드1세의 성곽군	58D5
	더럼성과 성당	58G4
	런던탑	58G6
	배스시가지	58F6
	블레넘궁전	58G6
	세인트킬다 군도	58C3
	스터들리 왕립공원과 파운틴스 수도원 유적	58G4
	스톤헨지와 에이브베리 거석유적	58F5
	아이언브리지 계곡	58F5
	에든버러 구시가지와 신시가지	58F4
	웨스트민스터궁전	58G6
	자이언츠코즈웨이와 해안	58C4
	켄터베리 대성당	58H6
	로마제국경계(하드리아누스 방벽)	58F4
아일랜드	보인계곡의 고고유적군	58D5
	스켈리그마이클섬 수도원	58A6
프 랑 스	낭시의 스태니슬라광장 캐리에르광장 알리앙스광장	67L2
	랭스 대성당, 생레미수도원 토궁전	68K2
	몽생미셸과만	68H2
	미디운하	68J5
	베르사유궁전과 정원	68J2
	베제르계곡 선사유적·동굴벽화	68I4
	베즐레 교회와 언덕	68J3

세계유산 WORLD HERITAGE

국 명	세계유산명	지도보기
	부르주의 생테티엔대성당	66J3
	생사벵쉬르 가르텅프 성당	66I3
	샤르트르 대성당	66I2
	퐁텐블로궁전과 정원	66J2
	스트라스부르 옛시가지	67L2
	아르케스낭 왕립 제염소	67K3
	아를의 로마유적과 로마네스크 건축	66K4
	아미앵 대성당	66J2
	아비뇽 역사지구	66K5
	오랑주의 로마 극장과 개선문	66K4
	코르시카의 지롤라타만·포르토만·스캉돌라 자연보호지역	67M5
	파리 센강변	66J2
	퐁뒤가르(로마시대 수도교)	66K5
노르웨이	뢰로스 옛광산촌	60C3
	베르겐의 브뤼겐지구	60B3
	알타의 바위그림	60F1
	우르네스 목조교회	60B3
스 웨 덴	감멜스타드 성당마을	60F2
	드로트닝홀름 왕궁	60E4
	비르카와호브가르텐 유적	60E4
	라포니안(사메인)지역	60E2
	스코그쉬르코고르덴의 묘지공원	60E4
	엥겔스베리 제철소	60E3
	타눔의 바위그림	60C4
	한자동맹의 도시 비스뷔	60E4
핀 란 드	라우마 옛시가지	60F3
	벨라의 제재·판지공장	60G3
	수오멘린나요새	60G3
	페테예베시 옛 교회	60G3
덴 마 크	로스킬레 대성당	60D5
	옐링의 고분, 비석,성당	60C5
네덜란드	쇼클란트와 주변의 간척지	62B2
	암스테르담 방위선	62B2
독 일	고슬라 옛 시가지	62E3
	로르슈 수도원 지구	62D4
	마울브론 수도원 지구	62D4
	메셀 화석 유적	62D4
	바이마르와 데사우의 바우하우스 관련 유산	62E3,F3
	밤베르크 중세도시유적	62E4
	뷔르츠부르크 주교관	62D4
	브륄의 아우구스투스브르크성	62C3
	비스 순례성당	62E5
	슈파이어 대성당	62D4
	아이슬레벤과 비텐베르크의 루터기념 건조물군	62E3,F3
	아헨 대성당	62C3
	쾰른 대성당	62C3
	크베들린부르크의 옛시가지	62E3
	트리어의 로마유적, 성모마리아성당	62C4
	포츠담과 베를린의 궁전과 정원	62F2
	펠퓐클링겐의 제철소	62C4
	한자동맹 도시 뤼베크	62E2
	힐데스하임 성마리아성당, 성 미샤엘 성당	62D2
룩셈부르크	룩셈부르크 중세요새도시	62C4
리투아니아	빌뉴스 역사지구	62G5
벨라루스	벨로베시스카야푸슈차·국립공원	63K2
	비아워비에자 삼림지대	
폴 란 드	바르샤바 역사지구	63J2
	비엘리치카 소금 광산	63J4
	아우슈비츠 강제 수용소	63I3
	자모시치 옛시가지	63K3
	크라쿠프 역사지구	63I3
체 코	레드니체와 발티체문화경관	63H4
	젤레나호라 순례 교회	
	체스키크룸로프 역사지구	62G4
	쿠트나호라 역사지구	62G4
	텔치 역사지구	62G4
	프라하 역사지구	62G3
오스트리아	쇤브룬 궁전과 정원	62H4
	잘츠부르크 역사지구	62F4
스 위 스	뮈스타이어 수도원	62E5
	베른의 옛시가지	62C5
	생갈 수도원	62D5
포르투갈	리스본의 제로니무스 수도원과 벨렝탑	66D7

국 명	세계유산명	지도보기
	바탈랴 수도원	66D7
	신트라 문화 경관	66D7
	알코바사 수도원	66D7
	에보라 역사지구	66E7
	투마르 수도원	66D7
	포르투의 역사지구	66D6
스 페 인	가라호네이 국립공원	52C5
	산타마리아 데 과달루페 왕립수도원	66F7
	그라나다의 알람브라궁, 알바이신 지구	66G8
	도냐나 국립공원	66E8
	메리다의 고고유적	66E7
	루고성벽	66E5
	바르셀로나의 카탈라냐음악당	66J6
	발렌시아의 라론하데라세다유적지	66H7
	부르고스 대성당	66G5
	산티아고 데 콤포스텔라	66D5
	살라망카 옛시가지	66F6
	세고비아 옛시가지와 수도교	66F6
	세비야 대성당, 알카사르 인디아스 고문서관	
	아빌라의 옛시가지와 대성당	66F6
	아스투리아스 왕국의 종교건축물군	66F5
	알타미라 동굴	66F5
	에스코리알 수도원 유적	66F6
	쿠엥카 성곽도시	66G6
	카세레스 옛시가지	66E7
	코르도바의 역사지구	66F8
	테루엘의 아라곤의 무데하르 양식 건축	66H6
	톨레도 역사도시	66F7
	포블레트 수도원	66I6
바 티 칸	바티칸	67O6
이탈리아	나폴리 역사지구	67P6
	라벤나의 초기 기독교 건물군	67O4
	르네상스 도시 페라라	67N4
	마테라 동굴 주거지	67Q6
	밀라노 산타마리아텔레그라치에교회	67M4
	베네치아와 그 석호	67O4
	산지미냐뇨 역사지구	67N5
	시에나 역사지구	67N5
	알베로벨로의 트룰리	67Q6
	카모니카 계곡의 바위그림	67M4
	카스텔 델 몬테(몬테성)	67Q6
	크레스피 다다의 기업도시	67M4
	비첸차의 팔라디오양식건축물	67N4
	피렌체 역사도시	67N5
	피사의 두오모 광장	67N5
	피엔차 역사지구	67N5
	로마 역사지구	67O6
몰 타	고조섬과몰타섬의 거석 신전	67P8·P9
	발레타 시가지	67P9
	할사플리에니의 지하신전	67P9
그 리 스	델로스 섬	73E7
	델포이 고고유적	73D6
	로도스 중세도시	73G7
	메테오라의 수도원군	73C6
	미스트라 고고유적	73D7
	밧새의 아폴론 에피큐리우스 신전	73D7
	아이가이(베르기나) 고고유적	73D5
	비잔틴 중기의 수도원	73D6
	사모스섬의 피타고레이온과 헤라신전	73F7
	아토스산	73E5
	아테네 아크로폴리스	72·73D7
	에피다우루스의 아스클레피오스신전	73D7
	올림피아 고고유적	73C7
	테살로니카 기독교 건축물	73D5
마케도니아	오흐리드 역사 건축물	73C5
불가리아	네세바르의 고대도시	73F4
	릴라 수도원	73D4
	마다라 기마상	73F4
	보야나 교회	73D4
	스레바르나자연보호지역	73F3
	스베슈타리의 트라키아인고분	73F4
	이바노보의 암굴 성당군	73E4
	카잔루크의 트라키아인고분	73E4

국 명	세계유산명	지도보기
	피린국립공원	73D5
몬테네그로	두르미토르 국립공원	73B4
세르비아	스타리라스와 소포차니 수도원	73C4
	스투데니차 수도원	73C4
	코토르 자연·역사문화지구	73B4
크로아티아	두브로브니크 옛 시가지	67R5
	스플리트의 궁전과 역사 건축물	67Q5
	플리트비체호수 국립공원	67P4
알바니아	부트린트 고고유적	67S7
슬로베니아	슈코치안 동굴	67O4
헝 가 리	부다페스트의 도나우강 연안과 부다성	73B2
	파논할마 수도원과 자연환경	73A2
	홀로쾨 전통	73B1
슬로바키아	반스카슈티아브니차 역사도시	67R2
	블콜리네츠 전통취락	67R2
	레보차, 스피슈성과 역사 건축물	67S2
루마니아	도나우강 삼각주	73G3
	몰다비아 교회군	73F2
	트란실바니아 요새교회	73E2
	호레주 수도원	73D3
우크라이나	키예프의 성소피아 성당과 페체르스크 대수도원	74C3
러 시 아	벨리키노브고로드 역사기념물·군건축물	74C3
	모스크바 크렘린궁과 붉은광장	74C3
	바이칼호	79L4
	블라디미르와 수즈달의 역사건축물군	74D3
	상트페테르부르크역사지구	74C3
	세르기예프포사드의 트로이체 대수도원	74C3
	솔로베츠키제도의 역사 건축물군	74C2
	캄차카 화산군	79R4
	코미의 원시림	74E2
	콜로멘스코예의 예수승천교회	74C3
	키지섬의 목조성당	74C2
몽골/러시아	우브스누르분지	4F1,79K4
북아메리카 North America		
캐 나 다	다이너소어(공룡)공원	84E2
	루넌버그의 옛시가지	85O4
	버펄로 사냥 절벽	84E3
	캐나디안로키산맥 국립공원군	84D2
	퀘벡의 역사지구	85M3
미 국	그랜드캐니언 국립공원	84E5
	그레이트스모키산맥 국립공원	85K5
	독립기념관	85M5
	레드우드 국립공원	84C4
	매머드 동굴 국립공원	85J5
	메사버드(베르데) 국립공원	84F5
	살러츠빌의 몬티첼로, 버지니아 대학교	85L5
	에버글레이즈 국립공원	85K7
	옐로스톤 국립공원	84E4
	올림픽 국립공원	84C3
	요세미티 국립공원	84D5
	자유의 여신상	85M4
	차코문화 국립역사공원	84F5
	카호키아마운드주립사적	85I5
	칼즈배드 동굴 국립공원	84G6
	타오스 원주민 마을	84F5
	하와이 화산 국립공원	84Y13
미국/캐나다	미국알래스카·캐나다 국경 지대 산악 공원군	84U9·V10
	워터턴글레이셔 국제 평화공원	84E3
멕 시 코	과나후아토의 역사도시와 광산	94D4
	멕시코시티의 역사지구와 소치밀코	94E5
	모렐리아 역사지구	94D5
	엘비스카이노 고래보호구역	94B3
	사카테카스 역사지구	94D4
	산프란시스코 산지의 동굴벽화	94B3
	시안카안 생물권보전지역	94G5
	엘타힌 고대도시	94E4
	오악사카 역사지구와 몬테알반 고고유적	94E5
	욱스말의 고대도시	94G4
	치첸이트사 고대도시	94G4
	케레타로의 종교 건축물 지구	94D4
	테오티우아칸의 고대도시	94E5
	팔렝케의 고대도시와 국립공원	94F5

국 명	세계유산명	지도보기
	포포카테페틀 산기슭의 16세기 수도원군	94E5
	푸에블라 역사지구	94E5
과테말라	안티과과테말라	94F6
	퀴리과 유적공원	94G5
	티칼국립공원	94G5
벨 리 즈	벨리즈배리어리프	94G5
온두라스	리오플라타노강 생물권보전지역	95H5
	코판 마야유적	94G6
엘살바도르	호야데세렌 고고유적	94G6
코스타리카	탈라망카산맥–라아미스타드	95H7
	보호지역(국립공원)	
파 나 마	다리엔국립공원	95I7
	파나마시티의 카리브해연안 요새군	95I7
쿠 바	아바나 옛시가지와요새	95H4
	트리니다드와 로스인헤니오스분지	95I4
아 이 티	시타델, 상수시 성, 라미에르 국립역사공원	95J5
도미니카 공화국	산토도밍고 식민도시	95K5
푸에르토리코(미국)	산후안역사지구	95K5
니카라과	레온비에호유적	94G6

남아메리카 South America

국 명	세계유산명	지도보기
베네수엘라	카나이마 국립공원	98F2
	카라카스대학 건축물	98E1
	코로항구	98E1
콜롬비아	로스카티오스 국립공원	98C2
	산아구스틴 고고공원	98C3
	산타크루스데몸포스 역사지구	98D2
	카르타헤나의 항구, 요새, 역사 건축물군	98C1
	티에라덴트로 국립 고고공원	98C3
에콰도르	갈라파고스제도	98A4
	상가이 국립공원	98C4
	키토 옛시가지	98C4
페 루	나스카와 후마나 평원의 지상화	98D6
	리마 역사지구	98C6
	리오아비세오 국립공원	98C5
	마누국립공원	98D6
	마추픽추	98D6
	우아스카란 국립공원	98C5
	차빈 고고유적	98C5
	찬찬 고고유적	98C5
	쿠스코 시가지	98D6
브 라 질	브라질리아	99I7
	사우바도르의 데바이아 역사지구	99K6
	세라다카피바라 국립공원	99J5
	오루프레투의 역사도시	99J8
	올린다 역사지구	99L5
	콩고냐스의 봉제수스 성역	99J8
볼리비아	수크레 역사도시	98E7
	포토시 광산도시	98E7
파라과이	예수회선교단유적	100E3
우루과이	콜로니아 델사크라멘토의 역사지구	100E4
아르헨티나	로스글라시아레스 국립공원	100B8
브라질/아르헨티나	고이아스 역사지구	99H7
	과라니족 예수회 선교단사절	100F3
	세하도(세라도) 열대우림보호지역	99I6
	이구아수 폭포	100F3
	중앙아마존 보전구역	98F4
수 리 남	파라마리보 역사 내부도시	99G2

오세아니아 Oceania

국 명	세계유산명	지도보기
오스트레일리아 (호 주)	그레트배리어리프	103H3 · J9
	블루마운틴산악지대	108L11
	샤크만	102A5
	오스트레일리아 동부의 다우림	103I5 · K11
	곤드와나열대우림	102F7
	울루루 · 카타주타 국립공원	102E5
	윌랜드라호 수지역	103G6
	카카두 국립공원	102E2
	퀸즐랜드 열대습윤지역	103H3
	태즈메이니아 야생지대	103H8
	프레이저 섬	103I5 · K11
뉴질랜드	테와히포우나무	106A6 · B5
	통가리로 국립공원	106E3

국 명	주요관광도시	지도보기
아 시 아 Asia		
중 국	카스(카슈가르) (Kashgar)	4C4
	선양 (沈阳)	8B5
	다퉁 (大同)	6D2
	톈진 (天津)	6F3
	베이징 (北京)	6E3
	지난 (济南)	6F4
	안양 (安阳)	6E4
	뤄양 (洛阳)	6D5
	청두 (成都)	6A7
	우산 (巫山)	6C7
	우한 (武汉)	6E7
	난징 (南京)	6F7
	상하이 (上海)	6G7
	항저우 (杭州)	6G7
	난창 (南昌)	7E8
	웨양 (岳阳)	7D8
	창사 (长沙)	7D8
	충칭 (重庆)	7B8
	구이린 (桂林)	7C10
	자오칭 (肇庆)	7D11
	광저우 (广州)	7D11
	마카오 (澳门)	7D11
	홍콩 (香港)	7E11
	안산 (鞍山)	8A5
	후허하오터 (呼和话特)	8B2
	인촨 (银川)	6B3
	위린 (榆林)	6C3
	칭다오 (青岛)	6G4
	펑야오 (平遥)	6D4
	센양 (成都)	6C5
	시안 (西安)	6C5
	카이펑 (开封)	6D5
	정저우 (郑州)	6D5
	쉬저우 (徐州)	6F5
	허페이 (合肥)	6F7
	닝보 (宁波)	7G8
	루저우 (泸州)	7B8
	쭌이 (遵义)	7B9
	취안저우 (泉州)	7F10
	류저우 (柳州)	7C10
	포산 (佛山)	7D11
	차오저우 (潮州)	7E11
	싼야 (三亚)	7C13
	장예 (张掖)	4H4
	우웨이 (武威)	4H4
	쿤민 (昆明)	4H6
	지안 (集安)	8C5
	하얼빈 (哈尔滨)	8C3
	창춘 (长春)	8B4
	지린 (吉林)	8C4
	무단장 (牧丹江)	8D3
	둔화 (敦化)	8C4
	옌지 (延吉)	8D4
	퉁화 (通化)	8B5
타 이 완	타이베이 (台北)	7G10
	타이중 (台中)	7G10
	화롄 (花莲)	7G10
	타이난 (台南)	7G11
	가오슝 (高雄)	7G11
몽 골	호브드 (Hovd)	4F2
	알타이 (Altay)	4G2
	하트갈 (Khatgal)	4H1
	초이발산 (Choybalsan)	5J2
	울란바토르 (Ulan Bator)	4I2
	달란자드가 (Dalandzadgad)	4H3
	하르호린 (Kharkhorin)	4H2
일 본	가고시마 (鹿児島)	24C7
	구마모토 (熊本)	24C6
	나가사키 (長崎)	24B6
	벳푸 (別府)	24C6
	오이타 (大分)	24C6
	후쿠오카 (福岡)	24C6

국 명	주요관광도시	지도보기
	도야마 (富山)	25F4
	도쿄 (東京)	25G5
	미야자키 (宮崎)	24C7
	아오모리 (青森)	25H2
	오키나와 (沖縄)	25O13
	가마쿠라 (鎌倉)	25G5
	고베 (神戸)	24E5
	교토 (京都)	24E5
	나고야 (名古屋)	25F5
	시모노세키 (下関)	24C6
	오사카 (大阪)	24E5
	요코하마 (横浜)	25G5
	하코네 (箱根)	25G5
	히로시마 (広島)	24D5
	니가타 (新潟)	25G4
	닛코 (日光)	25G4
	센다이 (仙台)	25H3
	아키타 (秋田)	25H3
	야마가타 (山形)	25H3
	나가노 (長野)	25G4
	삿포로 (札幌)	24J10
	후쿠시마 (福島)	25H4
	마쓰야마 (松山)	24D6
필 리 핀	다바오 (Davao)	39H4
	마닐라 (Manila)	39G3
	보라카이 (Boracay)	39G3
	세부 (Cebu)	39G3
	팔라완섬 (Palawan I.)	39F4
베 트 남	하노이 (Hanoi)	40D1
	호찌민 (Hochimin)	40D3
라 오 스	비엔티안 (Vientiane)	40C2
캄보디아	시엠레아프 (Siem Reap)	40C3
	프놈펜 (Phnom Penh)	40C3
타 이	방콕 (Bangkok)	40C3
	수코타이 (Sukhothai)	40B2
	아유타야 (Ayuttaya)	40C3
	치앙마이 (Chiang Mai)	40B2
	칸차나부리 (Kanchanaburi)	40C4
	코사무이섬 (KohSamui I.)	40C4
	파타야 (Pattaya)	40B3
	푸켓 (Phuket)	40B4
	후아힌 (HuaHin)	40B3
미 얀 마	양곤 (Yangon)	40B2
말레이시아	랑카위 (Langkawi)	38B4
	쿠알라룸푸르 (Kuala Lumpur)	38C5
	팡코르 (Pankor)	38C5
	피낭섬 (Pinang I.)	38C4
싱가포르	싱가포르 (Singapore)	40C5
	메단 (Medan)	38B5
인도네시아	발리섬 (Bali I.)	38F7
	자카르타 (Jakarta)	38D7
	욕야카르타 (Yogyakarta)	38E7
네 팔	카트만두 (Kathmandu)	45D5
인 도	델리 (Delhi)	46D3
	러크나우 (Lucknow)	46E3
	바라나시 (Varanasi)	46E3
	비샤카파트남 (Vishakhapatnam)	46E5
	심라 (Shimla)	46D2
	아그라 (Agra)	46D3
괌	괌섬 (Guam I.)	43
사 이 판	사이판섬 (SaiPan I.)	43
터 키	카파도키아 (Cappadocia)	44E3
	안탈리아 (Antalya)	44D3
	앙카라 (Ankara)	44D3
	에페수스 (Ephesus)	44C3
	이스탄블 (Istanbl)	44C2
	이즈미르 (Izmir)	44C3
	코니아 (Konya)	44D3
	트로이 (Troy)	44C3

아프리카 Africa

국 명	주요관광도시	지도보기
이 집 트	룩소르 (Luxor)	53M5
	수에즈 (Suez)	53M4
	아스완 (Aswan)	53M6

주요관광도시 SIGHTSEEING CITY

국명	주요관광도시		지도보기
	카이로	(Cairo)	53M4
튀니지	튀니스	(Tunis)	52I3
가 나	아크라	(Accra)	52F9
토 고	로메	(Lome)	52G9
우간다	캄팔라	(Campala)	54F2
소말리아	모가디슈	(Mogadishu)	53P10
케 냐	나이로비	(Nairobi)	54G3
	몸바사	(Mombasa)	54G3
탄자니아	다르에스살람	(Dares Sallam)	54G4
	잔지바르	(Zanzibar)	54G4
짐바브웨	리빙스턴	(Livingstone)	54E6
	하라레	(Harare)	54F6
보츠와나	마운	(Maun)	54D6
남아공	더반	(Durban)	54F8
	모셀베이	(Mossel Bay)	54D9
	요하네스버그	(Johannesburg)	54E8
	케이프타운	(Cape Town)	54C9
	킴벌리	(Kimberley)	54D8
	포트엘리자베스	(Port Elizabeth)	54E9
	프리토리아	(Pretoria)	54E8
모리셔스	포트루이스	(Port Louis)	55L11

유 럽 Europe

국명	주요관광도시		지도보기
영 국	글래스고	(Glasgow)	58D4
	런던	(London)	58H6
	리버풀	(Liverpool)	58F5
	벨파스트	(Belfast)	58D4
	에든버러	(Edinburg)	58F4
	옥스퍼드	(Oxford)	58G6
	요크	(York)	58G5
	케임브리지	(Cambridge)	58H5
아일랜드	더블린	(Dublin)	58C5
프랑스	니스	(Nice)	67L5
	디종	(Dijong)	67K3
	리옹	(Lyon)	67K4
	마르세유	(Marseille)	67K5
	몽블랑	(Montblanc)	67K4
	베르사유	(Versaille)	66J2
	보르도	(Bordeaux)	66H4
	스트라스부르	(Strabourg)	67L2
	아비뇽	(Avignon)	67K5
	파리	(Paris)	66J2
노르웨이	베르겐	(Bergen)	6B3
	오슬로	(Oslo)	60C4
스웨덴	스톡홀름	(Stockholm)	60E4
	키루나	(Kiruna)	60F2
핀란드	탐페레	(Tampere)	60F3
	투르쿠	(Turku)	60F3
	로바니에미	(Rovaniemi)	60G2
	헬싱키	(Helsinki)	60G3
덴마크	코펜하겐	(Copenhagen)	60D5
네덜란드	로테르담	(Rotterdam)	62B2
	암스테르담	(Amsterdam)	62B2
	헤이그	(Hague)	62B2
독 일	뒤셀도르프	(Dusseldorf)	62C3
	라이프치히	(Leipzig)	62F3
	뮌헨	(Munchen)	62E4
	베를린	(Berlin)	62F2
	본	(Born)	62C3
	뷔르츠부르크	(Wurzburg)	62D4
	슈투트가르트	(Stuttgart)	62D4
	브레멘	(Bremen)	62O2
	드레스덴	(Dresden)	62F3
	쾰른	(Koln)	62C3
	프랑크푸르트	(Frankfurt)	62D3
	하노버	(Hannover)	62D2
	하이델베르크	(Heidelberg)	62D4
	함부르크	(Hamburg)	62E2
룩셈부르크	룩셈부르크	(Luxemburg)	62C4
에스토니아	사레마	(Saaremaa)	60F4
	탈린	(Tallinn)	60G4
리투아니아	빌뉴스	(Vilnius)	60G5
	카우나스	(Kaunas)	60F5
라트비아	리가	(Riga)	60G4

국명	주요관광도시		지도보기
폴란드	그단스크	(Gdansk)	63I1
	바르샤바	(Warszawa)	63J2
체 코	브르노	(Brno)	63H4
	프라하	(Praha)	63G3
벨기에	브뤼셀	(Brussels)	62B3
	안트베르펜(앤트워프)	(Antwerpen)	62B3
오스트리아	빈	(Wien)	63H4
	인스브루크	(Innsbruck)	62E5
	잘츠부르크	(Salzburg)	62F5
스위스	루체른	(Luzern)	62D5
	바젤	(Basel)	62C5
	베른	(Bern)	62C5
	인터라켄	(Interlaken)	62C5
	제네바	(Geneve)	62C5
	취리히	(Zurich)	62O5
포르투갈	리스본	(Lisbon)	66D7
	에보라	(Evora)	66E7
	코임브라	(Coimbra)	66D6
	포르투	(Porto)	66D6
스페인	그라나다	(Granada)	66G8
	마드리드	(Madrid)	66G6
	바르셀로나	(Barcelona)	66J6
	세고비아	(Segovia)	66F6
모나코	모나코	(Monaco)	67L5
바티칸	바티칸	(Vatican)	67O6
이탈리아	나폴리	(Napoil)	67P6
	로마	(Roma)	67O6
	밀라노	(Millano)	67M4
	베네치아	(Venezia)	67O4
	베로나	(Verona)	67N4
	티볼리	(Tivoli)	67O6
	폼페이	(Pompei)	67P6
	피렌체	(Firenze)	67N5
	피사	(Pisa)	67N5
그리스	코린도	(Korinthos)	73D7
	테살로니키	(Thessaloniki)	73D5
	아테네	(Athens)	73D7
	크레타섬	(Creta I.)	73E8
불가리아	바르나	(Varna)	73F4
	소피아	(Sofia)	73D4
슬로베키아	류블랴나	(Ljubljana)	67P3
세르비아	베오그라드	(Beograd)	73C3
크로아티아	두브로브니크	(Dubrovnik)	67R5
	자그레브	(Zargreb)	67Q4
헝가리	데브레첸	(Debrecen)	63J5
	부다페스트	(Budapest)	63I5
	센텐드레	(Szentendre)	63I5
	죄르	(Gyor)	63H5
루마니아	부쿠레슈티	(Bucuresti)	73F3
	브라쇼브	(Brasov)	73E3
	시비우	(Sibiu)	73E3
	클루지나포카	(Cluj-Napoca)	73D2
우크라이나	오데사	(Odessa)	74C4
	키예프	(Kiev)	74C3
러시아	벨리키노브고로드	(Velikiy Novgorod)	74C3
	모스크바	(Moscow)	74C3
	블라디보스토크	(Vladivostok)	79O5
	상트페테르부르크	(Sankt-Peterburg)	76C3
	이르쿠츠크	(Irkutsk)	79L3
	하바롭스크	(Khabarovsk)	79O5

북아메리카 North America

국명	주요관광도시		지도보기
캐나다	핼리팩스	(Halifax)	85O4
	밴쿠버	(Vancouver)	84C3
	밴쿠버섬	(Vancouver I.)	84B3
	빅토리아	(Victoria)	84C3
	밴프	(Banff)	84D2
	에드먼턴	(Edmonton)	84E2
	재스퍼	(Jesper)	84D2
	캘거리	(Calgary)	84E2
	오타와	(Ottawa)	85L3
	토론토	(Toronto)	85L4
	몬트리올	(Montreal)	85M3
	퀘벡	(Quebec)	85M3

국명	주요관광도시		지도보기
미 국 (하와이)	라나이섬	(Lanai I.)	94D3
	몰로카이	(Molokai I.)	94D3
	하와이섬	(Hawaii I.)	94F4
	카훌루이	(Kahului)	94E3
	호놀룰루	(Honolulu)	94D2
미 국	뉴욕	(New York)	85M4
	디트로이트	(Detroit)	85K4
	롤리	(Raleigh)	85L5
	버펄로	(Buffalo)	85L4
	보스턴	(Boston)	85M4
	볼티모어	(Baltimore)	85L5
	샬럿	(Charlotte)	85K5
	신시내티	(Cincinati)	85K5
	워싱턴	(Washington)	85L5
	클리블랜드	(Cleveland)	85K4
	마이애미	(Miami)	85K7
	세인트피터즈버그	(St. Petersburg)	85K7
	올랜도	(Orlando)	85K6
	잭슨빌	(Jcaksonville)	85K7
	탬파	(Tampa)	85K7
	팜비치	(Palm Beach)	85K7
	포트로더데일	(Fort Lauderdale)	85K7
	필라델피아	(Philadelphia)	85L5
	라스베이거스	(Las Vegas)	84D5
	시애틀	(Seattle)	84C3
	로스앤젤레스	(Los Angeles)	84D6
	몬테레이	(Monterey)	84C5
	산호세	(San Jose)	84C5
	새크라멘토	(Sacramento)	84C5
	샌디에이고	(San Diego)	84D6
	샌프란시스코	(San Francisco)	84C5
	팜스프링스	(Palm Springs)	84D6
	포틀랜드	(Portland)	84C3
	앵커리지	(Anchorage)	84T9
	내슈빌	(Nashville)	85J5
	뉴올리언스	(New Orleans)	85J7
	멤피스	(Memphis)	85I6
	미니애폴리스	(Minneapolis)	85I4
	세인트루이스	(St. Louis)	85I5
	시카고	(Chicago)	85J4
	댈러스	(Dallas)	85H5
	샌안토니오	(San Antonio)	84H7
	그랜드캐니언	(Grand Canyon)	84E5
	덴버	(Denver)	84G5
	솔트레이크시티	(Salt Lake City)	85E4
멕시코	멕시코시티	(Mexico City)	94E5
	아카풀코	(Acapulco)	94E5
쿠 바	아바나	(Habana)	95H4

남아메리카 South America

국명	주요관광도시		지도보기
브라질	리우데자네이루	(Riode Janeiro)	99J8
칠 레	산티아고	(Santiago)	100B4

오세아니아 Oceania

국명	주요관광도시		지도보기
오스트레일리아 (호주)	골드코스트	(Goldcoast)	103I5,K11
	다윈	(Darwin)	102E2
	멜버른	(Melbourne)	103H7
	브리즈번	(Brisbane)	103I5,K11
	시드니	(Sydney)	103I6,K12
	애들레이드	(Adelaide)	102F6
	앨리스스프링스	(Alice Springs)	102E4
	캔버라	(Canberra)	103H7,J9
	케언스	(Cairns)	103H3
	퍼스	(Perth)	102B6
	호바트	(Hobart)	103H8
뉴질랜드	로터루아	(Rotorua)	106F3
	오클랜드	(Auckland)	106E2
	웰링턴	(Wellington)	106E4
	퀸스타운	(Queenstown)	106B6
	크라이스트처치	(Christchurch)	106D5
	타우포	(Taupo)	106F3

WORLD
ATLAS
For TOURIST
Tourist Map of World

세계관광여행지도

㈱成地文化社
www.sjmap.co.kr

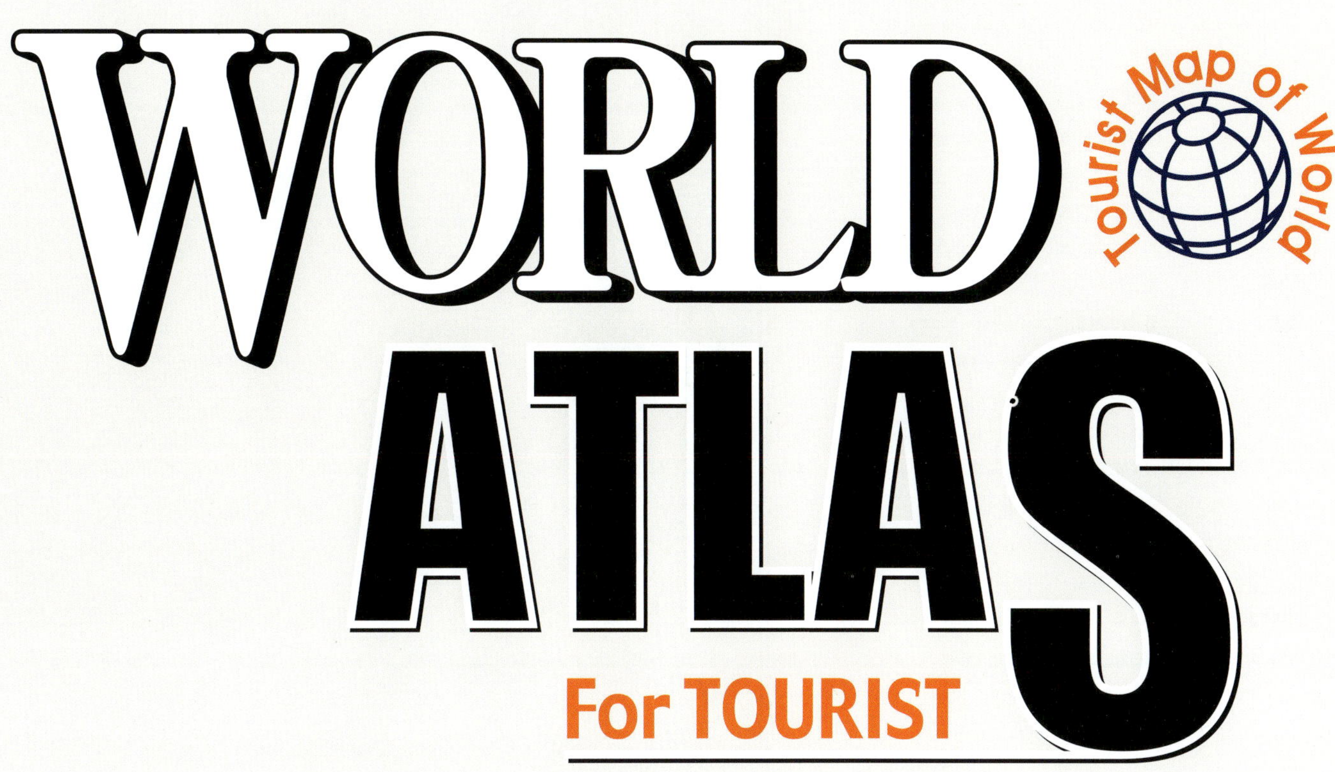

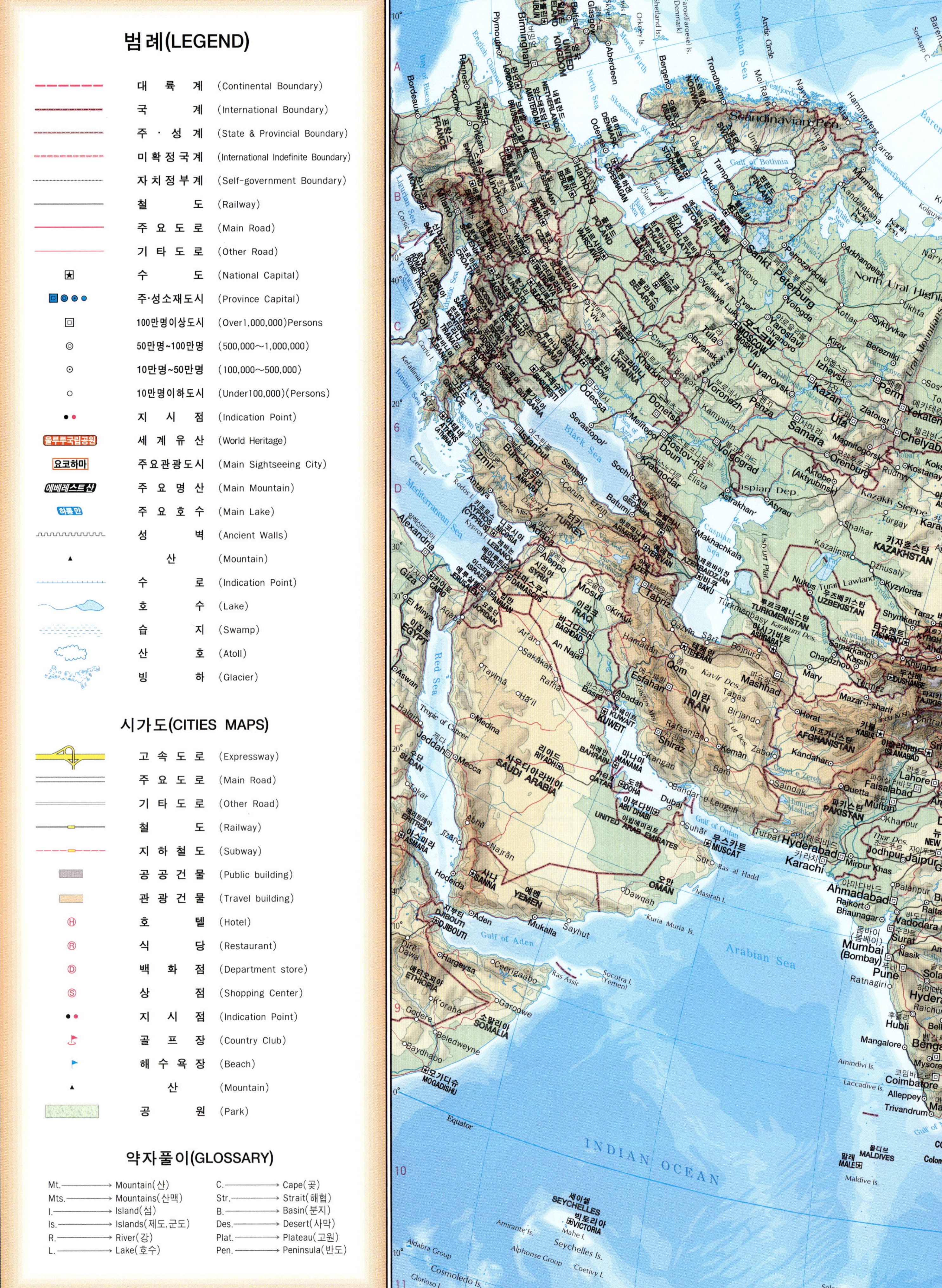

범례(LEGEND)

대 륙 계 (Continental Boundary)
국 계 (International Boundary)
주 · 성 계 (State & Provincial Boundary)
미확정국계 (International Indefinite Boundary)
자치정부계 (Self-government Boundary)
철 도 (Railway)
주요도로 (Main Road)
기 타 도 로 (Other Road)
수 도 (National Capital)
주·성소재도시 (Province Capital)
100만명이상도시 (Over 1,000,000)Persons
50만명~100만명 (500,000~1,000,000)
10만명~50만명 (100,000~500,000)
10만명이하도시 (Under 100,000)(Persons)
지 시 점 (Indication Point)
울루루국립공원 세 계 유 산 (World Heritage)
요코하마 주요관광도시 (Main Sightseeing City)
에베레스트산 주 요 명 산 (Main Mountain)
한통만 주 요 호 수 (Main Lake)
성 벽 (Ancient Walls)
산 (Mountain)
수 로 (Indication Point)
호 수 (Lake)
습 지 (Swamp)
산 호 (Atoll)
빙 하 (Glacier)

시가도(CITIES MAPS)

고 속 도 로 (Expressway)
주 요 도 로 (Main Road)
기 타 도 로 (Other Road)
철 도 (Railway)
지 하 철 도 (Subway)
공 공 건 물 (Public building)
관 광 건 물 (Travel building)
호 텔 (Hotel)
식 당 (Restaurant)
백 화 점 (Department store)
상 점 (Shopping Center)
지 시 점 (Indication Point)
골 프 장 (Country Club)
해 수 욕 장 (Beach)
산 (Mountain)
공 원 (Park)

약자풀이(GLOSSARY)

Mt. ——→ Mountain(산)   C. ——→ Cape(곶)
Mts. ——→ Mountains(산맥)   Str. ——→ Strait(해협)
I. ——→ Island(섬)   B. ——→ Basin(분지)
Is. ——→ Islands(제도,군도)   Des. ——→ Desert(사막)
R. ——→ River(강)   Plat. ——→ Plateau(고원)
L. ——→ Lake(호수)   Pen. ——→ Peninsula(반도)

1:35,000,000
0   500   1000   1500   2000km

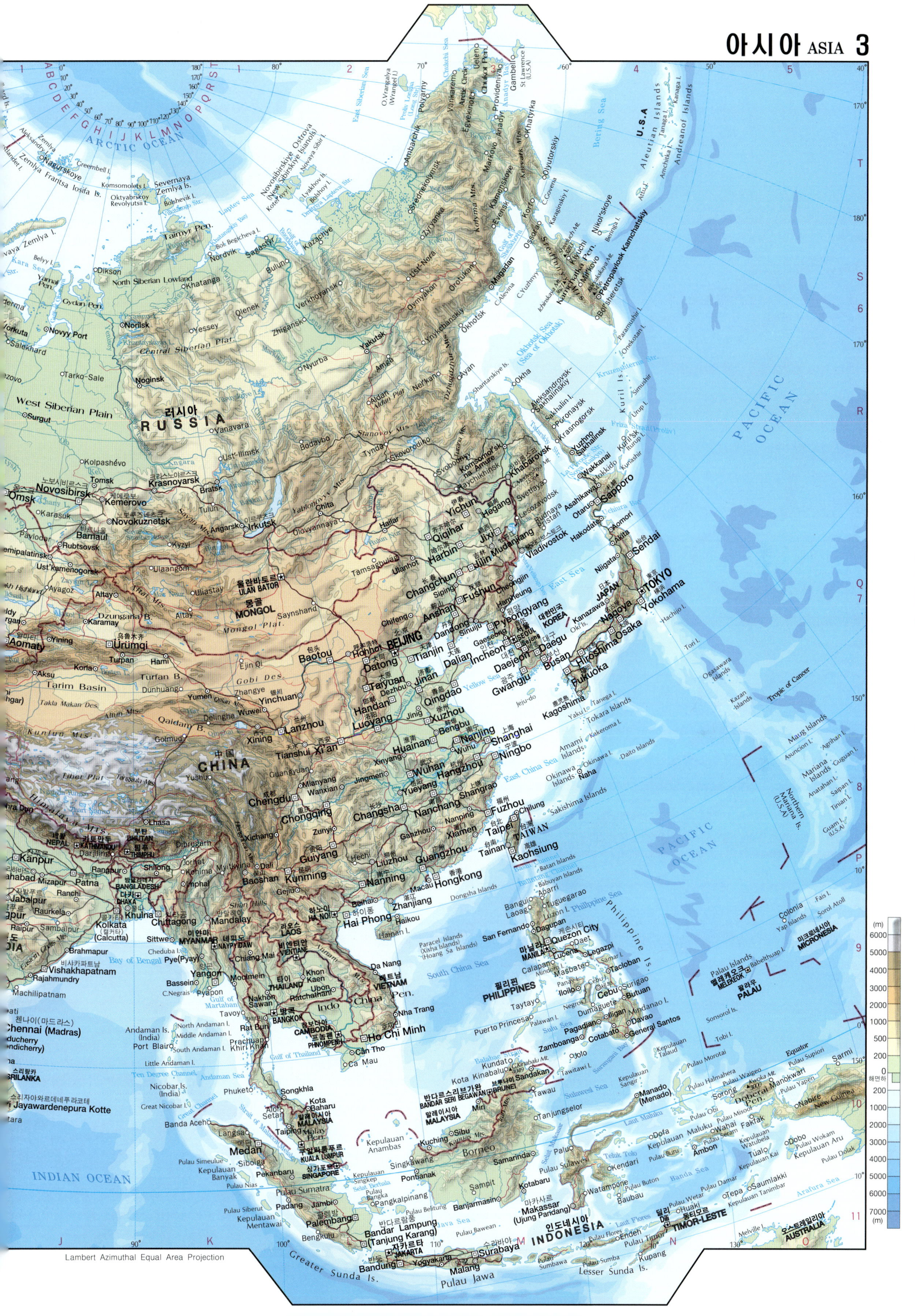

ARCTIC OCEAN
PACIFIC OCEAN
INDIAN OCEAN
러시아 RUSSIA
몽골 MONGOL
中國 CHINA
BEIJING
TOKYO
대한민국 KOREA
JAPAN
PHILIPPINES
VIETNAM
THAILAND
MYANMAR
CAMBODIA
LAOS
MALAYSIA
INDONESIA
TIMOR-LESTE
AUSTRALIA
PALAU
MICRONESIA
Bering Sea
East Siberian Sea
Kara Sea
Laptev Sea
Okhotsk Sea
Sea of Okhotsk
East China Sea
South China Sea
Yellow Sea
Bay of Bengal
Andaman Sea
Gulf of Thailand
Banda Sea
Arafura Sea
Celebes Sea
Philippine Is.
West Siberian Plain
Central Siberian Plat.
Gobi Des.
Tarim Basin
Takla Makan Des.
Tibet Plat.
Himalaya Mts.
Lambert Azimuthal Equal Area Projection

4 동부 아시아 EAST ASIA

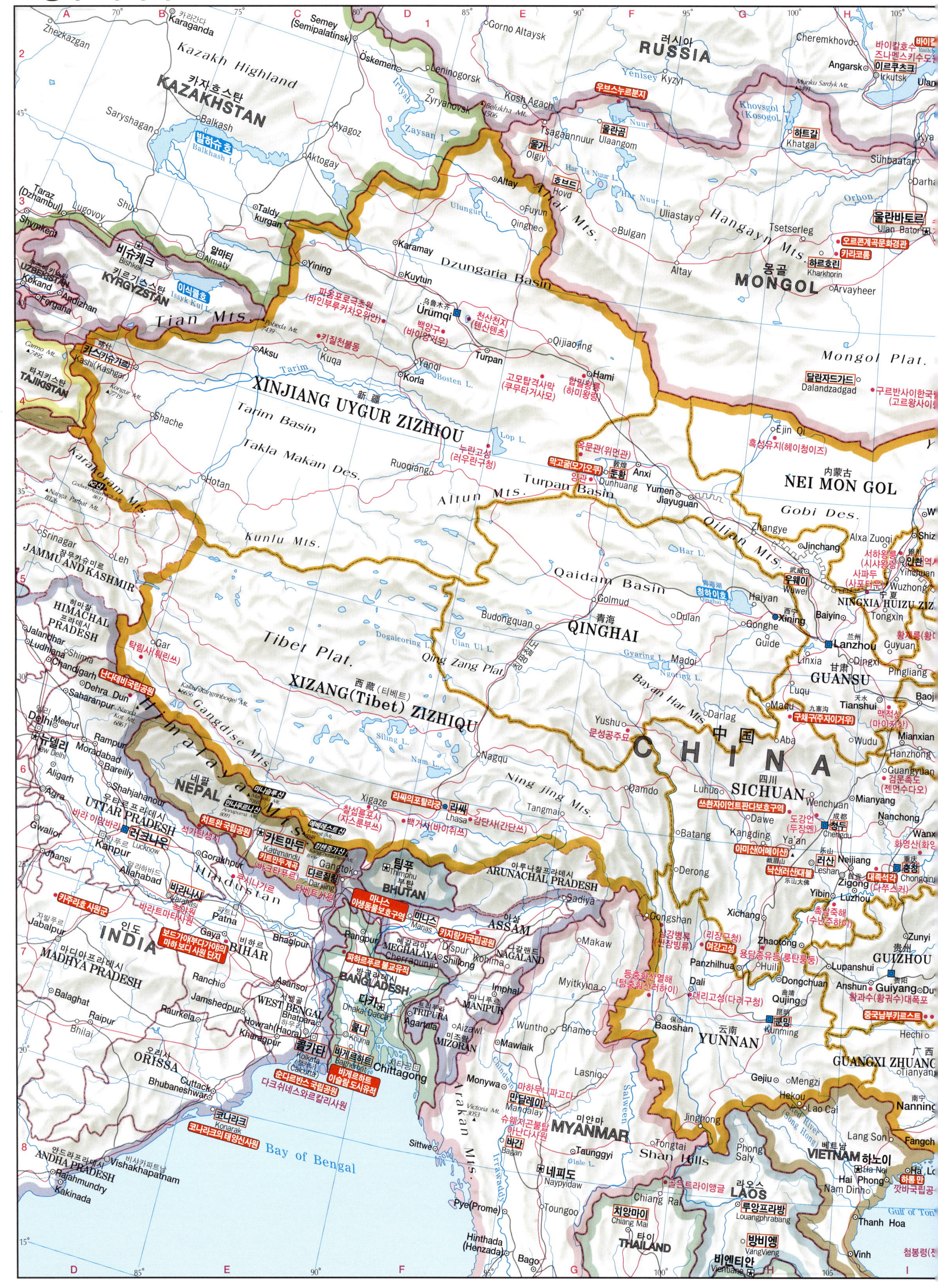

1:14,500,000

Lambert Azimuthal Equal Area Projection

0   200   400   600   800km

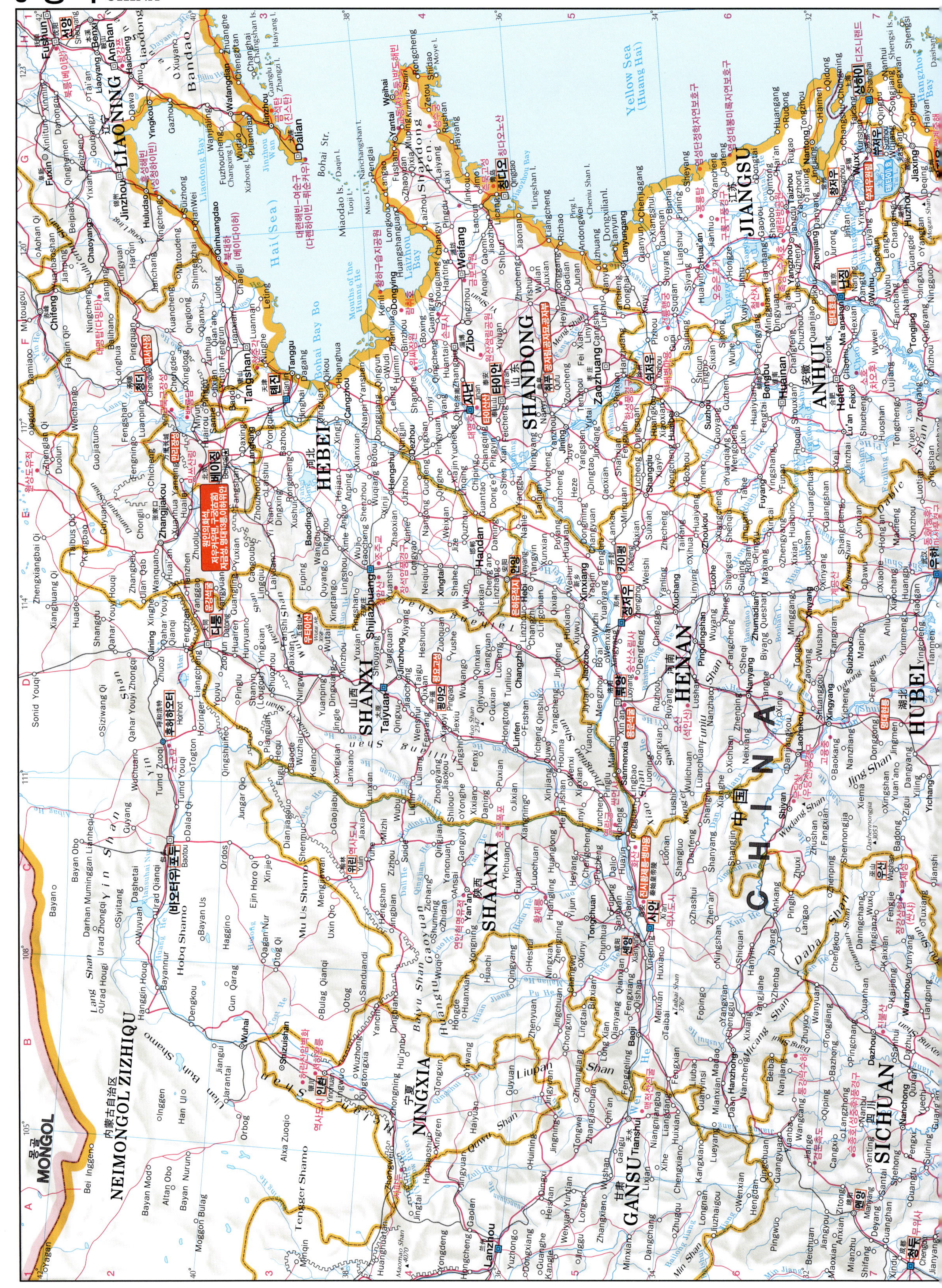

ZHEJIANG
FUJIAN
JIANGXI
GUANGDONG
HUNAN
GUIZHOU
GUANGXI ZHUANGZU
HAINAN
Hainan I.
TAIWAN
VIETNAM
LAOS
South China Sea
Gulf of Tongking
Tropic of Cancer
1:6,500,000
Conic Equidistant Projection
0 100 200 300km

CHINA
MANCHURIA
NEI MONGOL
HEILONGJIANG
JILIN
LIAONING
러시아 RUSSIA
대한민국 KOREA
East Sea
Yellow Sea
Korea Bay
Liaodong Bay
Seohan Man
Donghan Man
Wonsan Man
Gyeonggi Man
Qiqihar
Daqing
Harbin 하얼빈
Jiamusi
Yichun
Hegang
Shuangyashan
Mudanjiang 무단장
Jilin 지린
Changchun 창춘
Shenyang 선양
Fushun
Benxi
Liaoyang
Anshan
Jinzhou
Dalian
Dandong
Sinuiju
Pyeongyang
Nampo
Hamheung
Wonsan
Cheongjin
Seoul 서울
Incheon 인천
Gaeseong
Yantai
Weihai
Vladivostok 블라디보스토크
Ussuriysk
Nakhodka
1:5,000,000
0 100 200km
Conic Equidistant Projection

田 수도   ▣ ●●● 주·성소재도시   • 지시점   세계유산   주요관광도시   주요명산   주요호수

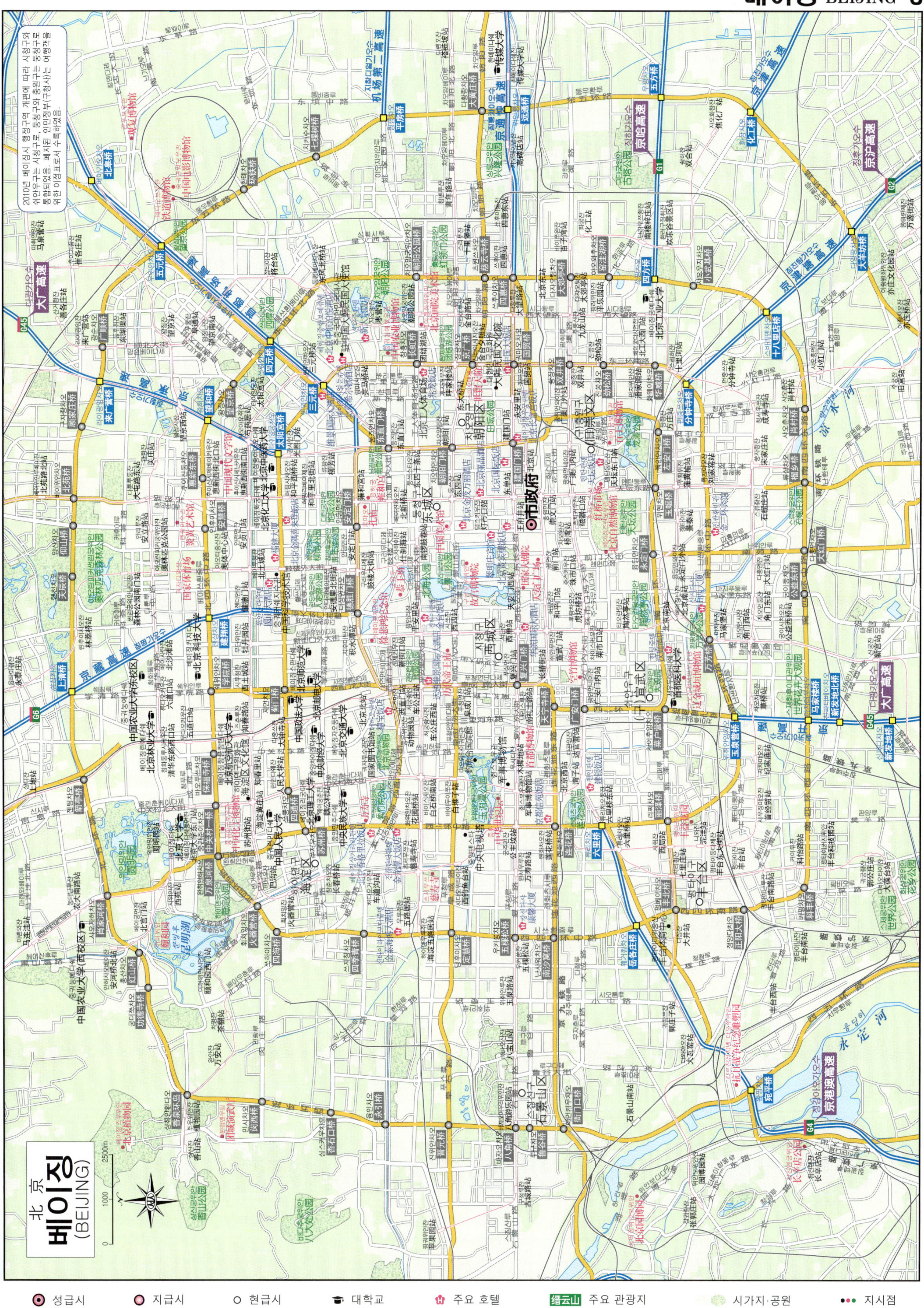

성급시　　지급시　　현급시　　대학교　　주요 호텔　　주요 관광지　　시가지·공원　　지시점

天津
톈진
(TIANJIN)
市政府
철도
지하철
인터체인지
고속도로
국도
일반도로
교차로

上 海
상하이
(SHANGHAI)

2011년 루완구는 황푸구와 2015년
자베이구는 징안구와 통합되면서 폐지
되었지만, 여행객을 위한 이정표로서
(구)구청사를 수록하였음.

长 江

성급시   지급시   현급시   대학교   주요 호텔   주요 관광지   시가지·공원   지시점

重庆
충칭
(CHUNGQING)
0 1000 2000m

난안구 인민정부(구청사)는 南岸区 长生桥镇 广福大道 1号(호)로 이전하였지만, 여행객을 위한 이정표로서 (구)구청사를 수록하였음.

机场高速
沪渝高速公路
金渝桥
东环立交
寸滩桥
五桂桥
五童桥
大佛寺长江大桥
江北区
朝天门长江大桥
盘龙桥
中央公园
重庆科技馆
朝天广场
市政府
人民广场
嘉陵江大桥
黄花园桥
包茂高速 G65
兰海高速 G75
江南桥
渝中区
长江大桥
重庆游乐园
(旧)南岸区
四公里桥
大石路桥
内环快速路
北环立交
人和立交
动步公园
松树桥
花卉园站
红旗河沟站
红旗河沟桥
鸿恩寺公园
儿童公园
石门大桥
嘉陵江
石马河桥
高家花园大桥
磁器口古镇
烈士墓站
杨公桥
重庆大学
石门公园
沙坪坝区
平顶山文化公园
渝速桥
重庆医科大学
重庆市奥林匹克体育中心
鹅公岩大桥
大公馆桥
谢家湾桥
西环桥
二郎桥
渝昆高速 G85
彩云湖国家湿地公园西区
重庆动物园
九龙坡区
华岩寺风景区
大渡口区
大渡口公园
华岩寺桥
新华桥
大渡口桥
马桑溪长江大桥
华陶桥
重庆交通大学
长江
철도   지하철   고속도로 G42   국도 G318   일반도로   교차로 大公馆桥 인터체인지

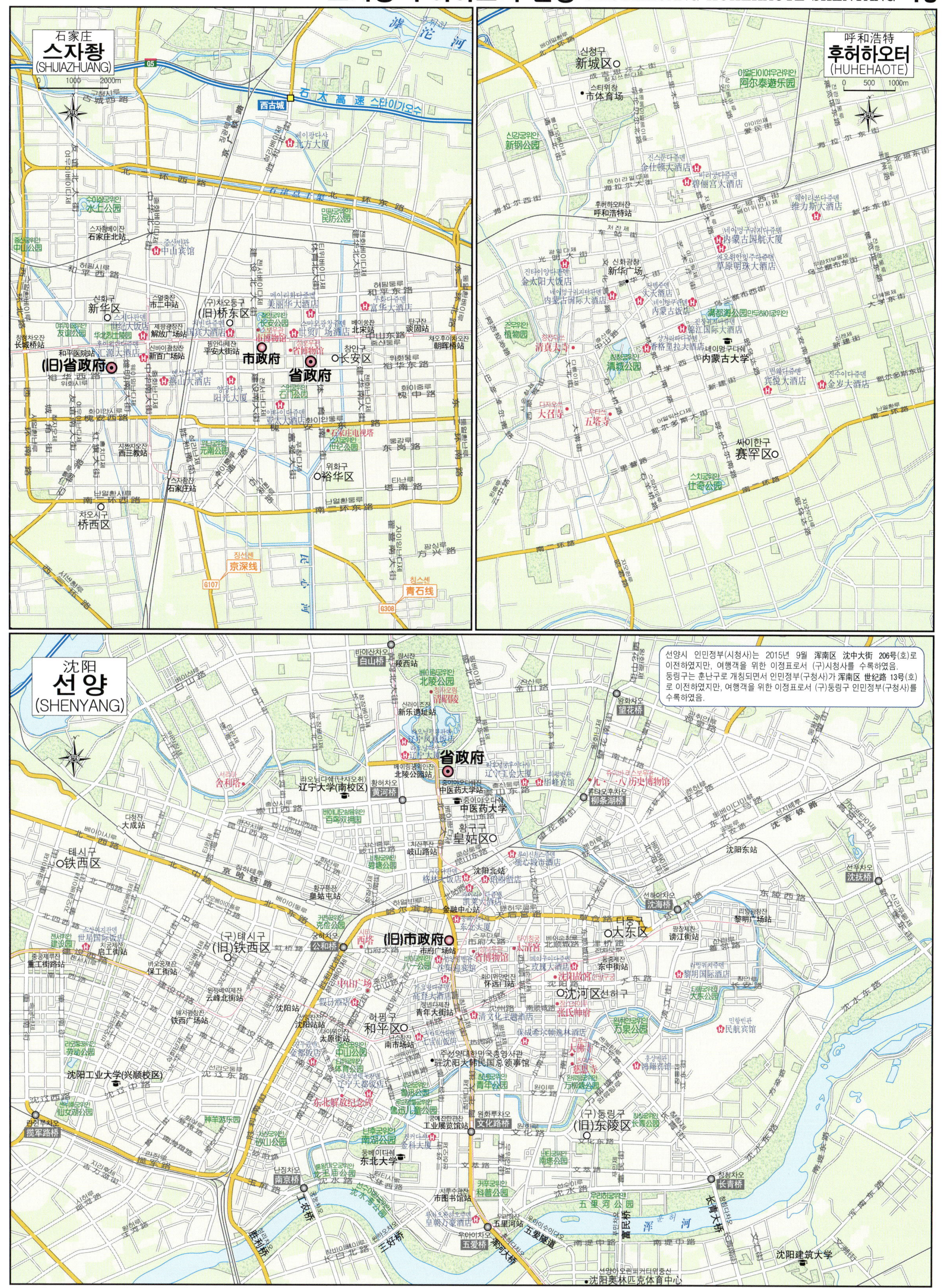
石家庄
스자좡
(SHIJIAZHUANG)
呼和浩特
후허하오터
(HUHEHAOTE)
沈阳
선양
(SHENYANG)
市政府
省政府
(旧)省政府
(旧)桥东区
桥西区
裕华区
新华区
石家庄站
中山宾馆
内蒙古大学
新华广场
赛罕区
大召寺
五塔寺
清真大寺
청진대사
清城公园
内蒙古国航大厦
선양시 인민정부(시청사)는 2015년 9월 渾南区 沈中大街 206号(호)로
이전하였으며, 여행객을 위한 이정표로서 (구)시청사를 수록하였음.
동릉구는 훈난구로 개칭되면서 인민정부(구청사)가 渾南区 世纪路 13号(호)
로 이전하였지만, 여행객을 위한 이정표로서 (구)동릉구 인민정부(구청사)를
수록하였음.
辽宁大学(南校区)
中医药大学
황구구
皇姑区
铁西区
(旧)铁西区
(구)테시구
和平区
沈河区
선하구
(旧)市政府
(旧)东陵区
(구)동릉구
大东区
沈阳北站
沈阳东站
沈阳工业大学(兴顺校区)
东北大学
沈阳建筑大学
省政府
北陵公园
北陵站
五爱河站
五爱隧道
浑河
京哈铁路
沈吉铁路
성급시   지급시   현급시   대학교   주요 호텔   缙云山 주요 관광지   시가지·공원   지시점

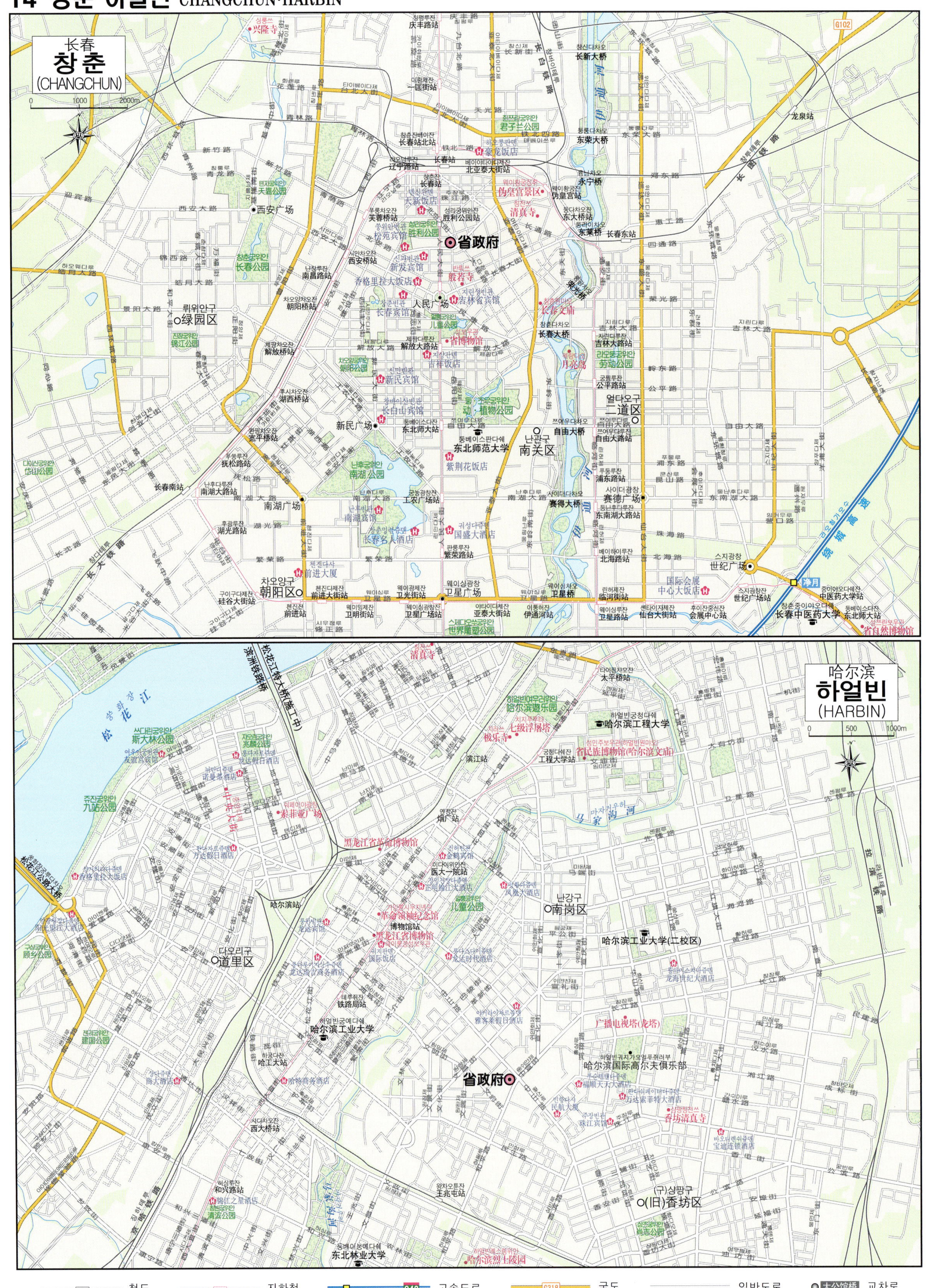
长春
창춘
(CHANGCHUN)
1000 2000m
省政府
伪皇宫景区
清真寺
人民广场
省博物馆
吉祥饭店
新民广场
东北师范大学
南关区
紫荆花饭店
南湖公园
南湖广场
国盛大酒店
朝阳区
卫星广场
绿园区
二道区
长春文庙
劳动公园
月亮岛
君子兰公园
世纪广场
长春中医药大学
省自然博物馆
哈尔滨
하얼빈
(HARBIN)
500 1000m
松花江
斯大林公园
九站公园
道里区
南岗区
哈尔滨工业大学
哈尔滨站
省政府
黑龙江省博物馆
黑龙江省革命博物馆
建国公园
哈尔滨工程大学
省民族博物馆(哈尔滨文庙)
极乐寺
七级浮屠塔
广播电视塔(龙塔)
哈尔滨工业大学(二校区)
香坊清真寺
东北林业大学
哈东烈士陵园
(旧)香坊区
상평구
철도 지하철 인터세인지 고속도로 국도 일반도로 교차로

太原
타이위안
(TAIYUAN)
항저우
杭州
(HANGZHOU)
福州
푸저우
(FUZHOU)
南昌
난창
(NANCHANG)
(旧)省政府
市政府
省政府
西湖
钱塘江
赣江
青山湖
西湖风景名胜区
灵隐景区
西湖区
上城区
城区
八一桥
青山湖风景区
象湖风景区
山西大学
浙江大学
浙江工业大学
성급시
지급시
현급시
대학교
주요 호텔
주요 관광지
시가지·공원
지시점

허페이 (HEFEI)
合肥
지난 (JINAN)
济南
정저우 (ZHENGZHOU)
郑州
우한 (WUHAN)
武汉
광저우 (GUANGZHOU)
广州
하이커우 (HAIKOU)
海口
철도
지하철
고속도로
국도
일반도로
인터체인지
교차로

长沙
창사
(CHANGSHA)
贵阳
구이양
(GUIYANG)
乌鲁木齐
우루무치
(URUMQI)
昆明
쿤밍
(KUNMING)

성급시 지급시 현급시 대학교 주요 호텔 缙云山 주요 관광지 시가지·공원 지시점

西安
시안
(XIAN)
南宁
난닝
(NANNING)
철도
지하철
고속도로
국도
일반도로
인터체인지
교차로

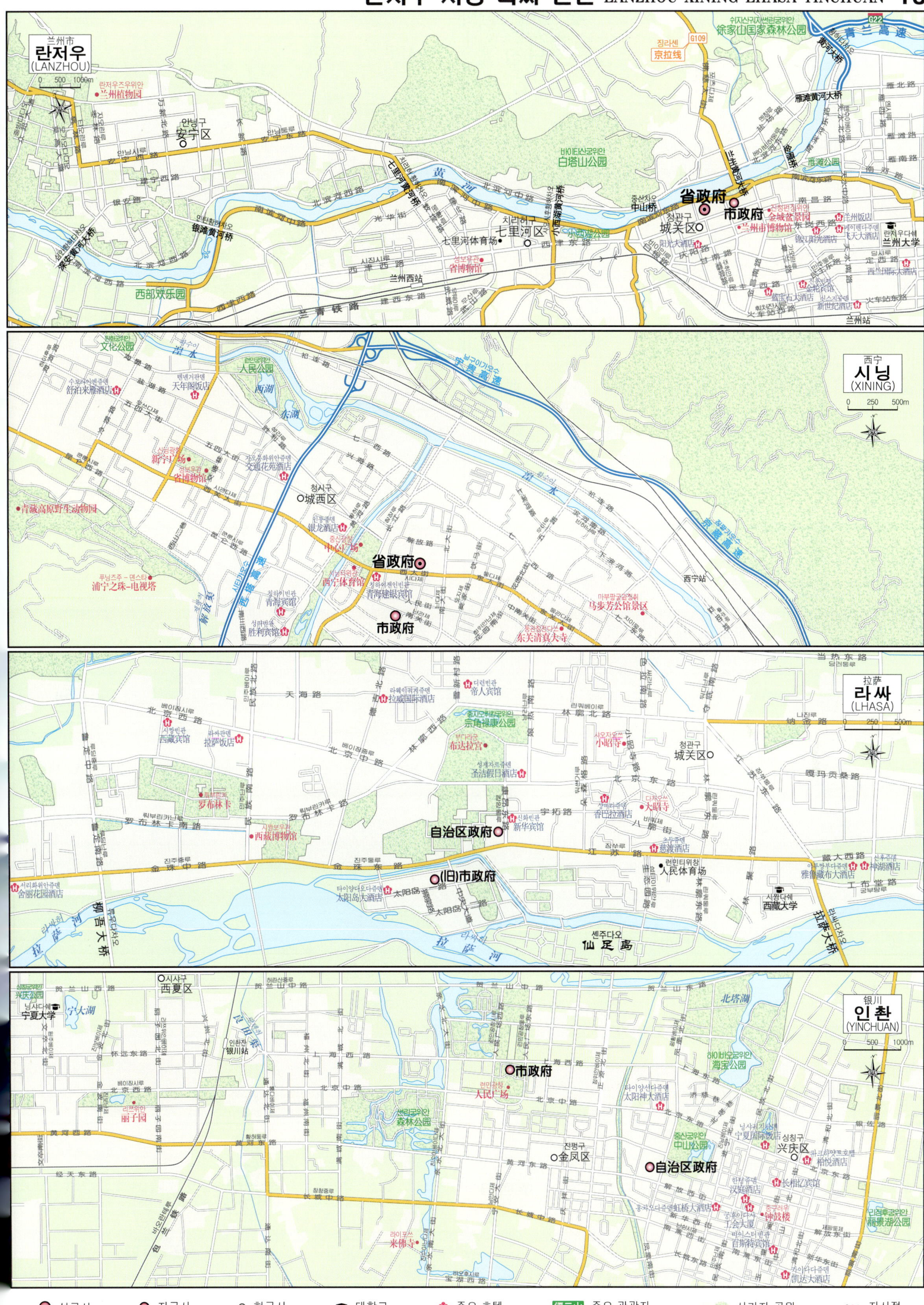

성급시　지급시　현급시　대학교　주요 호텔　주요 관광지　시가지·공원　지시점

南京
난징
(NANJING)

苏州
쑤저우
(SUZHOU)

징더전
(JINGDEZHEN)

大连
다 롄
(DALIAN)

长江

省政府
市政府
钟山风景区

市政府

市政府

市政府

大连湾
黄 海
大连港

철도　　지하철　　고속도로　　국도　　일반도로　　교차로

성급시　지급시　현급시　대학교　주요 호텔　缙云山 주요 관광지　시가지·공원　지시점

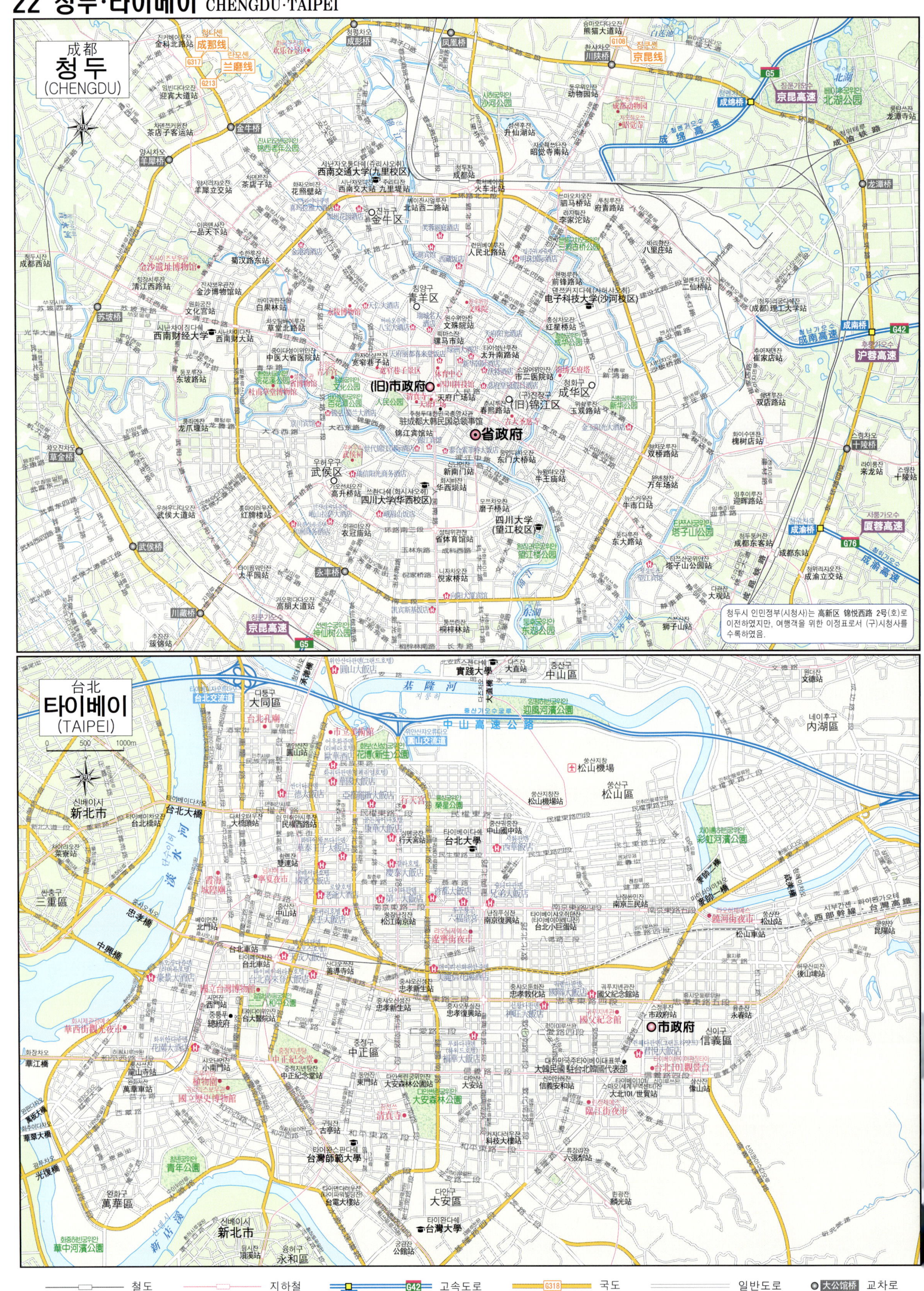
成都
청두
(CHENGDU)
台北
타이베이
(TAIPEI)
省政府
市政府
(旧)市政府
(旧)锦江区
京昆线
京昆高速
沪蓉高速
渝蓉高速
京昆高速
G5
G42
G676
G5
청두시 인민정부(시청사)는 高新区 锦悦西路 2号(호)로
이전하였지만, 여행객을 위한 이정표로서 (구)시청사를
수록하였음.

철도   지하철   고속도로   국도   일반도로   교차로
인터체인지   大公馆桥

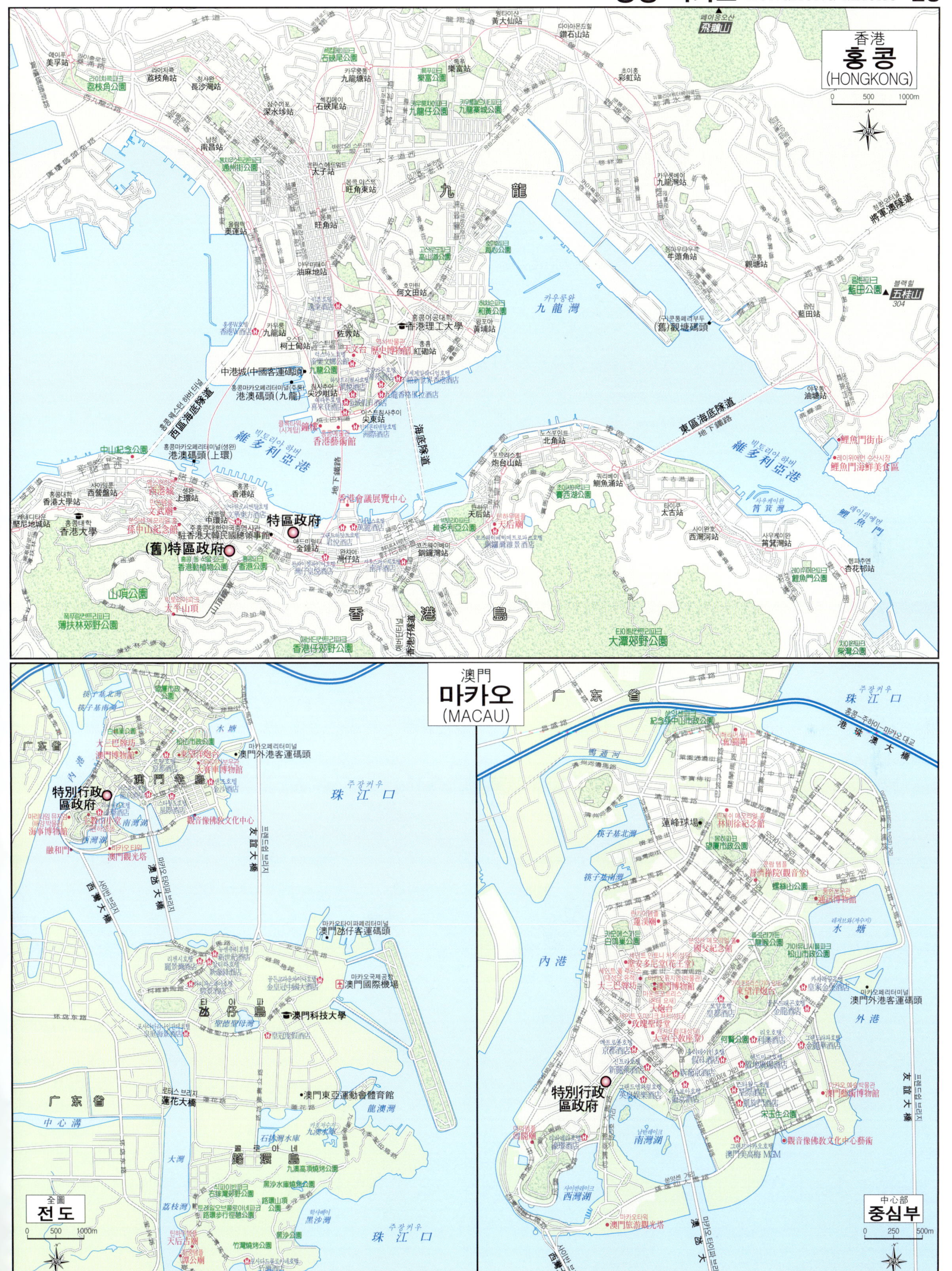
香港
홍콩
(HONGKONG)
0 500 1000m
九龍
九龍灣
維多利亞港
香港島
香港
澳門
마카오
(MACAU)
珠江口
廣東省
內港
外港
特別行政區政府
特區政府
(舊)特區政府
全圖
전도
中心部
중심부
0 500 1000m
0 250 500m
성급시　지급시　현급시　대학교　주요 호텔　주요 관광지　시가지·공원　지시점

Sea of Okhotsk
Hokkaido I.
HOKKAIDO
北海道
왓카나이 Wakkanai
稚内
Soya 宗谷
Rebun I.
Rishir I.
Sarufutsu
Soya C.142°
Teshio
Horonobe
Hamatonbetsu
Enbetsu
Esashi
Otoineppu
Ōmu
Okoppe
Monbetsu
Haboro
Bifuka
Nayoro
留萌 Rumoi
Mashike
Horokanai
Shibetsu
Takinoue
Engaru
Yubetsu
Numata
旭川 Kamikawa
上川
아사히카와 Asahikawa
Aibetsu
Mt. Teshio 1258
Hamasaka
Fukagawa
Takikawa
Biei
Tōkachi Mt. 2290
소운교 다이세쓰산 국립공원
Okhotsk
Tokoro 網走
아바시리 Abashiri
시레토코국립공원 Shiretoko C.
Rudnaya
Ishikari Bay 石狩湾
Ishikari 石狩
Sorachi 空知
Sapporo 札幌
삿포로
Iwamizawa
富良野 Furano
후라노
Ashibetsu
온네유온천
Oketo
Kitami
Bihoro
Rubeshibe
Shari
Notoro L.
Kunashir I.
Yuzhno Kuril'sk
Sernovodsk
오타루운하 Otaru
오타루 Otaru 小樽
나카지마공원 히쓰지가오카전망대
조잔케이온천
Kutchan
Yoichi Mt. 1893
Ebetsu
Tarumae Mt. 1038
Shintoku
十勝 Tokachi
아칸온천 Mt. Me-akan
아칸국립공원
Shibetsu
Nemuro 根室
Golovnino
Shiribasi
Shakotan C.
Furubira
Iwanai
Suttsu
Yubari
Oiwake
Chitose
Tomakomai
Hidaka Mountains
Obihiro 帯広
도카치가와온천
Honbetsu
Kushiro 釧路
구시로
Bekkai
Nemuro Bay
Schikotan I.
Shikotan
Hiyama 檜山
Setana
Oshamambe
Date
Shiraoi
Mukawa
Urahoro
구시로습원
Akkeshi
Ochiishi C.
Ishikari R.
Iburi 胆振
Muroran
Hidaka
Niikappu
Taiki
Shiranuka
Okushiri I.
Yakumo
Otobe
Mori
Komaga Mt.
오누마공원
Kikonai
Oshima 渡島
Hokuto
Urakawa
Samani
Hiroo
Uchiura Bay
노보리베쓰온천
Hidaka 日高
Erimo
에리모곶 Erimo C.
Era
Esashi 江差
Fukushima
벚꽃축제 성관
松前 마쓰마에 Matsumae
하코다테 Hakodate 函館
Esan C.
Oma
Ohata
Shimokita Pen.
Imabetsu
Kamiagata
Korea Strait
Tsushima I.
Tsushima (Izuhara)
Higashi-Channel
Goto Islands
Fukue I.
Tomie
Uji Is.
Ōsumi Islands
Kuchinoerabu I.
Kamiyaku
Tanega I.
기리시마 야쿠국립공원
야쿠섬 자연환경 Yaku I.
PACIFIC OCEAN
Oki Islands
Nishino I. Dogo I.
Okinoshima
다이센 오키 국립공원
Nakano I.
Taisha
Izumo 出雲
Matsue 松江
미쓰에
Sakaiminato
鳥取 TOTTORI 돗토리
Yunotsu
Oda
다치쿠에협곡
Yasugi
Yonago
Aoya
Shinonsen
Kami
Gotsu
SHIMANE 島根
이와미은광긴잔
Unnan
Daisen Mt. 1729
Kurayoshi
Tottori 鳥取
Kyotango
Hamada
Masuda
Chugoku Mountains
Shobara
Niimi
Tsuyama
Chizu
Toyooka
Miyazu
Hohoku
Nagato
Hagi
Mine
Kake
Miyoshi
Tojo
岡山 Okayama
Fukuchiyama
Maizuru
Ayabe
이키쓰키 Ikitsuki I.
Hirado
아키요시동굴
下関 야마구치 YAMAGUCHI
Shimonoseki 시모노세키
Ogori
Hofu
広島 히로시마 HIROSHIMA
평화기념관
이쿠라 아키쓰마
OKAYAMA 오카야마
히메지성 Himeji 姫路
HYOGO 兵庫
KYOT
교토역사지구
Matsuura
Sasebo
Nagasaki
北九州 Kitakyushu 기타큐슈
Nakama
Mojiko
Ube 宇部
Shinnanyo
Shunan
Hikari
미야지마(미야섬)
Higashi-Hiroshima
Fuchu
Takahashi
Soja
Kurashiki
Bizen
Ako
Kasai
Nishiwaki
Kakogawa
고베 Kobe
福岡 후쿠오카 FUKUOKA
Chikushino
Tagawa
Nogata
Yukuhashi
Buzen
하카타리버사이
마린월드(아쿠아리움)
이쿠쿠시마신사
Kure
Mihara
Onomichi
Fukuyama
Okayama 岡山
Marugame
Takamatsu
Higashikagawa
Akashi
오사카 Osaka
Sakai 사카이
이마바리 Imabari
NAGASAKI 長崎
SAGA 佐賀
Tosu
Kurume 久留米
Hita
Nakatsu
Kunisaki
우바혼온천 지옥순례
미쓰야마
松山 Matsuyama 마쓰야마
Toyo
KAGAWA
Kanonji
Niihama
미마사카
Sakaide
奈良 NARA
Kashima
Isahaya
Yanagawa
Ōmuta
Tamana
Kikuchi
OITA 大分 오이타
別府 Beppu 벳푸
Saganoseki
Nagahama
EHIME 愛媛
Saijo
Iyomishima
Miyoshi
Yoshinogawa 吉野川
徳島
Tokushima 도쿠시마
아키 고야산자연동물공원
WAKAYAMA 和歌山 와카야마
Nishisonogi Pen.
Omura
하우스텐보스 나가사키
Minamishimabara
Kuchinotsu
Yamaga
Kumamoto 熊本 구마모토
구마모토성
스이젠지조주엔
Tsukumi
Usuki
다카사키야마자연동물공원
高知 KOCHI 고치
Uwajima
Sukumo
Shimanto
Tosashimizu
Ashizuri C.
Muroto
Kii Mountains
Gobo
Tanabe
Shirahama
요시노구마노국립
히로요시 마쓰천
KUMAMOTO 구마모토
Kosa
Taketa
Sobo Mt. 1756
Kunimi Mt. 1739
Saiki
다카치호협곡
Nobeoka
이야계곡
Motoyama
Tosa
Susaki
Aki
고야산고속축제
Susami
Koza
Kushimoto
시오노미사키 Shiono C.
Amakusa Islands
Minamata
Shiiba
Hyuga
宮崎
MIYAZAKI 미야자키
Takachiho R.
Yawatahama
Kochi 高知
Tokushima 徳島
Naruto
Wakayama 和歌山
Kainan
加太 Kii Channel
나치(폭포) 구마노나치대사
Kagoshima Bay
Akune
Izumi
Okuchi
Hitoyoshi
Yatsushiro
Kunimi Mt.
Naga
미야코노조
Kobayashi
피닉스시가이아(Sea-gaia)리조트
宮崎 Miyazaki 미야자키
Kirishima
Takanabe
Kikai
Kaseda
Kagoshima 鹿児島 가고시마
KAGOSHIMA
기리시마 야쿠국립공원
Ichikikushikino
히라카와동물공원
Minamisatsuma
Makurazaki
Ibusuki
Yamagawa
Soo
Tarumizu
Kanoya
Nichinan
Kushima
Kinko
Uchinoura
Shibushi Bay
Ōsumi Str.
Kuro I.
Io I.
Take I.
Nishino'omote
Mage I.
Kuchino I.
Kuchinoshima

수도 주·성소재도시 지시점 울루투국립공원 세계유산 요코하마 주요관광도시 에베레스트산 주요명산 바룬댐 주요호수

East Sea
JAPAN
HOKKAIDO
AOMORI
아오모리
AKITA
아키타
IWATE
모리오카
YAMAGATA
야마가타
MIYAGI
센다이
NIIGATA
니가타
FUKUSHIMA
ISHIKAWA
TOYAMA
도야마
NAGANO
나가노
GIFU
FUKUI
GUNMA
TOCHIGI
Honshu
SAITAMA
IBARAKI
YAMANASHI
SHIZUOKA
후지산
AICHI
나고야
MIE
CHIBA
KANAGAWA
요코하마
도쿄
Kawasaki
Boso Pen.
Izu Islands
KAGOSHIMA
Tokara Islands
Amami Islands
오키나와
Okinawa
Okinawa Islands
1:3,500,000

東京
도 쿄
(TOKYO)
0 500 1000m
中野区
豊島区
新宿区
杉並区
東京
渋谷区
世田谷区
目黒区

도쿄 TOKYO
文京区
台東区
墨田区
千代田区
中央区
江東区
港区
品川区
上野公園
国立博物館
後楽園
皇居
東京タワー
東京港
東京国際展示場
세계문화유산
주요관광지
온천
관광지
전망대
사찰
골프장
해수욕장

西宮CC
宝塚CC　仁川台
阪神競馬場
駒の町
池尻
伊丹市
大阪国際空港(伊丹空港)
森本
豊中市
立花町
南桜塚
甲陽園森林公園
関西学院大学
山田
鈴原町
原田
曽根
利倉
北山公園
段上町
山手町
新幹線
阪急伊丹線
園田競馬場
田能
塚口
東園田町
名神
高座町
薬師町
武庫町
武之荘
富松町
栗山
小中島
野田市
桜町
昭和町
阪神宝塚線
友行
尼崎宝塚線
兵庫県
小中島
庄内
桜谷町
深谷町
夙川公園
天道町
水堂町
立花町
尼崎市
久々知
神崎
高田
千成町
大島町
打出
西宮市役所
稲葉荘
尼崎市役所
西難波町
長州
今福
三津屋
浜町
泉町
今津
甲子園
浜田町
西大島
琴浦町
西淀川区役所
田川
西宮砲台
甲子園球場
小松町
大物町
杭瀬
高見
福島区役所
西宮浜
浜甲子園
武庫川女子大学
元浜町
初島町
大和田
福島区
阪神高速5号湾岸線
鳴尾浜
大浜町
中島大橋
西淀川区
大野
西九条
九条
尼崎港
北港ヨットハーバー
此花区役所
梅香
春日出
大阪DMC
舞洲スポーツアイランド
北港緑地
北港
此花大橋
ユニバーサル・スタジオ・ジャパン
此花区
田中
港区役所
弁天
舞洲緑地
北港白津
桜島
港区
北恩加島
千島
大阪湾
夢洲
大阪港
天保山大橋
築港
八幡屋
大正区役所
北村
大正区
平尾
ハーバービレッジ
(海遊館)
大阪港国際フェリーターミナル
コスモスクエア
トレードセンター前
WTCコスモタワー
インテックス大阪
鶴町
南港野鳥園
ATC
南北港
南港中央公園
ポートタウン
南港東
咲洲
ポートタウン西
千木松大橋
南港大橋
船町
柴谷
南港フェリーターミナル
住之江区
かもめ埠頭待合所
フェリーのりば
南港南
海水浴場
魚つり公園
南港
新北島
天和川

大阪
오사카
(OSAKA)

N
1000　2000m
도·현·부계　　시　계　　신 간 선　　사　　고 속 도 로　　지 방 도
지 청 계　　정·촌·구계　　국　철　　지 하 철　　국　도　　일 반 도 로

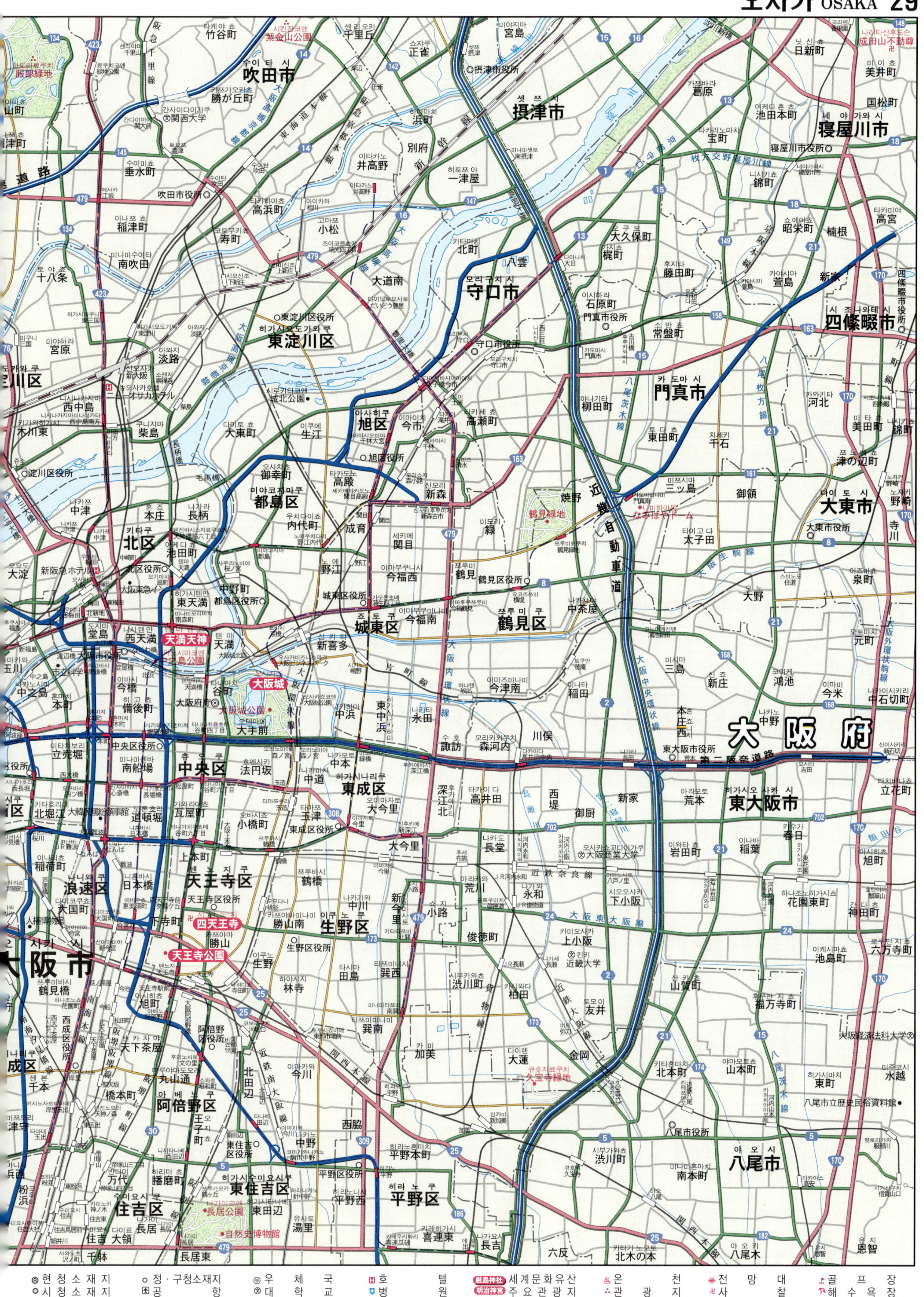
吹田市
摂津市
寝屋川市
守口市
四條畷市
門真市
東淀川区
大東市
旭区
都島区
北区
城東区
鶴見区
大阪府
中央区
東成区
東大阪市
浪速区
天王寺区
生野区
大阪市
阿倍野区
八尾市
住吉区
平野区
東住吉区
関西大学
大阪城
大阪城公園
天満天神
四天王寺
天王寺公園
長居公園
自然史博物館
久宝寺緑地
鶴見緑地
成田山不動尊

◎ 현청소재지   ○ 정·구청소재지   ⊕ 우 체 국   田 호   텔   세계문화유산   ♨ 온   천   ✲ 전 망 대   ♣ 골 프 장
○ 시청소재지   ⊕ 공   항   ⊗ 대 학 교   ✚ 병   원   주요관광지   ∴ 관 광 지   卍 사   찰   ⚓ 해수욕장

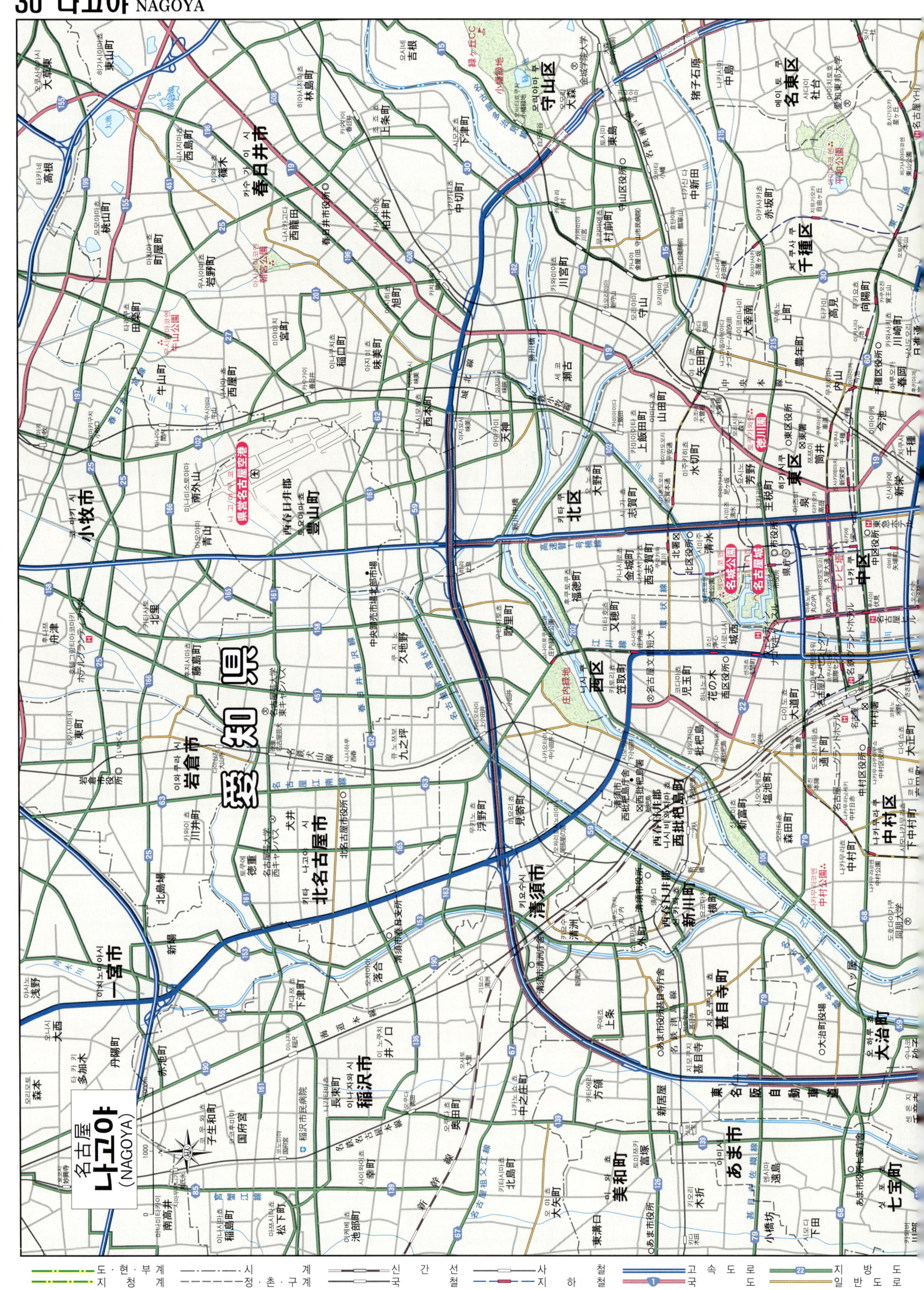

天白区
昭和区
瑞穂区
緑区
豊明市
大府市
横根町
名古屋市
熱田区
熱田神宮公園
南区
中川区
港区
東海市
海部郡
飛島村
海部郡
弥富町

琵琶湖
滋賀県
京都府
京都市
大津市
草津市
南志賀
北志賀
比叡山
大原
鞍馬
八瀬
花園
上京区
左京区
北区
右京区
二条城
京都御所
金閣寺
古都京都の文化財

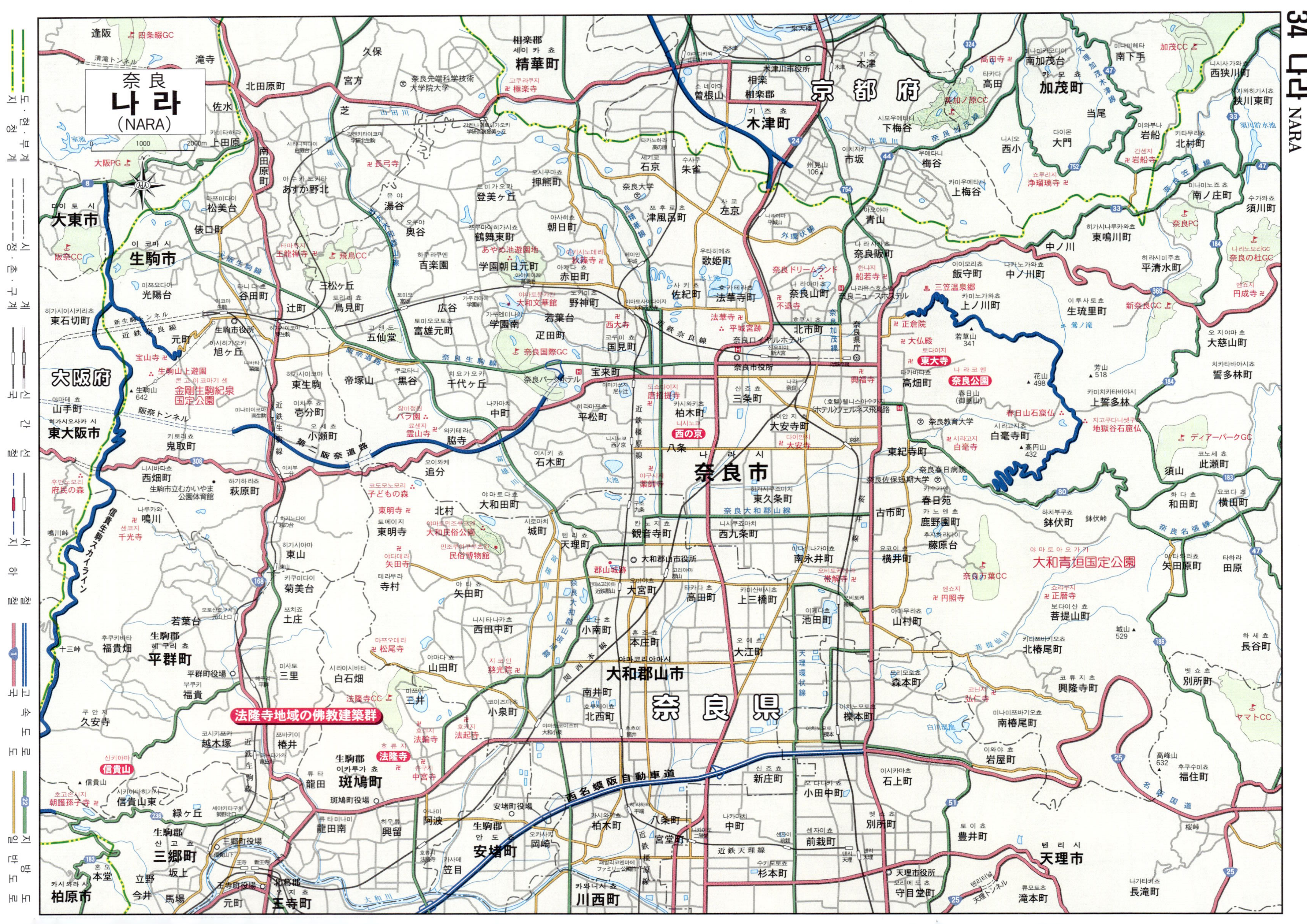
奈良
나라
(NARA)

고베
고 베
(KOBE)
神戸
東灘区
灘区
中央区
兵庫区
長田区
須磨区
垂水区
北区
西区
神戸市
兵庫県
芦屋市
三木市
KOBE
ポートアイランド
神戸港
明石海峡大橋

福岡
후쿠오카
(FUKUOKA)
福岡市
博多湾
玄界灘
志賀島
能古島
大野城市
春日市
前原市
新宮町
久山町
粕屋町
福岡空港
博多区
東区
中央区
城南区
早良区
西区
南区
志免町
福岡県

BANGLADESH
Chittagong
INDIA
MYANMAR
NAYPYIDAW
네피도
양곤
Yangon
Bay of Bengal
Mouths of the Irrawaddy
Cape Negrais
THAILAND
타이
Bangkok
방콕
Thon Buri
Khorat Plateau
LAOS
VIENTIANE
Vientiane
비엔티안
라오스
Plaine des Jarres
VIETNAM
베트남
HANOI
하노이
Hai Phong
Gulf of Tongking
Hainan L
HAINAN
Haikou
CHINA
중국
Nanning
南宁
Zhanjiang
Macau
마카오
Hongkong
홍콩
Shantou
Shenzhen
선전
광저우
Guangzhou
South China Sea
Paracel Is.
(Xisha Islands)
(Hoang Sa Is.)
Indochina Pen.
CAMBODIA
캄보디아
PHNOM PENH
Phnompenh
프놈펜
Siem Reap
시엠리아프
Gulf of Thailand
Andaman Sea
Ten Degree Channel
Nicobar Islands
INDIA
인도
MALAYSIA
말레이시아
Kuala Terengganu
KUALA LUMPUR
쿠알라룸푸르
Malay Peninsula
George Town
Penang L
SINGAPORE
싱가포르
Pulau Sumatera
Palembang
팔렘방
Pekanbaru
Medan
메단
Strait of Malacca
BRUNEI
브루나이
BANDAR SERI BEGAWAN
반다르스리브가완
Kota Kinabalu
코타키나발루
Borneo I.
Pontianak
폰티아낙
Kuching
쿠칭
Sibu
Balikpapan
발릭파판
Banjarmasin
반자르마신
Makassar
마카사르
(Ujung Pandang)
Makasar Strait
Laut Jawa
(Java Sea)
INDIAN OCEAN
JAKARTA
자카르타
Bandung
반둥
Semarang
Surabaya
수라바야
Bogor
Surakarta
수라카르타
Yogyakarta
욕야카르타
Denpasar
Pulau Jawa
Sunda Trench
Equator
1:14,000,000
0 200 400 600 800km
Conic Equidistant Projection

☆ 수도   ■●● 주·성소재도시   ・ 지시점   국립공원 세계유산   요코하마 주요관광도시   에베레스트산 주요명산   바룸호 주요호수

자카르타
(JAKARTA)
GAMBIR
SENEN
TANAH ABANG
MENTENG
SALEMBA
대통령관저
국립박물관
베르데카광장
PACIFIC OCEAN
TAIWAN
Tainan
Kaohsiung
Taiwan I.
Lan I.
Batan Islands
Batan I.
Sabtang I.
Itbayat I.
Balintang Channel
Calayan I.
Babuyan I.
Babuyan Islands
Fuga I.
Camiguin I.
Babuyan Channel
Escarpada Point
리오아그
Aparri
바로크 양식 성당
San Vicente
비간
Vigan
역사마을
Tuguegarao
코르딜레라스(코르디예라의 계단식 논)
San Fernando
Luzon I.
바기오
Baguio
Dagupan
Cape S.Ildefonso
Baler
Cabanatuan
필리핀
수빅
마닐라
Manila
PHILIPPINES
Quezon City
타가이타이
팍상한폭포
Daet
Catanduanes I.
제푸에고
바탕가스
San Pablo
Naga
Virac
Batangas
Lucena
Mulanay
Legazpi
Calapan
Boac I.
Sorsogon
Mindoro I.
Burias I.
Laoang
blayan
Orosin
Tablas I.
Masbate
Samar I.
보라카이
Sibuyan Sea
Calbayog
Semirara Islands
Panay I.
Masbate I.
Catbalogan
Barboza
Roxas
Pandan
San Isidoro
Iloilo
Cadiz
Tacloban
Bacolod
San Carlos
Ormoc
Negros I.
세부
Cebu
마라바고블루워터
산페드로요새
Leyte I.
Dinagat I.
Sipalay
Bohol
Siargao I.
Dumaguete
Santander
Surigao
Camiguin I.
Siquijor I.
Bohol Sea
Cantilan
Bucas Grande I.
Dipolog
Salay
Butuan
Ozamiz
Iligan
Cagayan de Oroo
Bislig
Kabasalan
Pagadian
Mindanao I.
Tungawan
Malabang
Cotabato
Caraga
잠보앙가
Sibuco
Moro Gulf
다바오
필팜해변
Zamboanga
Datu Piang
Davao
Basilano
Lebako
Digos
Malita
Basilan I.
Kiambao
General Santos
Jolo
Glan
Tinaca Point
Sulu Archipelago
Miangas I.
Sarangani Islands
투바타하산호초자연공원
Sarangani Bay
Sulu Sea
Pulau Karakelong
Kepulauan Talaud
Laut Sulawesi
(Celbees Sea)
Tahuna
Pulau Sangir
Kepulauan Sangir
Pulau Siau
Tanjung Sopi
Wayabula
Pulau Morotai
마나도(므나도)
Manado
해양스포츠 휴양도시
Pulau Tahulandang
Susupu
Daruba
Pulau Biaro
Ibuo
Menunu
Tanjung Kandi
Belang
Jailolo
Tanjung Lelai
Inobontoo
Kotamobagu
Ternate
Pulau Halmahera
Gorontalo
Wayamli
Bulo
Moutong
Taludaa
Tanjung Flesko
Pulau Makian
Weda
Tomini Bay
Kepulauan Togian
Pulau Kayoa
Weda Bay
Pulau Gebe
Parigi
Pulau Makian
Molucca Sea
(Laut Maluku)
Halmahera Sea
Dampir Strait
Poso
Ampana
Pulau Peleng
Pulau Banggai
Pulau Bacan
Pulau Waigeo
Uekuli
Sailoloh
Sorong
Manokwari
Toili
Dofa
Pulau Obi
Pulau Salawati
Teminabuan
Pulau Supiori
Pulau Biak
Pulau Mangole
Pulau Yoronga
Pulau Misool
Wasian
Pulau Numfor
Pulau Sulabesi
Pulau Bacan
Ransiki
Pulau Mios Num
Serui
Pulau Sula
Inanwatano
Bintuni
Pulau Yapen
Sarmi
Armopao
Demta
Jayapura
Pulau Boano
Wahai
Seram Sea
Berau Bay
Wasior
Pulau Roon
Genyem
Vanimo
Piru
Pulau Seram
Masohi
Fakfak
Weri
Nabire
Pegununvan Van Rees
Aitape
암본
Namlea
Bula
Kaimana
Pegunungan Maoke
Lumio
Wewak
Ambon
Pulau Buru
Tifu
Pulau Saparua
Amanau
Pantai I.
Maprik
Angoram
Pulau Ambon
Uta
Pegunungan Sudirman
Mt.Jaya
Ambunti
Bogia
Kepulauan Banda
Kepulauan Gorong
Pulau Adi
로렌츠 국립공원
Yapero
New Guinea I.
Mt.Trikora
Mt.Mandala
Karkar I.
Kolaka
Pulau Wowoni
Kepulauan Watubela
Central Range
Madang
Kendari
Pulau Kai-Besar
Aranlau
Mindiptanao
PAPUA NEW GUINEA
파푸아뉴기니
Raha
Pulau Muna
Pulau Kai
Tual
Doboo
Pulau Wokam
Tanahmeraho
Mt.Wilhelm
Bone
Pulau Buton
Kepulauan Kai
Pulau Kobroor
Pirimapuno
Kiunga
Mendi
Goroka
Sulukumba
Baubau
Kepulauan Banda
Kepulauan Aru
Kepio
Lake Murray
Mt.Bosavi
Watampone
Pulau Wangiwangi
Pulau Maikoor
Pulau Trangan
Muting
Kikori
Menyamya
Bonelowe
Pulau Kaledupa
Kepulauan Barat Daya
Pulau Dolak
Okabao
Keremao
Pulau Salayar
Pulau Binongko
Kepulauan Kai
Wasua
Berebmao
안도네시아
INDONESIA
Pulau Gunungapi
Pulau Molu
Pulau Kamaran
Merauke
Morehead
Gulf of Papua
Flores Sea
Pulau Damar
Pulau Larat
Daru
Huaki
Pulau Romang
Saumlaki
Kepulauan Tanimbar
Pulau Flores
Pulau Alor
Tepa
Pulau Yamdena
Boigu I.
Lamakera
Pulau Lomblen
Pulau Bahar
Kalabahi
Pulau Sermata
Adaut
Pulau Masela
AUSTRALIA
Kepulauan Solor
Wetar Strait
Pulau Moa
Pulau Selaru
Prince of Wales I.
Cape York
딜리
Manatuto
Baukau
동티모르
Lospatos
Bamaga
Endeh
Pante Makassar
Atambua
Atanauro
TIMOR-LESTE
Vikeke
Sawu Sea
Suai
동티모르
Kefamenanu
Torres Strait
Pulau Sawu
Kupang
Timor I.
Timor Sea
Pulau Rote
Melville I.
Minjilang
Wessel Islands
오스트레일리아
Bamaga
MICRONESIA
미크로네시아
Caroline Islands
Gaferut I.
West Fayu I.
Fais I.
Colonia
Yap Islands
Ngulu Atoll
Sorol Atoll
Woleai Atoll
Ifalik Atoll
Kayangel Islands
Babeldaob I.(Babelthuap)
Palau Islands
멜레케오크
MELEKEOK
Pelelu I.
Angaur I.
팔라우
PALAU
Sonsorol Islands
Pulo Anna I.
Merir I.
Tobi I.
Helen Reef
Mariana Trench
마리아나 해구
Equator
Bismarck Archipelago
Ninigo Islands
Admiralty Islands
Bismarck Sea
Schouten Islands
Banda Sea
(Laut Ban da)
Arafura Sea

공공건물
관광건물
호텔
식당
백화점
상점
지시점
골프장
해수욕장
공원

40 인도차이나 INDOCHINA

⊞ 수도　　🔲●●● 주·성소재지도시　　• 지시점　　🔲울루국립공원 세계유산　　🔲요코하마 주요관광도시　　에베레스트산 주요명산　　🔲하롱 주요호수

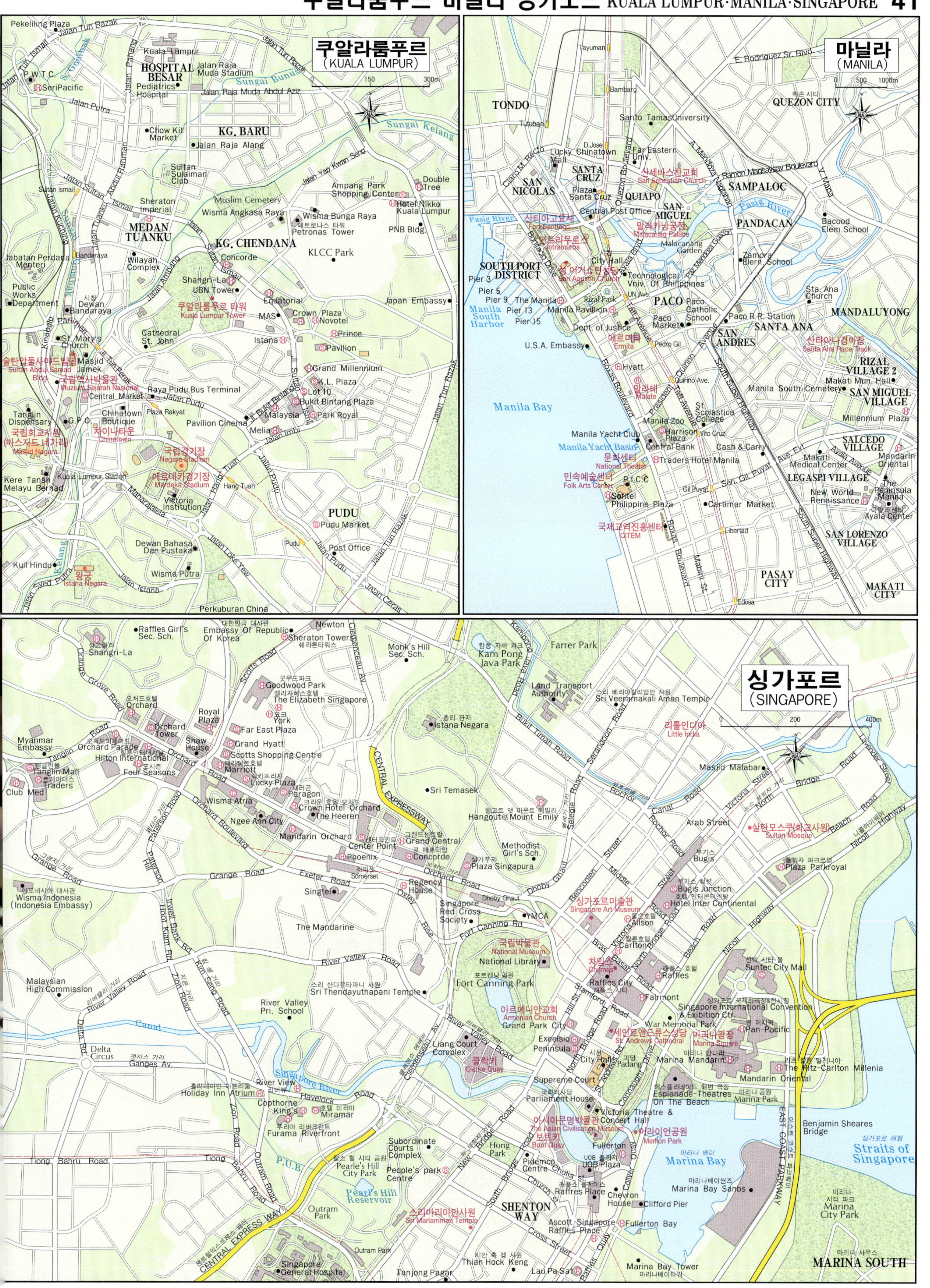
쿠알라룸푸르·마닐라·싱가포르 KUALA LUMPUR·MANILA·SINGAPORE 41
쿠알라룸푸르 (KUALA LUMPUR)
마닐라 (MANILA)
싱가포르 (SINGAPORE)
공공건물 관광건물 호텔 식당 백화점 상점 지시점 골프장 해수욕장 공원

방콕 (BANGKOK)
DUSIT
Wachira Hospital
Krungthon Bridge
Cancer Institute
Samsen Stn.
Dusit District Office
Nathon Chaes Road
Wat Ratchatiwat
Parliament
비만메라마세바물관 Vimanmek Museum
Dusit Zoo
Swissotle Le Concorde
Surasak Montri School
Veterans General Hospital
Phyathai General Hospital
Rajawithi Road
VIPHAWADI RANGSIT ROAD
Cyber World Tower
태국일본 경기장 Thai-Japan Youth Center
Siam Jasco
E.of Korea
Thailand Cultural Center
BMTA
중국대사관 E.of China
Rajanukul Institute
Grand Fortune Hotel
National Library
Anata Samakhom Throne Hall
Suan Amporn
Chitr Lada Palace
Rama VIII
Bank Of Thailand
Krungthon Bridge
ESCAP
Government House
Royal Turf Club
왕벨라마보포 사원 Wat Benchamabohit
National Cancer Institute
Ministry Of Foreign Affairs
Ministry of Natural Resoures & Environment
PACHA THEWI
Din Daeng Rd.
Royal Barge National
UNICEF
National Art Gallery
Bangkok No Stn.
Priest Hospital
MetroPolitan Police Headquaters
국립 박물관 National Museum
Thommasat Univ.
Siriraj Hospital
Sanam Luong
Democracy Monument
Royal Princess
Siam City
수안파가드 궁 Suan Pakkard Palace
Nikhom Makkasan Road
Makkasan Stn.
SECOND STAGE EXPRESSWAY
Rama II Road
왓사켓 사원 Wat Saket (Golden Mt.)
Mahakan
Khlong Maha Nakon
Indra Regent
Indonesia E
Buraphat Chaiyakon Hospital
Perchburi Road
Khlong San Sap
Wat Rakhang
왓프라케오 사원 (에메랄드) Wat Phra Kaeo
Lak Muang
Min. of Justice
왓스타 사원 Wat Suthat
Ratchanatdaram
왓부라 Wat Bowon
Wat Rajapardit
짐톰프선의집 Jim Thompson's House
Siam Center
Siam Tower
Gaysorn
Swissotel Nai
President Solitaire
Srinakharinwir of Univ.
E.of India
Grand Palace
Tha Thien
Charoen Krung
Wat Thepsirin
Central Hospital
National Stadium
Present Tower
Central
E. of United Kingdom
Pioneer
Police Hospital
J.W.Marriott
Majestic Suites
왓아룬 사원 Wat Arun
Pak Khlong Market
CHINA TOWN
Bamrung Muang Road
Grand Hyatt
Erawan
Peninsula Plaza
Four Seasons
Westin Grande Sukhumvit
E.of Netherland
E. of U.S.A
Sheraton Grande Sukhumvit
KHLONG TOEY
Wat Kalayanimit
Phra Buddha Yodfa Bridge
Phra Pokklao
왓트라이미트 사원 Wat Traimit
Rama I Road
Royal Bangkok Sports Club
Polo Club
Holiday Inn Bangkok
E.of Iran
Prommitr Hospital
Mandarin
St.Phraya Road
Snake Farm
네이크팜(독사연구소)
Lumpini Park
룸피니 공원
Lumpini Police Station
Government Tobacco Monopoly
Benchasiri Park
Impala
River City
Somedet Chao Praya Hospital
Taksin Hospital
Montient
Tawana Ramada
Plaza
Thaniya Plaza
Crown Plaza
Lumpini Stadium
룸피니스타디움
E. of Philippines
Seafood Market And Restaurant
Intra Phlak Rd.
Mittraphab Hospital
King Taksin Statue
Wongwien Stn.
Penin Sula Bangkok
The Oriental Bangkok
Surawong Road
Sofitel
Narai
Bangkok Bank
The Dusit Thani
Evergreen Laurel
All Seasons
E.of Denmark
E.of Australian
Queen Sirikit National Convention Center
Mae Khlong-Mahachai Railway Line
KHLONG SAN
THONBURI
Krung Thonburi Rd.
Holiday Inn
Shangri-La
Taksin Bridge
Wat Yannawa
St. Louis Hospital
SATHORN
Sathon Nua Rd.
Sathon Tai Rd.
Rama III Road

하노이 (HANOI)
0 250 500m
Sofitel Plaza
Duong Yen Phu
PHUC XA
Song Hong
HoTruc Bach
Den Quan Thanh
Pho Quan Thanh
Brosis
Planet
Flower
Cau Long Bien
Cau Chuong Duong
Cong Vien Bach Thao
Galaxy
호치민 묘 Lang Cho Tich Ho Chi Minh
호치민 박물관 Bao Tang Ho Chi Minh
Pho Hong Phong
Bai Dan
역사박물관 Bao Tang Quan Dy
Hang Dau
Royal
Den Ngoc Son
Ben Xe Kim Ma
Nha Hat Cheo
Duong Tran Quang
하노이 대교회 Nha Tho Lan
HANG BOT
Pho Cat Linh
Ho Van Chuong
VAN CHUONG
Pho Kham Thien
QUAN HOAN KIEM
Ho Hoan Kiem
Ngan Hang Nha Nuoc
Saigon
Sofitel Metropole
역사박물관 Bao Tang Lich Su
Nha Hat Lon
Ga Ha Noi Station
Hoa Binh
문묘 Van Mieu
Hoan Kiem
THO QUAN
Cong Vien Le Nin
Ho Thien Quang
Quan Gio Moi
Ho Xa Dan
Ho Bay Mau
QUAN DONG DA
TRUNG TU
Ba Trieu
Den Hai Ba Trung
QUAN HAI BA TRUNG

호찌민 (HOCHIMINH)
0 500 1000m
Dinh Chieu
QUAN BINH THANH
QUAN PHU NHUAN
Cho Ba Chieu
Rach Cau Bong
Chua Vinh Nghiem Pagoda
Rach Nhieu Loc
QUAN 3
46A Banh Xeo
Pho Hoa
Cong Vien Le V.Tam
L'Etoile
역사박물관 Bao Tang Lich Su
Ga Sai Gon Station
Vietnam Tourism
Liberty
Khu Giai Tri Ho Ky Hoa
전쟁박물관 Chung Tich Chien Tranh
Nha Trung Bay
Nha Hat Binh
사이공대교회 Nha Tho Duc Ba
호치밍 Ho Hung
Cong Vien Van Hoa T.P
Song Ngan
혁명박물관 Bao Tang Cach Mang
Continental
May
City Museum
Sheraton Saigon
AN KHANH
QUAN 1
벤탄 시장 Cho Ben Thanh
B.V Sai Gon
Duxton Saigon
Norfolk
HUYEN THU DUC
Bitexco Financial Tower
Metropole
Ngan Hang Nha Nuoc
호치민 기념관 Bao Tang Ho Chi Minh
Song Sai Gon
Cau Calmette
Cau Ong Lanh
THU THIEM
Rach Ben Nghe
QUAN 4
Cau Chu Y

공공건물 관광건물 호텔 식당 백화점 상점 지시점 골프장 해수욕장 공원

KOREA
Seoul
JAPAN
Tokyo
Osaka
CHINA
Shanghai
Taipei
TAIWAN
Hong Kong
Tropic of Cancer
PHILLPPINES
Manila
MALAYSIA
INDONESIA
Equator
MICRONESIA
Yap I.
Sipan I.
Rota I.
Guam I.
Palau Is.
PALAU

괌
(GUAM)
Philippine Sea
Ritidian Point
Coral Reef
Star Sand Beach
Tarague
Tarague Beach
Caiguato
Taguac
Naval Communication Beach
내발커뮤니케이션비치
South Pacific Peace Memorial Park
YIGO
Two Lovers Point
연인곶
Gun Beach
Nikko Guam
Ukuduo
Hyatt Regency Guam
DEDEDO
Yigo
Gayineroo
Mt. Santa Rosa
산타로사 산
Dedebo
Guam International Country Club
Cost U-Less
Anderson Air Force Base
투먼비치
Tumon Beach
Tumon
TAMUNING
Pacific Islands Club
Adacao
Pagato
Marbo Cave
Sheraton Laguna Resort
Tamuningo
Lone Star
BARRAGADA
Luayao
Adelup Point
Agana Bay
Hagatna
Guam Int'l Airport
Barrigada
Glass Breakwater
Cabras Island
Piti
Libugon
Malte
Asan
Mangilao Golf Club
Sinengsong
Ordot
SINAJANA
Coral Reef
Apra Harbour
PITI
ASAN
Chalan Pago
Gab Gab Beach
Santa Cruz Shrine
YONA
Apra Naval Station
Leo Palace Resort
Leopalace Resort CountryClub
University of Guam
Apra Heights
Yona
Agat
Santa Rita
Country Club of the Pacific Guam
Nimitz Beach
Old Spanish Bridge Agat
AGAT
Daguao
Ypan
Mt. Alifan
Mt. Lamiam
TALOPOPO
Talofofo
PACIFIC OCEAN
Yokoi Cave
Mt. Jumullong
Matala
Cetti Bay Overlook
세티만전망대
Talofofo Waterfalls
탈로포포폭포
CettiBay Reef
Coral Reef
Talofofo Bay
UMATAC
INARAJAN
이나라한
Umatac
Mt. Bolanos
Malolos
Fort Santo Angel
이나라한 차모로 문화촌
Umatac Bay
Fort Soledad Overlook
Inarajan Chamoro Cultural Village
Mt. Schroeder
Inarajan
Inarajan Bay
Mt. Sasalaguan
St. Joseph's Church
MERIZO
Inarajan Natural Pool
메리조
Merizo
Old Spanish Rectory
Bear Rock
Spanish Bell Tower Remains
Cocos Lagoon
Coral Reef
Cocos Island

사이판
(SAIPAN)
Philippine Sea
Sabaneta Point
슈사이드클리프
Suicide Cliff
Wing Beach
Mariana Seaside Circuit
Pau Pau Beach
마피산
Mt. Mappi
Marina Resort
Grotto
Tanapang Reef
Palms Rasort Saipan
Tanapang Beach
San Roque V.
Tank Point
Charlie Dock
Tanapang V.
Tanapang Harbor
Capital Hill
Hyatt Regency
Northern Mariana Government
Profile Beach
Micro Beach
GARAPAN
Garapan V.
Hidden Beach
Mercedarian Convent
Marine Beach
슈거킹공원
Sugar King Park
Our Lady of Lourdes Shrine
Saipan I.
San Jose V.
Mt. Topochau
사이판열대식물원
Saipan Botanical Garden
Tank Beach
Sipan World Resort
Abandoned Landing Strip
Sipan I.land
Kagman Point
Suspe V.
Laulau Beach
San Vicente V.
Forbidden Island
Lake Suselup
Magicienne Bay
Lagune Chalan
CHALAN KANOA
Dandan Beach
San Antonio
Pacific Islands Club
Dandan Point
Agingan Point
사이판국제공항
Saipan Int'l Airport
Obyan Point
Ladder Beach
PACIFIC OCEAN
Obyan Beach
Saipan Channel
Naftan Point

팔라우
(PALAU)
Northwest Reef
Kossol Reef
Korumoran Reef
Garutoeru Reef
Konlei
Stone Face
Aiyasu Reef
Galap
Babelthuap Is.
Karaeru
Almongul
Stone Face
Namei Bay
Gamliangelo
Ngatpang Waterfalls
Galakasan
Ngerdiluches Reef
Ngatpang Falls
Ngatpang
Abai
Arakabesan Is.
Airaiview
Ngoikul
Arai
Koror
Koror Is.
Rebotel Reef
Augulpelu Reef
Uruthapel Is.
Makarakaru Is.
Udel Reef
Ngalkol
펠렐리우공항
Peleliu Airport
Peleliu Is.
Angaur Is.
PACIFIC OCEAN

로타
(ROTA)
애즈만모스클리프
As Manmos Cliff
Mochon Beach
Futanasu Panie Pt.
라테스톤 채석장
Latte Stone Quarry
Sinaparo
Funiay Point
Bird Sanctuary
ROTA Airport
Swimming Hole
Aratsu Bay
Philippine Sea
Rota Resort & Country Club
Haaniya Point
Rota Hotel
Palie
Teteto Beach
Route 1
Totacho Point
Pona Point
Sasanlagh Bay
통가 굴
Tonga Cave
Song SongV.
Sosanjaya Bay
East Harbor
PACIFIC OCEAN
West Harbor
타이핀고트 산(웨딩 케이크 산)
Mt.Taipingot(mt. Wedding Cake)

타이티
(TAHITI)
Pte. Venus
Mahina
Pte. Aroa
Teahoroa
Maharepa
Hauru
Papetoai
Paopao
Teavaro
Moorea I.
모오레아 섬
Mt. Mouaroa
Afareaitu
Haapiti
Mt. Tohiea
Haumi
Maatea
Pirae
Orofara
Papenoo
파페테
Pa Peete
Arue
Onotea
Tiarel
타히티 국제공항
Airport International de Tagiti-Faaa
Taapuna
Mahaena
Mt. Aorai
Mt. Aramaoro
Hitiaa
Punaauia
Mt. Orohena
Tahiti I.
타히티 섬
Aua
Mt. Tahiti
Utuofai
Mt. Tetufera
Faaone
Paea
Maraa
Trayao
Ataahiti
Pte. de Maraa
Isthme De Taravao
Pueu
Papara
Paatotarao
Toahotu
Tautira
Nairiri
Mataiea
Baie de Taravao
Vairao
Mt. Teatara
Matiti
Mt. Mairenui
Mt. Rooniu
Aiurua
Teahupoo
Toanoano
Tepati
Pte. Fareara

RUMANIA
MOLDOVA
UKRAINA
RUSSIA
SERBIA
MACEDONIA
BULGARIA
GREECE
Black Sea
GEORGIA
AZERBAIJAN
ARMENIA
TURKEY
Anatolia Plat.
Aegean Sea
Mediterranean Sea
KYPROS (CYPRUS)
SYRIA
LEBANON
ISRAEL
JORDAN
IRAQ
EGYPT
SAUDI ARABIA
Arabian Pensula
Nefud Des.
Ad Dahna Des.
Rub al Khali Des.
Nubian Des.
Red Sea
Nile
SUDAN
ERITREA
ETHIOPIA
SOUTH SUDAN
UGANDA
KENYA
DJIBOUTI
SOMALIA
YEMEN
Gulf of Aden
OMAN
Gulf of Oman
UNITED ARAB EMIRATES
QATAR
BAHRAIN
KUWAIT
Persian Gulf
IRAN
Iranian Plat.
Lut Des.
Kavir Des.
Elburz
AFGHANISTAN
TURKMENISTAN
UZBEKISTAN
Caspian Sea
Ustyurt Plat.
Turan Lowland
Kyzylkum Des.
Karakum Des.
INDIAN OCEAN
Arabian
Mashhad
Tehran
Baghdad
Riyadh
Mecca
Jeddah (Jiddah)
Damascus
Beirut
Tel Aviv
Jerusalem
Amman
Cairo
Alexandria
Khartoum
Addis Ababa
Asmara
Sana
Aden
Muscat
Dubai
Doha
Manama
Kuwait
Basra
Shiraz
Isfahan (Esfahan)
Tabriz
Ankara
Istanbul
Izmir
Adana
Mosul
Kirkuk
Medina
Aswan
Luxor

1:18,000,000 0 200 400 600 800 1000km Lambert Azimuthal Equal Area Projection

AFGHANISTAN
아프가니스탄
PAKISTAN
파키스탄
IRAN
이란
Hindu Kush Mts.
Kunlun Mts. 新疆 XINJIANG UYGUR
KASHMIR
JARYANA AND KASHMIR
HIMACHAL PRADESH
Tibet Plat.
Himalaya Mt.
NEPAL 네팔
카트만두
PUNJUB
HARYANA
UTTARAKHAND
델리 DELHI
뉴델리 New Delhi
아그라 Agra
UTTAR PRADESH
우타르 프라데시
RAJASTHAN 라자스탄
Thar Des.
자이푸르 Jaipur
Kanpur
바라나시
Patna
BIHAR
JHARKHAND
Arabian Sea
GUJARAT
아마다바드 Ahmadabad
MADHYA PRADESH 마디아 프라데시
Bhopal 보팔
ODISHA(ORISS
INDIA 인도
Indore
뭄바이 Mumbai (Bombay)
Surat
Nagpur
Pune
MAHARASHTRA 마하라슈트라
CHHATTISGARH
TELANGANA
하이데라바드 Hyderabad
고아 GOA
KARNATAKA 카르나타카
벵갈루루 Bengaluru (Bangalore)
ANDHRA PRADESH 안드라 프라데시
비사카파트남 Vishakhapatnam
첸나이 Chennai (Madras)
마하발리푸람 Mahabalipuram
퐁디셰리 Pondicherry
TAMIL NADU 타밀나두
Coimbatore
탄자부르 Thanjavur
마두라이 Madurai
KERALA 케랄라
Cochin 코친
Trivandrum 트리반드룸
INDIAN OCEAN
Laccadive Islands
Gulf of Mannar
SRI LANKA 스리랑카
콜롬보 Colombo
캔디 Kandy
Galle 갈
아누라다푸라 Anuradhapura
Deccan Plat.
Western Ghats Mts.
Eastern Ghats Mts.
Gulf of Kutch
Gulf of Khambhat (Cambay)

1:12,000,000
0 100 200 300 400 500km

수도
주·성소재도시
지시점
울루루국립공원 세계유산
요코하마 주요관광도시
에베레스트산 주요명산
주요호수
신라자 삼림보호구역

Qingzang Plat.
青海 QINGHAI
Tanggula Mts.
Zadoi
Yushuo
中国 CHINA
Amdo
西藏 XIZANG (TIBET)
Nagqu
Biru
Banbar
Siling
Nam L.
라싸의포탈라궁 라싸 Lhasa
십륜포사(조룬부쓰) Xigaze
간단사(간단쓰) Namjagbarwa Feng Mt.
Gyangze 백거사(바이쥐쓰)
아롱하(아룽허)
Nyingchi
Comai
Yadong
시킴 SIKKIM
티베트사원
Gangtok
Namcha Barwa Mt.
Paro 부탄 Thimphu
다르질링 Darjiling
ARUNACHAL PRADESH
Bomdila Dibrugarh
Tashigang
Siliguri Jalpaiguri
BHUTAN Dewangiri
Itanagar
Tezpur Jorhat
Birat nagar
마나스 카지랑가국립공원
Dispur Nowgong
구와하티 ASSAM Golaghat
Rangpur Saidpur
Guwahati
Shillong
NAGALAND
Suramati Mt. 3826
Dinajpur Tura
MEGHALAYA Kohima
파하르푸르 불교유적
Bogra Jamalpur Silchar
Hailakandi
Mymensingh Sylheto Habigaji
다카 Dacca
MANIPUR Imphalo
Dhaka
TRIPURA
방글라데시 Aizawl
BANGLADESH Agartala
MIZORAM
Lunglei Mawlaik
Tiddlin
Howrah 순다르반스국립공원
바게르하트 이슬람 도시유적
콜카타 Kolkata (Calcutta)
다르줴네스와르칼리사원
Khulna Falam
미얀마 MYANMAR
Chittagong
Gangaw
Mouths of the Ganges
Arakan Mts.
Victoria Mt. 3053
Paletwa
Sittwe
Bay of Bengal
Kyaukpyu
Cheduba I.
N.Andaman I.
M.Andaman I.
Andaman Is. (INDIA)
S.Andaman I.
Port Blair
Little Andaman I.
Ten Degree Channel
Camorta I.
Nicobar Is. (INDIA)
Little Nicobar I.
Lambert Azimuthal Equal Area Projection
Great Nicobar I.

델리 (DELHI)
ANAND PARBAT
BALJIT NAGAR
KAROL BAGH
OLD DELHI
랄낄라(붉은성) Lal Qila (Red Fort)
자마마스지드 Jama Masjid
RANJIT NAGAR
RAJENDRA NAGAR
Ajmeri Gate
PUSA INSTITUTE
락슈미나라얀 사원 Lakshmi Narayan Temple
NEW DELHI
NEW RAJENDRA NAGAR
Connaught Place
The Lalit New Delhi
YMCA Tourist Hostel
잔타르만타르 Jantar Mantar
Talkatora Garden
Rashtrapati Bhavan
Parliament House
인디아문 India Gate
Supreme Court
WHO
Le Meridien
부다자얀티 공원 Buddha Jayanti Park
Mughal Garden
국립 박물관 National Museum
Exhibition Grounds
Craft Museum
Diplomat
National Stadium
푸라나킬라 Purana Qila
Mahavir Jayanti Park
Nehru Memorial Museum
Taj Mahal
Ambassador
Zoological Gardens
Ashok
Samrat
Indira Gandhi Memorial
The Oberoi
후마윤 묘 Humayun's Tomb
Sheraton
Taj Palace
Sardar Patel Marg R.S.
Nehru Park
Safdarjung's Tomb
Lodi Gardens
Lodi Road
Tibet House
Dhaula Kuan Jhil Park
SUBROTO PARK
Rail Transport Museum
LODY COLONY
Jagahatjal Nehru Stadium
MOTI BAGH SOUTH
Safdarjang R.S.
Sarojini Nagar R.S.
NETAJI NAGAR
SAROJINI NAGAR
South Extension Part1
LAJPAT NAGAR
RAMAKRISHNA PURAM
Hyatt Regency
South Extension Part2
International Inn
Vikram
VASANT VIHAR
SAFDARJANG ENCLAVE
EAST OF KAILASH
바하이 사원 Bahai Temple
Vasant Continental
Deer Park
Kailash Temple
Kalkaji District Park
MUNIRKA
Hauz Khas
Parkland

뭄바이 (MUMBAI) (BOMBAY)
Mumbai Central R.S.
State Bus Terminal
Dockyard Road R.S.
Mazgaon Park
Municipal Hospital
Shalimar
August Kranti Maidan
Gram Road R.S.
침묵의 탑 Tower of Silence
Babulnath Temple
마니바반 기념관 Mani Bhavan
Sandhurst Road R.S.
행잉공원공중공원 Hanging Gardens
Kamla Nehru Park
Malabar Hill
Mumbadevi Temple
Masjid R.S.
Jain Temple
Jhaveri Bazar
Jama Masjid
Cross I.
타라포레왈라 수족관 Taraporewala Aquarium
Marine Line R.S.
Mangaldas Market
Crawford Market
Chhatrapati Shivaji Terminus
Victoria Terminus R.S.
Bombay Hospital
Azad Maidan
General Post Office
Back Bay
West End
FORT
Bom Bay Harbour
Raj Bhavan
Malabar Point
Church Gate R.S.
Ambassador
Sea Green
Mint Town Hall
후타트마 초크 Hutatma Chowk
Marine Plaza
Ritz
Rajabai Tower
Bombay University
The Oberoi
자한기르 미술관 Jehangir Art Gallery
State Bank of India
웨일스왕자 박물관 Prince of Wales Museum
나리만 포인트 Nariman Point
TataTheatre
YWCA YMCA
Central Cottage Industries Emporium
인도문 Gateway of India
Taj Mahal Sea Palace
Fariyas
Middle Ground I.
World Trade Centre

공공건물　관광건물　호텔　식당　백화점　상점　지시점　골프장　해수욕장　공원

KYPROS (CYPRUS)
Mediterranean Sea
LEBANON
SYRIA
ISRAEL
EGYPT
JORDAN
SAUDI ARABIA
니코시아
키프로스
파포스
레바논
베이루트
다마스쿠스
시리아
이스라엘
텔아비브
에루살렘
이집트
요르단
사우디아라비아
1:2,500,000
Conic Equidistant Projection

☆ 수도
주·성소재도시
지시점
국립공원 세계유산
주요관광도시
주요명산
주요호수

이스탄불 (ISTANBUL)
예루살렘 (JERUSALEM)
테헤란 (TEHERAN)
Bosphorus Strait
Marmara Sea
Golden Horn
Halic Koprusu
Kirmizi Minare Cami
HASKOY
AYVANSARAY
BALAT
FENER
EDIRNEKAPI
UNKAPANI
KASIMPASA
TEPEBASI
BEYOGLU
SISHANE
TOPHANE
GALATA
KARAKOY
TAKSIM
KABATAS
Dolmabahce Sarayi
Dolmabahce Camii
Macka Parki
Sinan Pasa Camii
Ciragan Cad.
Deniz Muzesi
Besiktas Iskelesi
USKUDAR
Semsi Pasa Camii
Rumi Mehmet Pasa Camii
Ayazma Camii
Kiz Kulesi
SARACHANE
VEFA
BEYAZIT
TASKASAP
AKSARAY
LALELI
CARSIKAPI
KUMKAPI
SAMATYA
SULTANAHMET
EMINONU
SIRKECI
CAGALOGLU
Yeni Camii
Misir Carsisi
Gulhane Park
Topkapi Sarayi
Aya Sofya
Sultanahmet Camii
Ataturk Heykeli
Harem Iskelesi
Kennedy Caddesi
Koca Mustafa Pasa Camii
Police Headquarters
Hyatt Regency
St.Joseph Hospital
St.John Hospital
Ambassador
The Hebrew University
Tomb of Simon The Just
Church of St.George
Y.M.C.A
St.George International
Capitol
Rockefeller Museum
Jeremiah's Grotto
Convent Notre Dame de France
Old City Bus Station
Damascus Gate
Sedecia's Grotto
Church Russian
Central Post Office
Municipal General Administration
Flagellation
Ecce Homo
Church of St.Veronica
Church of The Holy Sepulchre
Church of Redeemer
Western of Wailing Wall
Jaffa Gate
David's Tower
King David
Herod's Family Tomb
Zion Gate
King David's Tomb
Church of The Dormiton
Peter in Gallicantu
Mt.Zion
Church of St.Ann
Lion's Gate
Church of The Tomb of The Virgin
Gethsemane
Chapel of The Ascension
Church of St.Mary Magalen
Church of Paternoster
Tomb of Prophets
Golden Gate
Islamah Museum
Mosque El Aqsa
Tomb of Zechariah
Dung Gate
Zurim Valley National Park
Dome of The Rock
ESLAM ABAD
Park-e Mellat
SHAHRAK-E FAJR
KHOVARDIN
VANAK
SHAHRAK-E QODS (SHAHRAK-E GHARB)
PUNAK
KAVUSIYEH
Park-e Ayatollah Taleqani
Park-e Tabi'at-e Pardisan (Pardisan Nature Park)
SHAHRAK-E VALFAJR
KAHAK
NASR (GISHA)
SEYYED KHANDAN
SADEQIYEH-E SHOMALI
AMIR ABAD
ABBAS ABAD
QEZEL QAL EH
SADEQIYEH
Tehran Metro Station
JAMSHIDIYEH
DARYAN NOW
JALALIYEH
TARASHT
Tehran West Terminal
JAVID ABAD
MEHR ABAD
Mehr Abad International Airport
AKBAR ABAD
MONIRIYEH
Glassware & Ceramics Museum of Iran
Iran Bastan Mus.
Golestan Palace
PAMENAR
AMIRIYEH
BAZAR
SARASIYB-E MEHR ABAD
BERYANAK
Park-e Razi
KHANI ABAD
KHAZANEH-E FALLAH
JAVADIYEH
Tehran Railway Station
BAGH-E AZARI
500 1000m
250 500m
공공건물 관광건물 호텔 식당 백화점 상점 지시점 골프장 해수욕장 공원

50 아프리카 AFRICA

카이로
(CAIRO)

카사블랑카
(CASABLANCA)

INDIAN OCEAN

Millers Stereographic Projection

공공건물　관광건물　호텔　식당　백화점　상점　지시점　골프장　해수욕장　공원

ATLANTIC OCEAN
CABO(CAPE) VERDE
카보베르데
Pombas
Sto.Antão I.
S.Vicente I.
Mindelo
Sal I.
S.Nicolau I.
Sal Rei
Boa Vista I.
São Tiago I.
(Santiago)
Brava I.
Maio I.
Fogo I.
São Filipe
프라이아
Praia
Madeira I.
(Portugal)
Funchal
La Palma I.
Canarias Is.
(Spain)
Santa Cruz
de Tenerife
Lanzarote I.
Las Palmas
Tenerife I.
Fuerteventura I.
Gran Canaria I.
기라호네이국립공원
PORTUGAL
리스본
Lisboa
Setúbal
Évora
Beja
Badajoz
Mérida
Porto
Viseu
Coimbra
Braga
Vigo
Santiago
A Coruña(La Coruña)
Cabo Fisterra
(Cape Finisterre)
Gijón
Oviedo
Santander
Bilbao
Donostia-
San Sebastián
Pamplona
Burgos
Valladolid
Salamanca
Douro R.
마드리드
Madrid
SPAIN
스페인
Meseta (Plateau)
Toledo
Guadiana R.
Ciudad Real
Sierra Morena
Córdoba
Sevilla
세비야
Cádiz
Str. of Gibraltar
Gibraltar (United Kingdom)
Tanger/Tangier
Tétouan
Ceuta
Melilla (Spain)
Granada
Málaga
Almería
Murcia
Cartagena
Alicante
Valencia
발렌시아
Ibiza I.
Islas Baleares Is.
Palma de Mallorca
Mallorca I.
Menorca I.
Zaragoza
사라고사
Ebro R.
ANDORRA
안도라라벨라
Andorra La Vella
Barcelona
바르셀로나
FRANCE
Bordeaux
Toulouse
Montpellier
Marseille
Lyon
Grenoble
Nice
MONACO
모나코
Monaco
Corsica I.
Ajaccio
Bastia
Bonifacio
Sardegna I.
Cagliari
Sassari
ITALIA
Torino
Milano
밀라노
Genova
Verona
Venezia
Bologna
Firenze
SAN MARINO
Roma (Rome)
로마
Napoli
나폴리
Palermo
팔레르모
Sicilian I.
Siracusa
Messina
Catania
MALTA
몰타
Golfe de Gascogne
Massif Central
Golfe du Lion
Ligurian Sea
Tyrrhenian Sea
라바트
Rabat
Casablanca
카사블랑카
MOROCCO
모로코
Meknès
메크네스
Fès
페스
Marrakech
마라케시
Agadir
Taroudannt
Tiznit
Bou Izakarn
Anti-Atlas
Atlas Mts.
Ouarzazate
우아르자자트
Er Rachidia
Figuig
Béchar
Abadla
Tindouf
Laâyoune
(El Aaiún)
Tarfaya
Boujdour
Dakhla
다클라
Nouâdhibou
누아디부
Tichla
Zouérat
Fdérik
Choûm
Atâr
아타르
Chinguetti
싱게티
Ouadâne
우아단
Akjoujt
Nouâmrhâr
Nouakchott
누악쇼트
MAURITANIE
모리타니
Tidjikja
Tidra I.
티드라섬
Rosso
로소
St. Louis
Saint-Louis
Dagana
Richard-Toll
다카르
Dakar
Thiès
Kaolack
SENEGAL
고레섬
Banjul
GAMBIA
감비아
Ziguinchor
GUINEA-BISSAU
기니비사우
Bissau
비사우
Bafatá
Gabú
Labé
Mamou
Kindia
Conakry
코나크리
GUINEA
기니
Kankan
Kissidougou
Macenta
Nzérékoré
SIERRA LEONE
시에라리온
Freetown
프리타운
Bo
Kenema
Monrovia
몬로비아
LIBERIA
라이베리아
Buchanan
Greenville
Harper
CÔTE D'IVOIRE
코트디부아르
Man
Daloa
Yamoussoukro
아무수크로
Bouaké
Abidjan
아비장
San-Pédro
GHANA
가나
Kumasi
쿠마시
Accra
아크라
Tamale
TOGO
토고
Lomé
로메
BENIN
베냉
Porto-Novo
포르토노보
Cotonou
Parakou
NIGERIA
나이지리아
Lagos
라고스
Ibadan
이바단
Benin City
Abuja
아부자
Kaduna
Kano
카노
Zaria
Maiduguri
Jos
Ilorin
Onitsha
Enugu
Port Harcourt
Calabar
CAMEROON
Douala
두알라
Yaoundé
야운데
EQUATORIAL GUINEA
적도기니
Malabo
말라보
Bioco I.
SÃO TOMÉ AND PRINCIPE
상투메 프린시페
São Tomé
상투메
Principe I.
GABON
가봉
Libreville
리브르빌
MALI
말리
Tombouctou
팀북투
Timbuktu
Gao
Kidal
Taoudenni
Mopti
Ségou
Bamako
바마코
Kayes
Kita
Sikasso
Koutiala
BURKINA FASO
부르키나파소
Ouagadougou
와가두구
Bobo-Dioulasso
Koudougou
Ouahigouya
NIGER
니제르
Niamey
니아메
Agadez
Arlit
Tahoua
Maradi
Zinder
Birnin Konni
Dosso
ALGERIE
알제리
Grand Erg Oriental
Grand Erg Occidental
Plateau du Tademaït
Ahaggar
Hoggar
Tamanrasset
Djanet
Illizi
In Salah
In Aménas
Ouargla
Hassi Messaoud
Ghardaïa
가르다이아
El Goléa
Adrar
Reggane
Timimoun
Béni-Abbès
Touggourt
El Oued
Biskra
Batna
Constantine
Sétif
Béjaïa
Annaba
알제
Alger (Algiers)
Blida
Oran
오랑
Tlemcen
Sidi-Bel-Abbès
Mostaganem
TUNISIE
튀니지
Tunis
튀니스
Sfax
Gabès
Sahara Desert
사하라
Sahara
Erg Iguidi
Erg Chech
Tropic of Cancer
Equator
Gulf of Guinea
Bight of Benin
Slave Coast
Cape Coast
Takoradi
LIBYA
Tripoli
트리폴리
Ghadames
가다메스
Ghât
가트
Tanezrouft
Idhân Awbâri
Idhân Murzûq
Murzûq
Hamâdah al Hamra
Hoggar
Adrar des Ifoghas
Tassili n'Ajjer
타실리나제르
Plateau du Djado
Ténéré du Tafassâsset
수도
주·성소재도시
지시점
세계유산
주요관광도시
주요명산
주요호수

HUNGARY
CROATIA
RUMANIA
BOSNIA HERZEGOVINA
SERBIA
MONTENEGRO
MACEDONIA
ALBANIA
BULGARIA
GREECE
TURKEY
Black Sea
RUSSIA
UKRAINE
GEORGIA
AZERBAIJAN
ARMENIA
TURKMENISTAN
Caspian Sea
Mediterranean Sea
Aegean Sea
Ionian Sea
Adriatic Sea
SYRIA
LEBANON
ISRAEL
JORDAN
IRAQ
IRAN
Elburz Mts.
Zagros Mts.
Aleppo
Damascus
Beirut
Tel-Aviv
Jerusalem
Baghdad
Basra
Tabriz
Tehran
KUWAIT
BAHRAIN
QATAR
UNITED ARAB EMIRATES
OMAN
Persian Gulf
SAUDI ARABIA
Arabia Pen.
Rub' al Khali Desert
Ar Rimal
Riyadh
Mecca
Medina
Jeddah
Najd
Hijaz
Nefud Desert
Ad Dahna
YEMEN
Gulf of Aden
Sana
LIBYA
Libyan Desert
Great Sand Sea
EGYPT
Alexandria
Cairo
Giza
Aswan
Luxor
Red Sea
Tropic Of Cancer
Benghazi
As Sarir
Sand Sea
Sarir
Tibesti
Borkou
Ennedi Plat.
CHAD
Tibesti
Emi Koussi Mt. 3415
Bodele Dep.
Ouaddai
Nubian Desert
Jebel Abyad Plateau
SUDAN
Khartoum
Omdurman
Port Sudan
Nile R.
Blue Nile R.
White Nile R.
ERITREA
Asmara
Massawa
DJIBOUTI
ETHIOPIA
Addis Ababa
Abyssinian Plat.
SOMALIA
Mogadishu
CENTRAL AFRICAN REP.
Bangui
SOUTH SUDAN
Juba
DEMOCRATIC REP. OF CONGO
Congo Basin
UGANDA
Kampala
KENYA
Nairobi
Lake Victoria
Lake Turkana
INDIAN OCEAN
Equator
1:18,000,000
0 200 400 600 800 1000km
Millers Stereographic Projection

1:18,000,000
0 200 400 600 800 1000km
Millers Stereographic Projection

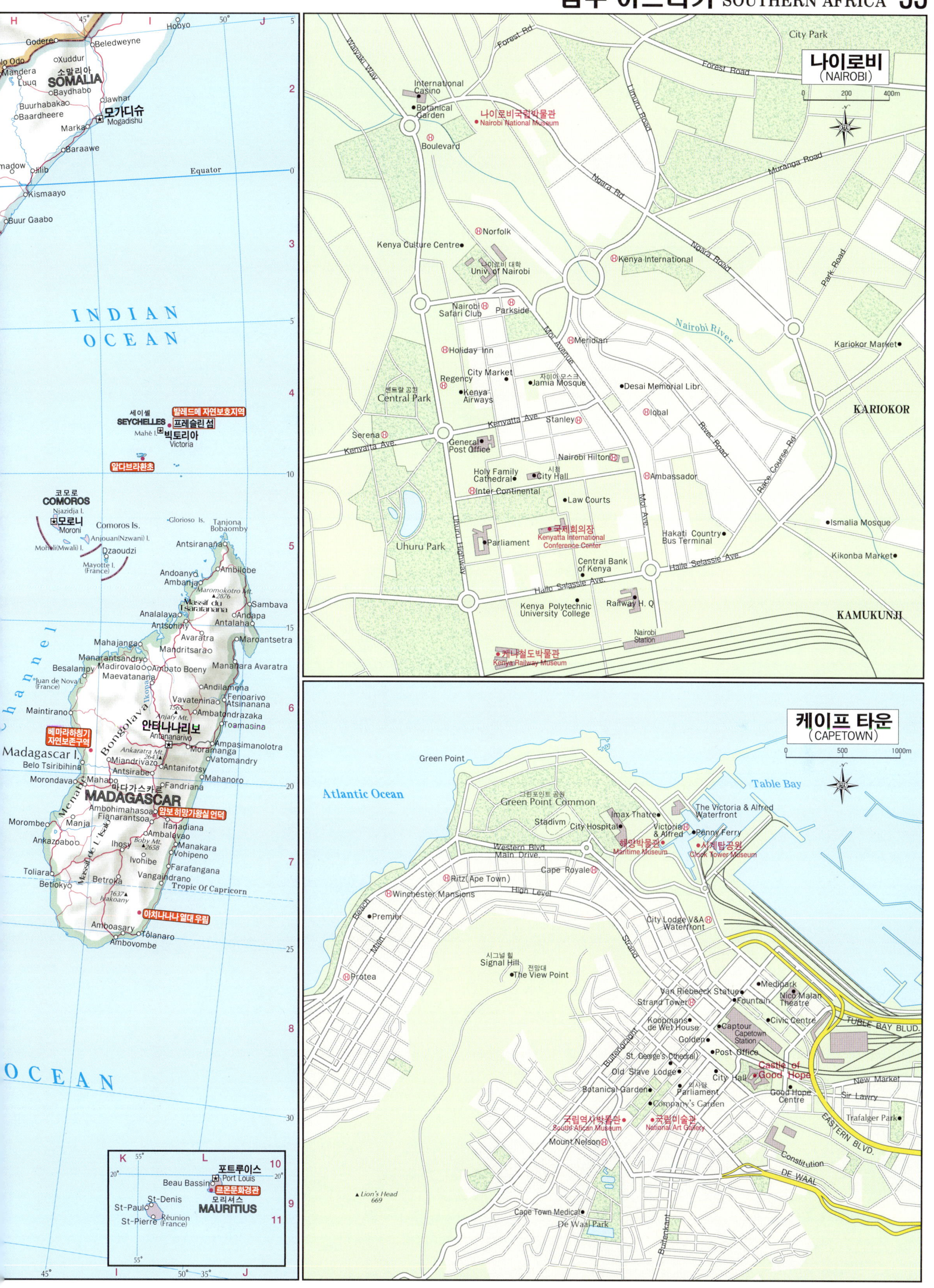
H
45°
I
50°
J
Godero
Beledweyne
oXuddur
Hobyo
소말리아
SOMALIA
oBaydhabo
Luuq
Jawhar
Buurhabakaba
oBaardheere
Marka
모가디슈
Mogadishu
lo Odo
madow
oJilib
oKismaayo
Baraawe
oBuur Gaabo
Equator
INDIAN OCEAN
세이셸
SEYCHELLES
발레드메 자연보호지역
프레슬린 섬
Mahé L.
빅토리아
Victoria
알다브라환초
코모로
COMOROS
Njazidja L.
모로니
Moroni
Comoros Is.
Glorioso Is.
Moheli(Mwali) L.
Anjouan(Nzwani) I.
Mayotte I.
(France)
Dzaoudzi
Tanjona Bobaomby
Antsiranana
Ambilobe
Andoany
Ambanja
Maromokotro Mt.
2876
Sambava
Massif du
Tsaratanana
Andapa
Analalavo
Antsohihy
Antalaha
Avaratra
oMargantsetra
Mahajanga
Mandritsarao
Manarantsandry
Madirovalo
Ambato Boeny
Mananara Avaratra
Besalampy
Maevatanana
Juan de Nova I.
(France)
Andilamena
Maintirano
Vavateninao
Fenoarivo
Atsinanana
Anjaly Mt.
1795
Antananarivo
안타나나리보
Batondrazaka
Toamasina
베마라하침기
자연보존구역
Ankaratra Mt.
2643A
Ampasimanolotra
Vatomandry
Miandrivazo
Moramanga
Madagascar I.
Antsirabe
Mahanoro
Belo Tsiribihina
Morondava
마다가스카르
Fandriana
MADAGASCAR
Mahabo
암보 희망가왕실 언덕
Ambohimahasoa
Manja
Fianarantsoa
Ifanadiana
Morombe
Ambalavao
Manakara
Ankazoabo
Ihosy
Boby Mt.
2658
Vohipeno
Ivohibe
Farafangana
Toliara
Betroka
Vangaindrano
Tropic Of Capricorn
1637
Nakoany
Betioky
아치나나나 열대 우림
Amboasary
oTolanaro
Ambovombe
OCEAN
K
55°
L
포트루이스
Port Louis
10
Beau Bassin
르몬문화경관
St-Denis
모리셔스
MAURITIUS
9
St-Paul
Réunion
(France)
St-Pierre
11
45°
I
50°
J
35°
나이로비
(NAIROBI)
0 200 400m
City Park
Wangige Way
Forest Rd
Forest Road
International Casino
Botanical Garden
나이로비국립박물관
Nairobi National Museum
Boulevard
Ngara Rd
Uhuru Road
Muranga Road
Park Road
Norfolk
Kenya Culture Centre
나이로비 대학
Univ. of Nairobi
Kenya International
Ngara Road
Nairobi Safari Club
Parkside
Nairobi River
Moi Avenue
Meridian
Holiday Inn
Kariokor Market
City Market
Regency
Kenya Airways
자미아 모스크
Jamia Mosque
센트랄 공원
Central Park
Desai Memorial Libr.
River Road
KARIOKOR
Iqbal
Serena
Kenyatta Ave.
Stanley
General Post Office
Kenyatta Ave.
Nairobi Hilton
Ambassador
Race Course Rd
Holy Family Cathedral
시청
City Hall
Inter-Continental
Law Courts
Ismalia Mosque
Uhuru Park
국제회의장
Kenyatta International Conference Center
Parliament
Hakati Country Bus Terminal
Moi Ave.
Kikonba Market
Uhuru Highway
Central Bank of Kenya
Haile Selassie Ave.
Haile Selassie Ave.
Kenya Polytechnic University College
Railway H. Q.
KAMUKUNJI
Nairobi Station
케냐철도박물관
Kenya Railway Museum
케이프 타운
(CAPETOWN)
0 500 1000m
Table Bay
Green Point
Atlantic Ocean
그린포인트 공원
Green Point Common
The Victoria & Alfred Waterfront
Imax Thatre
Stadivm
City Hospital
Victoria & Alfred
Penny Ferry
Western Blvd
Main Drive
해양박물관
Maritime Museum
시계탑공원
Clock Tower Museum
Cape Royale
Ritz (Ape Town)
High Level
City Lodge V&A Waterfront
Winchester Mansions
Beach
Premier
Main
Strand
시그널 힐
Signal Hill
전망대
The View Point
City Lodge V&A Waterfront
TUBLE BAY BLVD.
Protea
Van Riebeeck Statue
Medipark
Nico Malan Theatre
Strand Tower
Fountain
Koopmans de Wet House
Captour Capetown Station
Civic Centre
Golden
St. George's Cathedral
Post Office
Castle of Good Hope
Old Slave Lodge
City Hall
New Market
Botanical Garden
의사당
Parliament
Good Hope Centre
Sir Lawry
국립역사박물관
South African Museum
Company's Garden
꿋럼미술관
National Art Gallery
Trafalgar Park
Mount Nelson
Constitution
Cape Town Medical
De Waal Park
DE WAAL
EASTERN BLVD.
Lion's Head
669
Buitenkant
공공건물
관광건물
호텔
식당
백화점
상점
지시점
골프장
해수욕장
공원

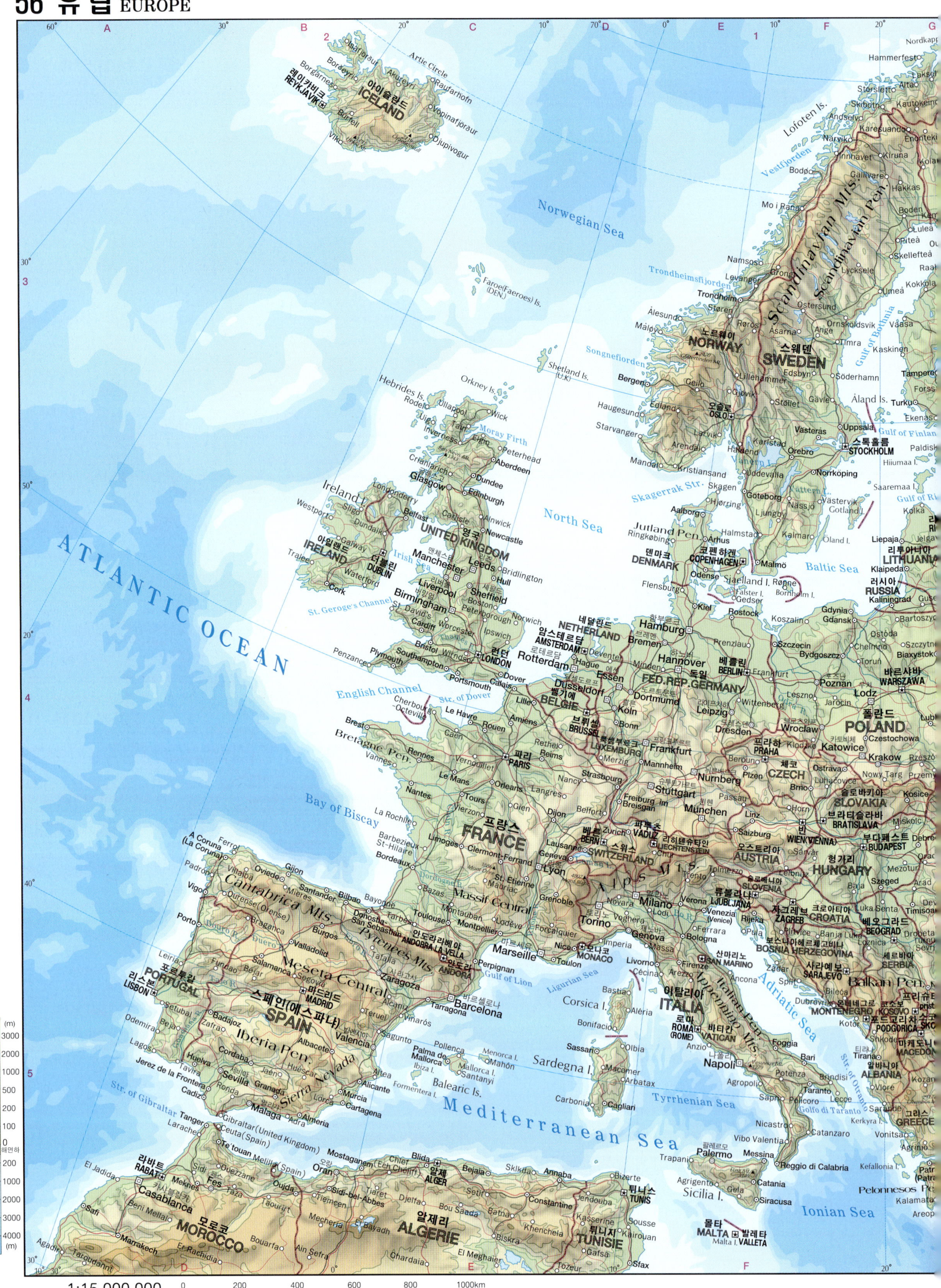

ATLANTIC OCEAN
Norwegian Sea
North Sea
Baltic Sea
Mediterranean Sea
Tyrrhenian Sea
Ionian Sea
Adriatic Sea
Ligurian Sea
Bay of Biscay
English Channel
Gulf of Lion
Gulf of Bothnia
Gulf of Finland
Skagerrak Str.
Trondheimsfjorden
Songnefjorden
Vestfjorden
아이슬란드 ICELAND
레이캬비크 REYKJAVIK
노르웨이 NORWAY
노르웨이 OSLO 오슬로
스웨덴 SWEDEN
스톡홀름 STOCKHOLM
덴마크 DENMARK
코펜하겐 COPENHAGEN
아일랜드 IRELAND
더블린 DUBLIN
영국 UNITED KINGDOM
런던 LONDON
네덜란드 NETHERLAND
암스테르담 AMSTERDAM
로테르담 Rotterdam
벨기에 BELGIE
브뤼셀 BRUSSEL
룩셈부르크 LUXEMBURG
프랑스 FRANCE
파리 PARIS
독일 FED.REP.GERMANY
베를린 BERLIN
스위스 SWITZERLAND
베른 BERN
리히텐슈타인 LIECHTENSTEIN
파두츠 VADUZ
오스트리아 AUSTRIA
빈 WIEN(VIENNA)
슬로바키아 SLOVAKIA
브라티슬라바 BRATISLAVA
헝가리 HUNGARY
부다페스트 BUDAPEST
체코 CZECH
프라하 PRAHA
폴란드 POLAND
바르샤바 WARSZAWA
슬로베니아 SLOVENIA
류블랴나 LJUBLJANA
크로아티아 CROATIA
자그레브 ZAGREB
보스니아에르체고비나 BOSNIA HERZEGOVINA
사라예보 SARAJEVO
세르비아 SERBIA
베오그라드 BEOGRAD
몬테네그로 MONTENEGRO
포드고리차 PODGORICA
코소보 KOSOVO
마케도니아 MACEDON
알바니아 ALBANIA
티라나 Tirana
그리스 GREECE
이탈리아 ITALIA
로마 ROMA(ROME)
바티칸 VATICAN
산마리노 SAN MARINO
모나코 MONACO
안도라 ANDORRA
안도라라베야 ANDORRA LA VELLA
스페인(에스파냐) SPAIN
마드리드 MADRID
포르투갈 PORTUGAL
리스본 LISBON
모로코 MOROCCO
라바트 RABAT
알제리 ALGERIE
알제 ALGER
튀니지 TUNISIE
튀니스 TUNIS
몰타 MALTA
발레타 VALLETA
러시아 RUSSIA
Kaliningrad
리투아니아 LITHUANIA
Balkan Pen.
Scandinavian Mts.
Scandinavian Pen.
Jutland Pen.
Bretagne Pen.
Iberia Pen.
Italian Pen.
Apennine Mts.
Alps
Pyrénées Mts.
Cantabrica Mts.
Meseta Central
Sierra Nevada
Massif Central
1:15,000,000

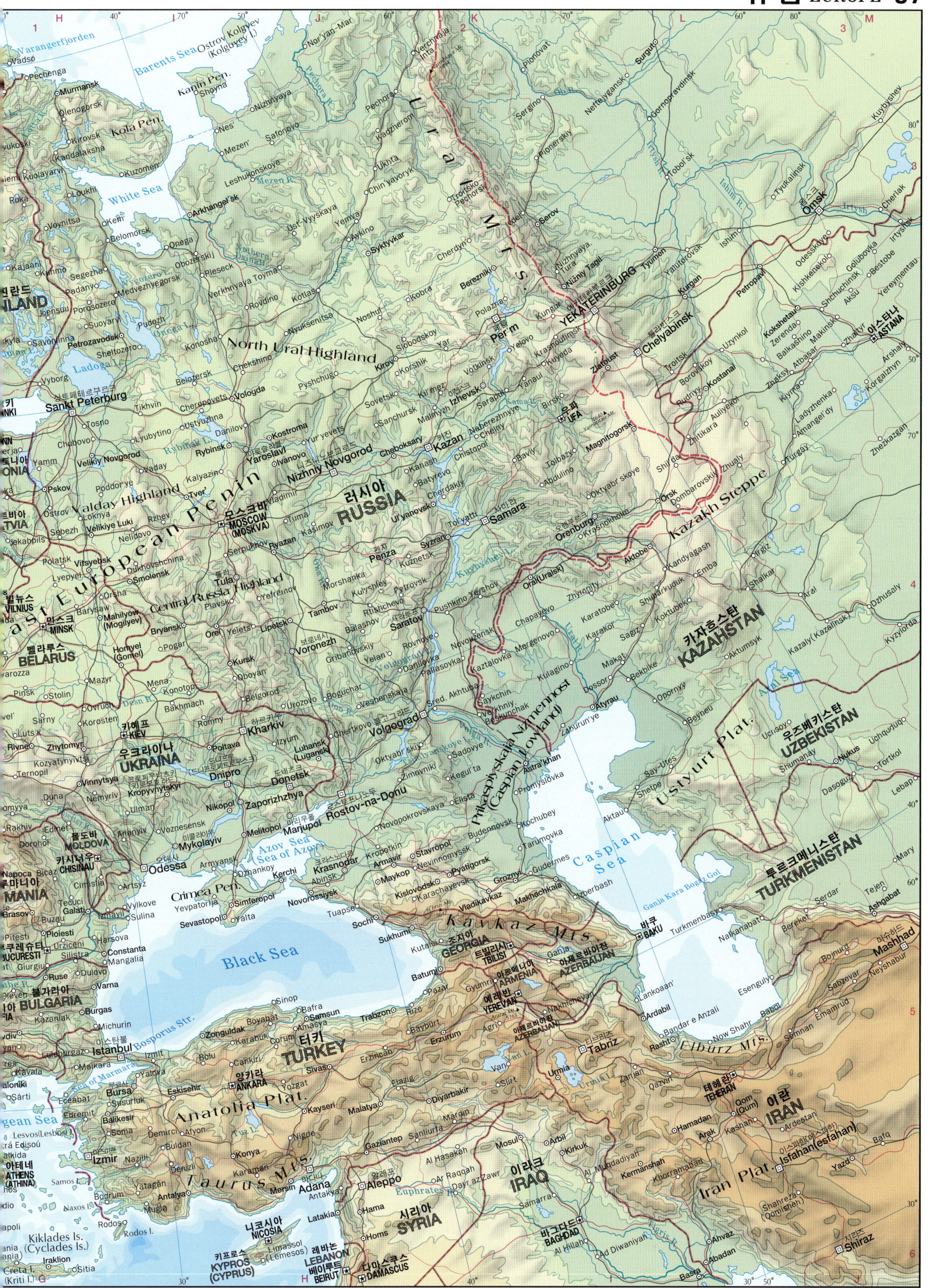

Lambert Azimuthal Equal Area Projection

ATLANTIC OCEAN
North Sea
Irish Sea
Celtic Sea
English Channel
North Channel
St. George's Channel
Bristol Channel
Strait of Dover
Shetland Islands
Orkney Islands
Hebrides Islands
North West Highlands
Grampian Mountains
Southern Uplands
Cambrian Mountains
UNITED KINGDOM 영국
IRELAND 아일랜드
FRANCE 프랑스
세인트킬다군도 Saint Kilda Is. 바다새의 낙원
차이언츠코즈웨이와 해안
보인계곡 고고유적군
벨파스트 얼스터 Belfast 민속교통박물관
더블린 Dublin 트리니티칼리지 도서관
스켈리그마이클섬 Skellig Michael 스켈리그마이클 섬 수도원
에든버러 Edinburgh 구 시가지와 신 시가지 칼튼힐 애든버러성
글래스고 Glasgow 태성당
로마제국국경(하드리아누스 방벽)
더럼 Durham 더럼 성과성당
요크 York 요크민스터(대성당)
킹스턴 어폰 헐 Kingston upon Hull
리버풀 Liverpool
맨체스터 Manchester
스터들리 왕립공원 파운틴스 수도원유적
에드워드세의 성곽군
카나번 Caernarfon
보마리스 Beaumaris
콘위 Conwy
할렉 Harlech
아이언브리지 계곡
블레님궁전 Blenheim
옥스퍼드 Oxford
워릭미술관
런던 London 웨스트민스터 궁전 큐왕립식물원 런던탑
캔터베리 Canterbury 캔터베리 대성당 수도원 교회
브라이턴 Brighton 로열파빌리온
배스 Bath 배스 시가지
스톤헨지, 에이브버리 거석유적
온윌과서부데번광산경관 도싯과동부데번 해안
Unst I. Haroldswick Cullivoe Yell I. Toft Mainland I. Lerwick Sumburgh
Mainland I. Stromness Kirkwall Sanday I. South Ronald I.
Port of Ness Lewis I. Stornoway Tarbert Rodel
North Uist I. Lochmaddy South Uist I. Lochboisdale Barra I.
Durness Scourie Lochinver Ullapool Tongue Thurso Wick John o' Groats Lybster Helmsdale Brora Lairg Tain Dingwall Inverness Nairn Elgin Keith Banff Dufftown Fraserburgh Peterhead Aberdeen Inverurie Grantown-on-Spey Aviemore Ballater Braemar Stonehaven
Uig Portree Skye I. Kyle of Lochalsh Broadford Rhum I. Mallaig Kingussie Ben Nevis 1344
Coll I. Salen Tiree I. Mull I. Tobermory Craignure Oban Fionnphort Colonsay I.
Pitlochry Blairgowrie Montrose Arbroath Killin Crianlarich Perth Dundee St. Andrews Cupar Glenrothes Stirling Kirkcaldy Dunfermline Falkirk
Inveraray Lochgilphead Arrochar Greenock Motherwell East Kilbride Kilmarnock Ardrossan Brodick Irvine Ayr
Islay I. Port Askaig Jura I. Port Ellen Tarbert Campbeltown
Coldstream Galashiels Jedburgh Berwick-upon-Tweed Belford Alnwick Moffat Hawick Langholm Morpeth Bellingham Dumfries Gretna Newton Stewart Castle Douglas Stranraer Girvan Maryport Carlisle Penrith Appleby Hexham Newcastle-upon-Tyne Sunderland Hartlepool Middlesbrough Whitby Darlington Scarborough Keswick Whitehaven Windermere Kendal Skipton Bridlington
Carndonagh Buncrana Letterkenny Coleraine Londonderry Larne Ardara Strabane Magherafelt Antrim Bangor Donegal Cookstown Omagh Fintona Armagh Portadown Downpatrick Newry Newcastle Man I. Ramsey Douglas Lancaster Preston Blackpool Burnley Leeds Selby York Blackburn Southport Warrington Doncaster Grimsby Louth
Belmullet (Béal an Mhuirthead) Ballina Sligo Enniskillen Monaghan Cavan Dundalk Charlestown Ardee Westport Castlebar Boyle Carrick-on-Shannon Ceanannus Mor (Mor) Navan Clifden Claremorris Roscommon Longford Mullingar Athlone Oughterard Galway Loughrea Ballinasloe Naas Bray Dublin
Ennistymon Ennis Nenagh Durrow Carlow Wicklow Arklow Kilrush Limerick Thurles Kilkenny Enniscorthy Listowel Newcastle West Tipperary Carrick-on-Suir Waterford Wexford Rosslare Tralee Mallow Fermoy Dungarvan Dingle Killarney Cahersiveen Kenmare Cork Youghal Bandon Bantry Skibbereen
Anglesey I. Holyhead Bangor Snowdon 1085 Pwllheli Caernarfon Aberdaron Dolgellau Chester Wrexham Stoke-on-Trent Derby Nottingham Macclesfield Sheffield Worksop Lincoln Newark on Trent Boston Skegness Wells-next-the-Sea Cromer
Aberystwyth Newtown Wolverhampton Walsall Birmingham Leicester Rugby Northampton Peterborough King's Lynn Norwich Great Yarmouth Lowestoft Thetford Newmarket Cambridge Ipswich Felixstowe Harwich Llandrindod Wells Worcester Evesham Banbury Bedford Stevenage Braintree Chelmsford
Aberaeron Llandovery Brecon Cheltenham Witney Luton St. Albans Colchester Southend-on-Sea
Fishguard St. David's Carmarthen Llanelli Swansea Neath Pontypool Gloucester Cirencester Swindon Reading Maidenhead Windsor Greenwich Margate Dover Milford Haven Pembroke Bridgend Cardiff Newport Bristol Bath Chippenham Basingstoke Aldershot Reigate Maidstone Rye Calais Dunkerque (Dunkirk)
Barnstaple Bideford Minehead Wells Taunton Yeovil Blandford Forum Winchester Southampton Petersfield Portsmouth Hastings Boulogne-sur-Mer Bude Okehampton Bampton Wincanton Bournemouth Poole Newport Wight I. Brighton Montreuil
Launceston Exeter Dorchester Weymouth Hesdin Bodmin Tavistock Exmouth Torquay Doullens Abbeville Plymouth Truro Falmouth Penzance Land's End Scilly Is. Le Tréport Dieppe Amiens Fécamp Neufchatel-en-Bray Breteuil Yvetot Rouen
1:4,500,000
0 50 100 150 200km
Conic Equidistant Projection

수도   주·성소재도시   지시점   주요국립공원 세계유산   요코하마 주요관광도시   에베레스트산 주요명산   주요호수

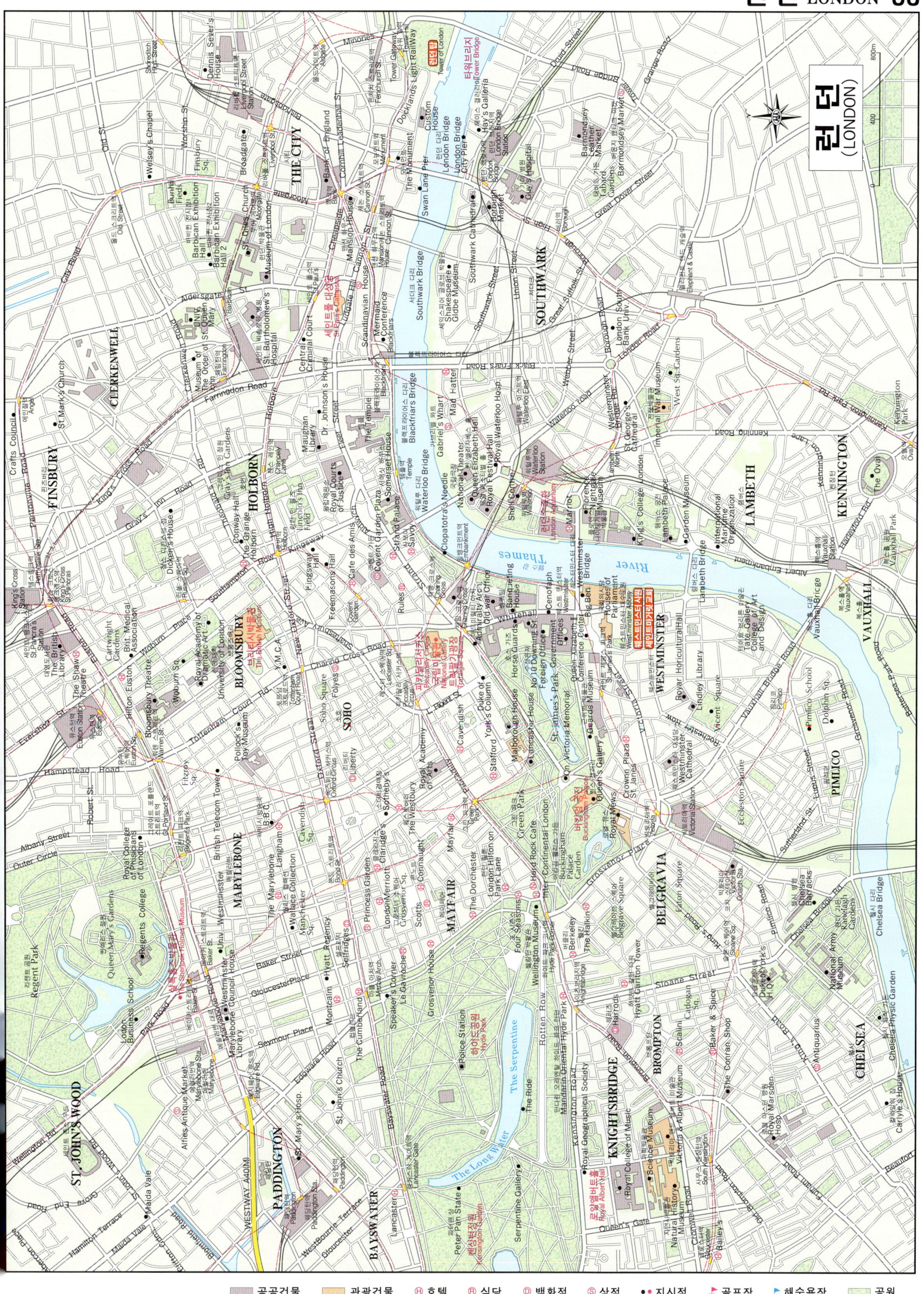
런던
(LONDON)
ST. JOHN'S WOOD
PADDINGTON
BAYSWATER
MARYLEBONE
FINSBURY
CLERKENWELL
HOLBORN
BLOOMSBURY
SOHO
MAYFAIR
THE CITY
SOUTHWARK
LAMBETH
KENNINGTON
VAUXHALL
WESTMINSTER
BELGRAVIA
PIMLICO
KNIGHTSBRIDGE
BROMPTON
CHELSEA
River Thames
Regent Park
Green Park
Hyde Park
The Serpentine
The Long Water
The Ride
Kensington Gardens
공공건물 관광건물 호텔 식당 백화점 상점 지시점 골프장 해수욕장 공원

☆ 수도　■ 주·성소재도시　· 지시점　루투국립공원 세계유산　요코하마 주요관광도시　에베레스트산 주요명산　한둥호 주요호수

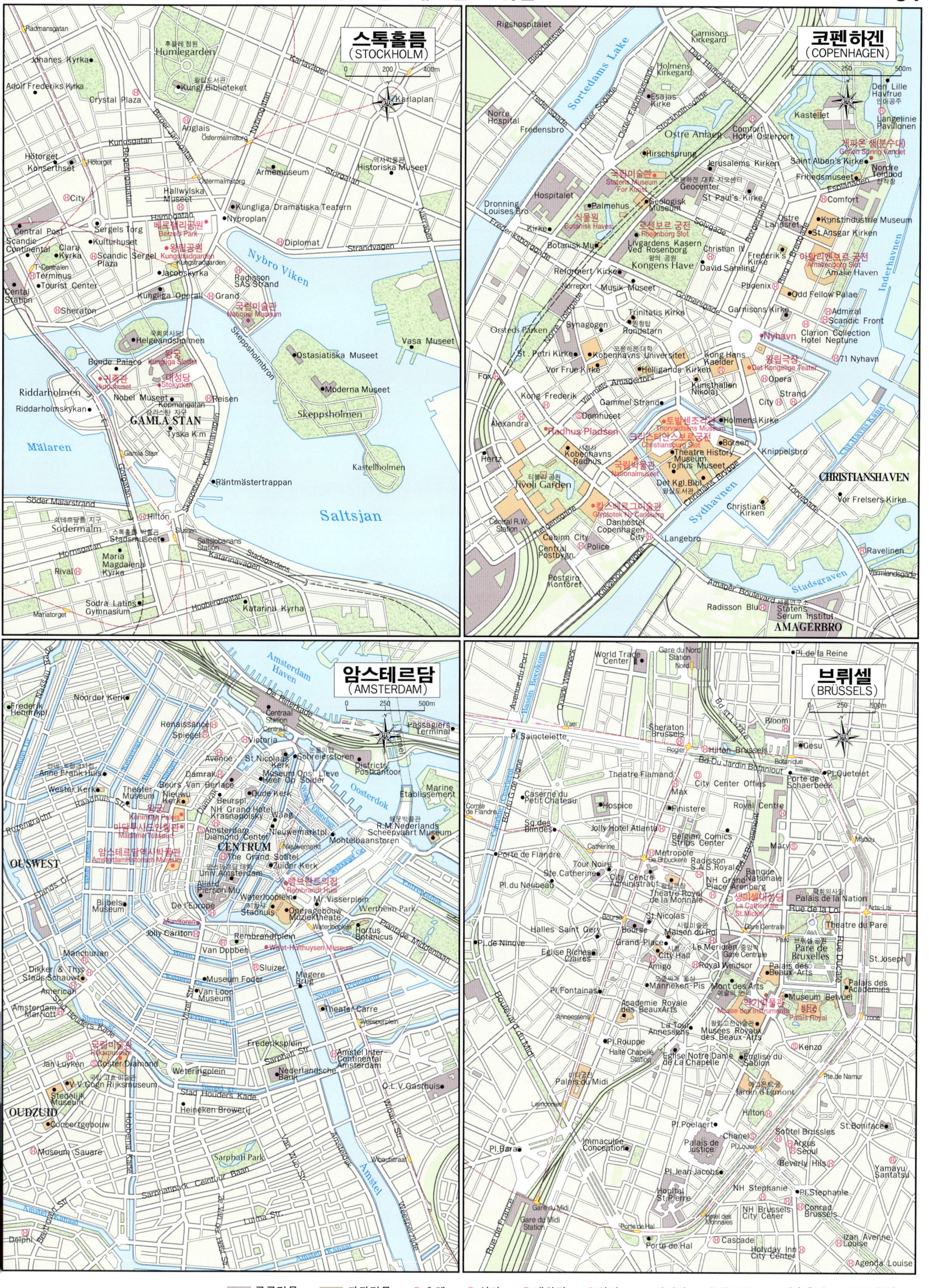
스톡홀름 (STOCKHOLM)
코펜하겐 (COPENHAGEN)
암스테르담 (AMSTERDAM)
브뤼셀 (BRÜSSELS)
공공건물
관광건물
호텔
식당
백화점
상점
지시점
골프장
해수욕장
공원

North Sea
DENMARK
NETHERLANDS
BELGIE
LUXEMBOURG
FRANCE
FED.REP.GERMANY
독일
SWITZERLAND
스위스
LIECHTENSTEIN
ITALIA
이탈리아
프랑스
네덜란드
벨기에
룩셈부르크
암스테르담
헤이그
로테르담
브뤼셀
뤼베크
함부르크
브레멘
하노버
베를린
포츠담
데사우
마그데부르크
라이프치히
드레스덴
프랑크푸르트
본
쾰른
아헨
트리어
룩셈부르크
슈투트가르트
스트라스부르
뮌헨
잘츠부르크
인스브루크
취리히
베른
인터라켄
파두츠
생갈
North Sea
수도
주·성소재도시
지시점
세계유산
주요관광도시
주요명산
주요호수

Baltic Sea
러시아 RUSSIA
리투아니아 LITHUANIA
벨라루스 BELARUS
폴란드 POLAND
체코 CZECH
프라하 프라하역사지구
슬로바키아 SLOVAKIA
우크라이나 UKRAINA
오스트리아 USTRIA
헝가리 HUNGARY
루마니아 RUMANIA
슬로베니아 LOVENIA
크로아티아 CROATIA
SERBIA
LJUBLJANA
바르샤바 Warszawa
브로츠와프 Wrocxaw
포즈난 Poznan
Lodz
Gdansk 그단스크
Gdynia
Brest
Lviv
Krakow 크라쿠프 크라쿠프역사지구
카토비체 Katowice
비엘리치카 Wieliczka
체코 CZECH
체스토호바 Czestochowa
Bratislava 브라티슬라바
Budapest 부다페스트
데브레첸 Debrecen
Carpathian Mts.
1:3,500,000   0   50   100   150   200km   Conic Equidistant Projection

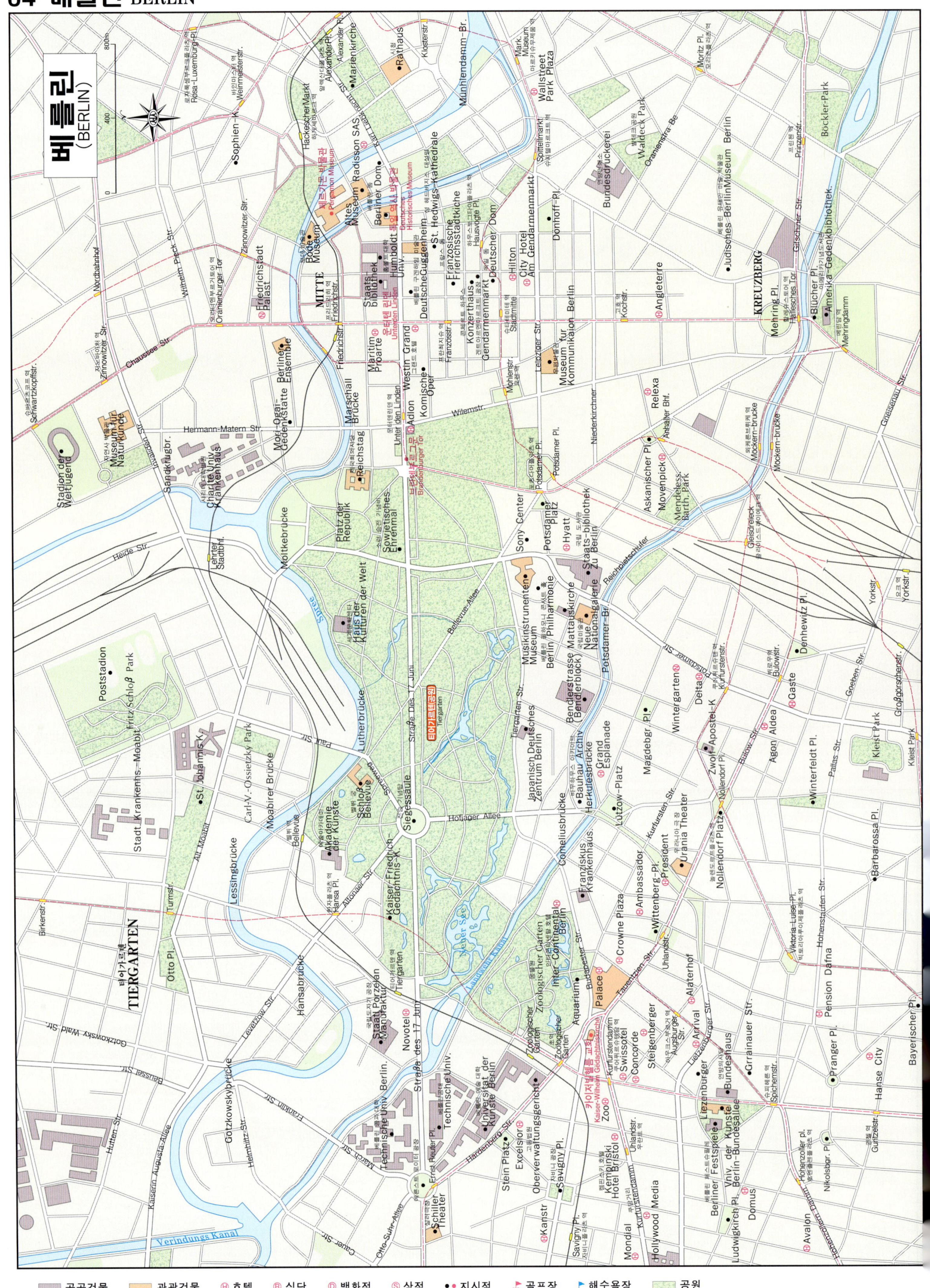

공공건물 관광건물 Ⓗ 호텔 Ⓡ 식당 Ⓓ 백화점 Ⓢ 상점 •지시점 골프장 해수욕장 공원

Frankfurt map scale: 0 — 200 — 400 — 600m
München map scale: 0 — 250m — 500m

ATLANTIC OCEAN
Bay of Biscay
English Channel
FRANCE 프랑스
SPAIN 스페인(에스파냐)
PORTUGAL 포르투갈
UNITED KINGDOM 영국
ANDORRA 안도라라베야
MOROCCO 모로코
ALGERIE 알제리
Cantabria Mts.
Pyrenees Mts.
Meseta Central
Iberian Pen.
Sierra Nevada Mts.
Atlas Mts.
Massif Central
Aquitaine Basin
Paris Basin
Bretagne Pen.
Golfo de Lion
Golfo de Valencia
Golfo de Cadiz
Str. of Gibraltar
Strait of Dover
Islas Baleares/Balearic Is.
Mallorca I.
Menorca I.
Ibiza I.
마드리드
리스본
파리
바르셀로나
발렌시아
안도라
알제
세비야
그라나다

수도
주·성소재도시
지시점
세계유산
주요관광도시
주요명산
주요호수

POLAND
Carpathian Mts
UKRAINA
CZECH
체코
SLOVAKIA
슬로바키아
HUNGARY
헝가리
FED.REP GERMANY
독일
AUSTRIA
오스트리아
SWITZERLAND
스위스
LIECHTENSTEIN
SLOVENIA
슬로베니아
CROATIA
크로아티아
자그레브
BOSNIA HERZEGOVINA
보스니아헤르체고비나
SERBIA
세르비아
베오그라드
KOSOVO
코소보
MONTENEGRO
몬테네그로
MACEDONIA
마케도니아
ALBANIA
알바니아
티라나
RUMANIA
루마니아
LUXEMBOURG
룩셈부르크
MONACO
모나코
ITALIA
이탈리아
VATICAN
바티칸
로마
Rome
SAN MARINO
산마리노
Torino
토리노
Milano
밀라노
Genova
제노바
Lombardia Plain
Napoli
나폴리
Corsica I.
코르시카 섬
Sardegna I.
사르데냐 섬
Cagliari
칼리아리
Sicilia I.
시칠리아 섬
Palermo
팔레르모
Catania
카타니아
Messina
메시나
MALTA
몰타
Valletta
발레타
TUNISIE
튀니지
TUNIS
튀니스
Ligurian Sea
Tyrrhenian Sea
Adriatic Sea
Ionian Sea
Mediterranean Sea
GREECE
그리스
Apennino Mts.
Italian Pen.
Balkan Pen.
Dinaric Alps Mts.

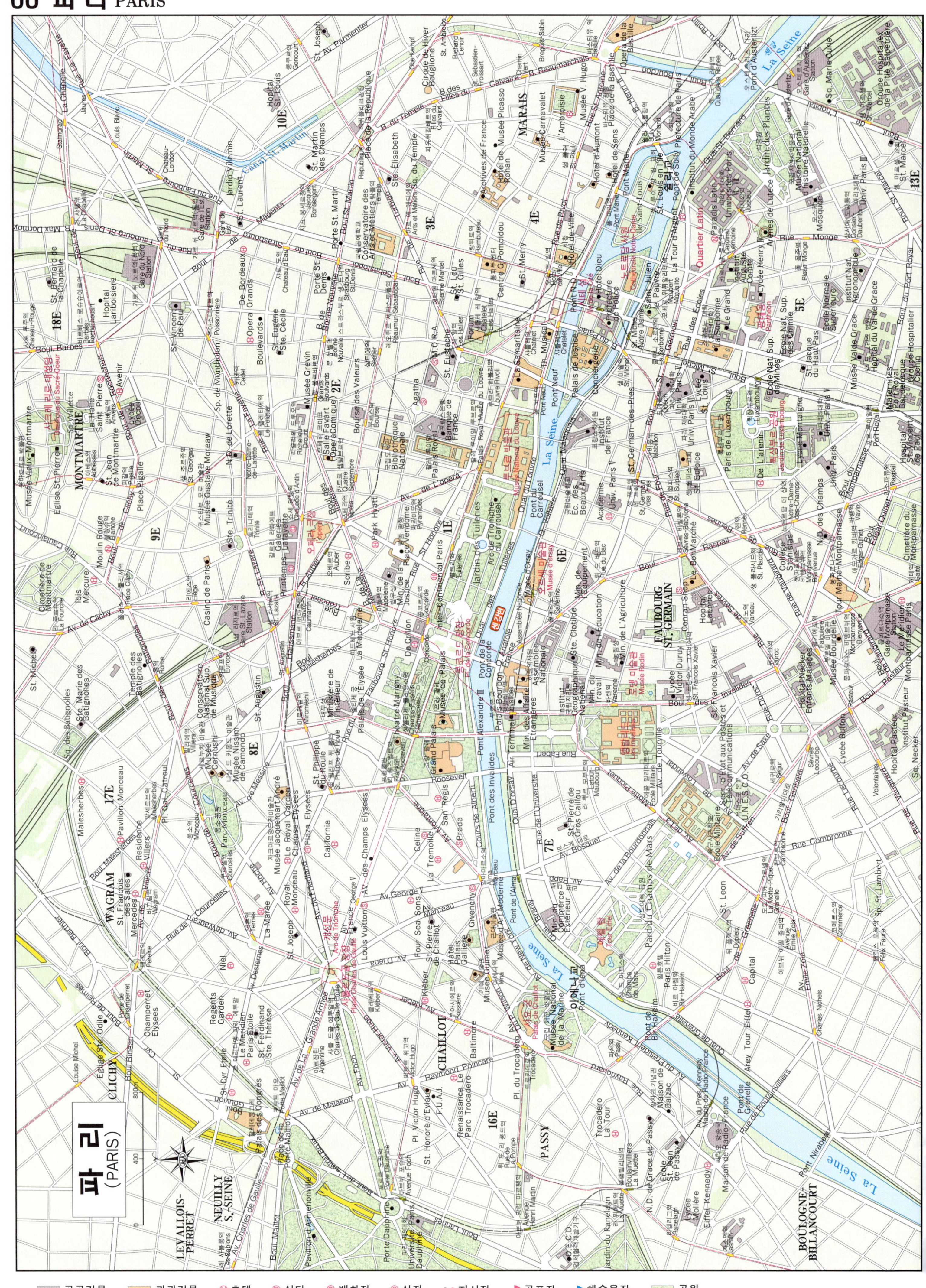

파 리
(PARIS)
공공건물
관광건물
호텔
식당
백화점
상점
지시점
골프장
해수욕장
공원

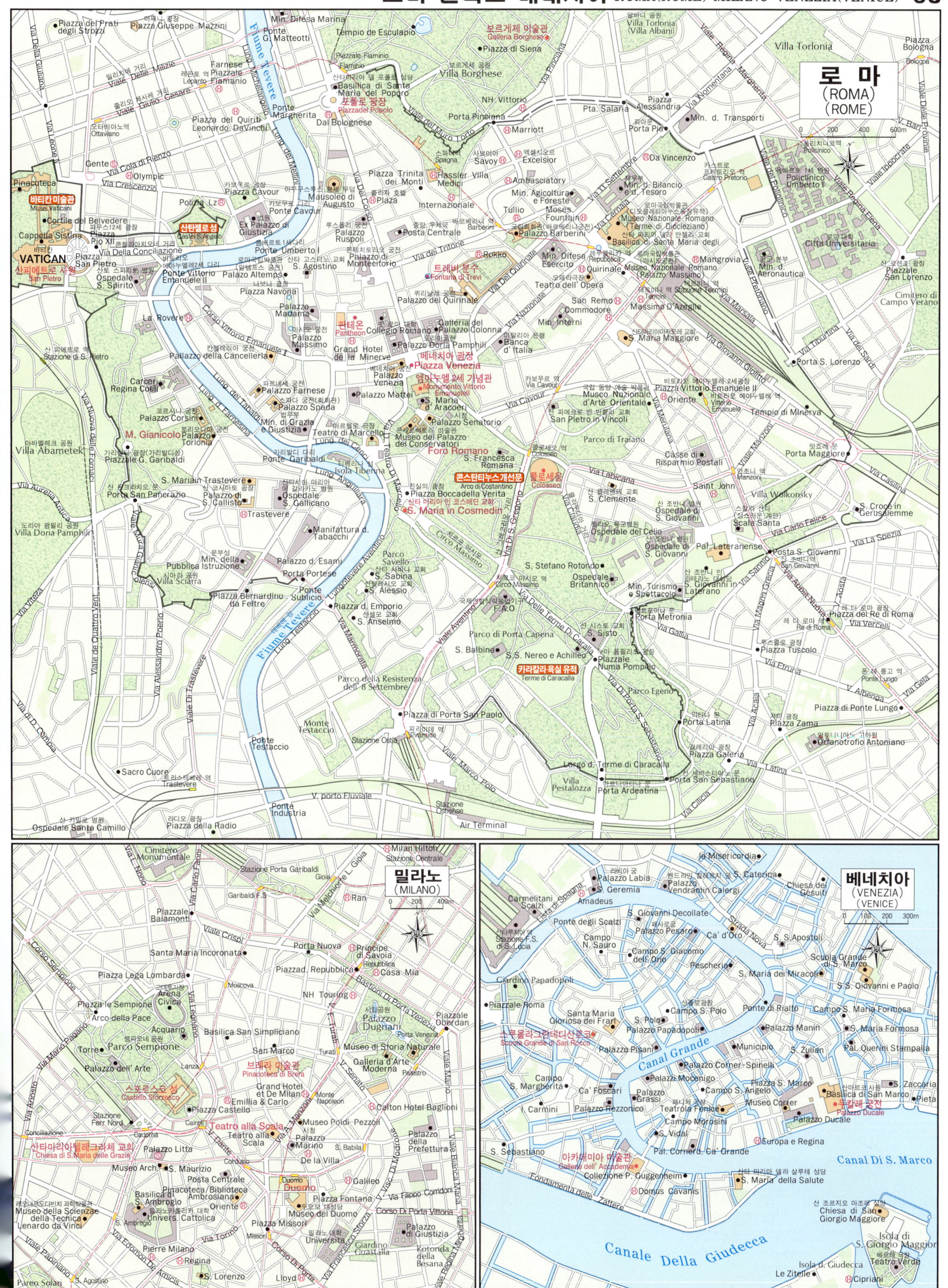
로 마
(ROMA)
(ROME)
밀라노
(MILANO)
베네치아
(VENEZIA)
(VENICE)
VATICAN

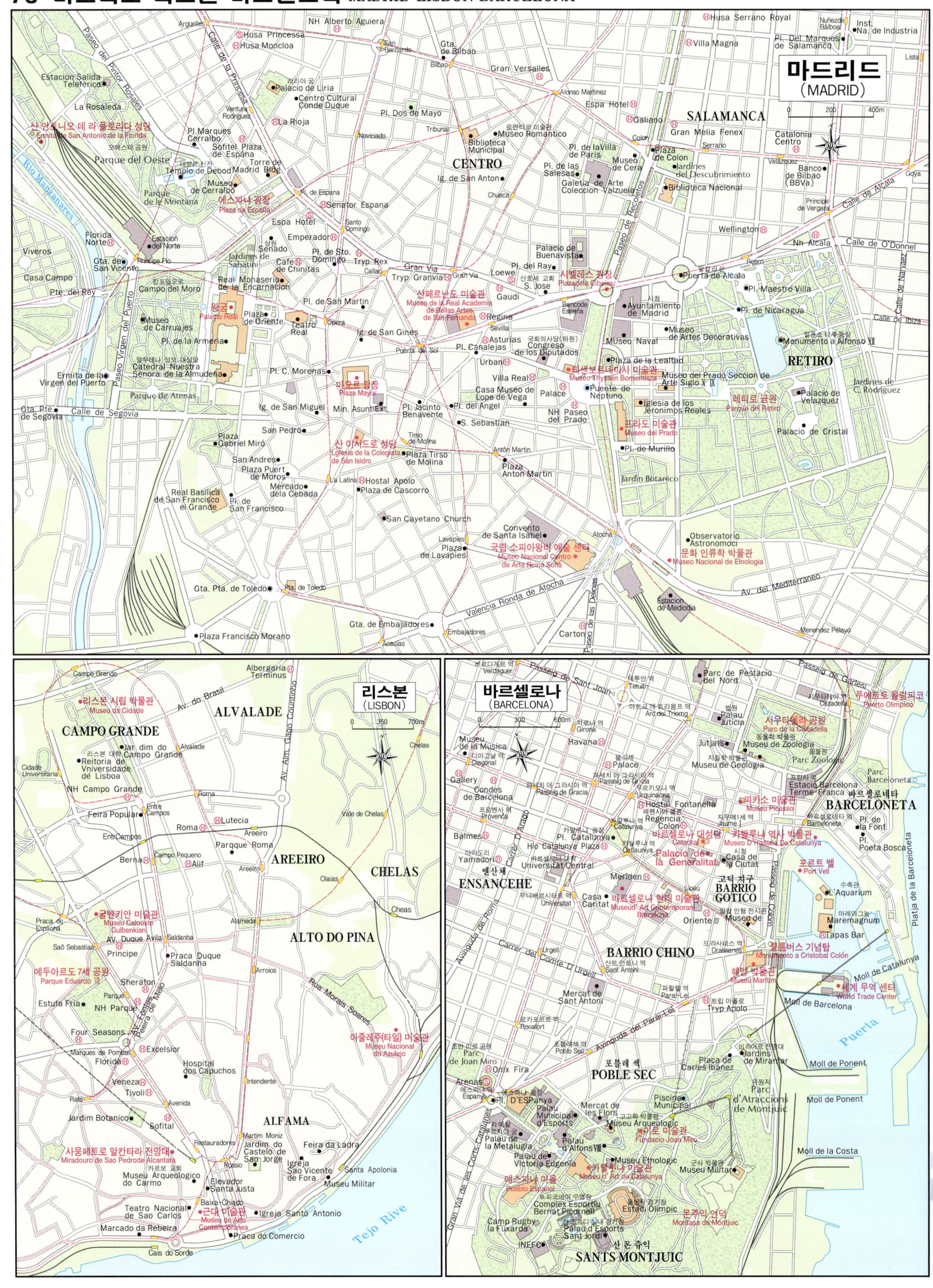
마드리드
(MADRID)
SALAMANCA
CENTRO
RETIRO
리스본
(LISBON)
CAMPO GRANDE
ALVALADE
AREEIRO
CHELAS
ALTO DO PINA
ALFAMA
바르셀로나
(BARCELONA)
BARCELONETA
ENSANCEHE
BARRIO GOTICO
BARRIO CHINO
POBLE SEC
SANTS MONTJUIC
공공건물 관광건물 호텔 식당 백화점 상점 지시점 골프장 해수욕장 공원

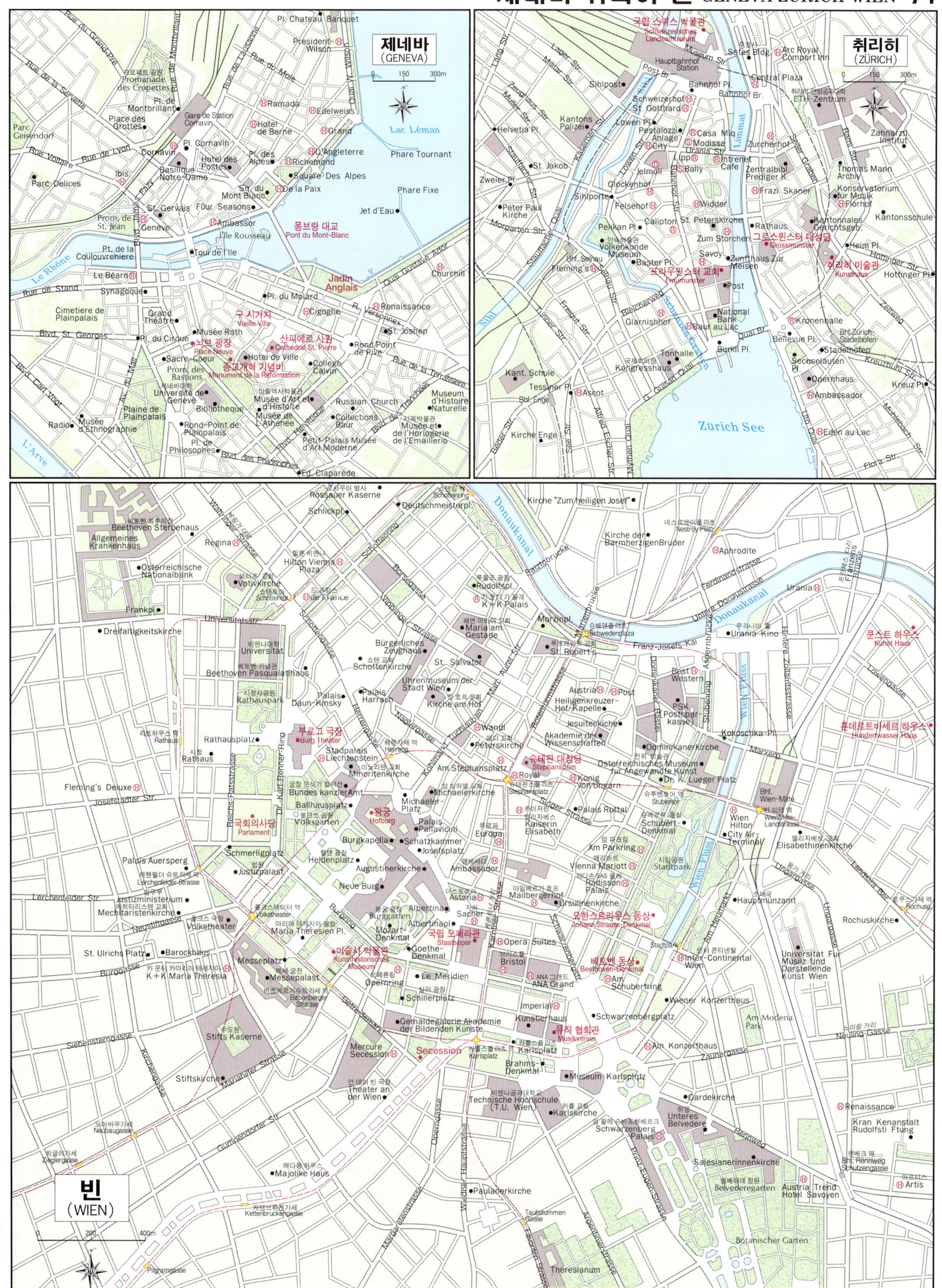
제네바 (GENEVA)
취리히 (ZÜRICH)
빈 (WIEN)
0 150 300m
Lac Léman
Jet d'Eau
Phare Tournant
Phare Fixe
Jadin Anglais
몽브랑 대교 Pont du Mont-Blanc
구 시가지 Vieille-Ville
산피에르 사원 Cathédral St. Pierre
종교개혁 기념비 Monument de la Reformation
나뷔 광장 Place Neuve
Pl. Chateau Banquet
Président-Wilson
Ramada
Edelweiss
Hotel de Berne
Grand
D'Angleterre
Richmond
Hotel des Postes
Square Des Alpes
De la Paix
Pl. des Alpes
Cornavin
Pl. Cornavin
Gare de Station Cornavin
Place des Grottes
Pl. de Montbrillant
Promenade des Cropettes
Parc Geisendort
Rue du Grand-Pré
Rue de la Servette
Rue de Lyon
Rue Voltaire
Ibis
Parc Delices
Basilique Notre-Dame
St. Gervais
Genève
Ambassor
l'Ile Rousseau
Tour de l'Ile
Pt. de la Coulouvreniere
Le Béarn
Rue de Stand
Synagoque
Cimetiere de Plainpalais
Grand Théatre
Blvd. St. Georges
Pl. du Cirque
Sacré-Coeur
Prom. des Bastions
Université de Genève
Bibliotheque
Plaine de Plainpalais
Radio
Musée d'Ethnographie
Rond-Point de Plainpalais
Blvd. Carl Voqt
Blvd. des Philosophes
L'Arve
Ed. Claparede
Musée Rath
Hotel de Ville
Collège Calvin
Rond Point de Rive
St. Josep
Cigoghe
Renaissance
Verspinex
Pl. du Molard
Musée d'Art et d'Histoire
Musée de l'Athenee
Russian Church
Collections Baur
Petit-Palais Musée d'Art Moderne
Museum d'Histoire Naturelle
Musée de l'Horlogerie de l'Emaillerie
Prom. de St. Jean
Sq. du Mont Blanc
F0ur Seasons
Quai Gustave Ador
Churchill
Rue du la Terrassiere

국립 스위스 박물관 Schweizerisches Landesmuseum
그로스뮌스터 대성당 Grossmünster
프라우뮌스터 교회 Fraumünster
취리히 미술관 Kunsthaus
0 150 300m
Lager Str.
Museum Str.
Post Str.
Lindenhof
Limmat
Sihl
Zürich See
Hauptbahnhof Station
Sihlpost
Bahnhof Pl.
Bahnhof Br.
Schweizerhof
St. Gotthard
Kantons Polizei
Löwen Pl.
Pestalozzi Anlage
Casa Mia
Modissa
Urania
Lipp
Intrent Cafe
Bally
Zentralbibl.
Prediger K.
Frazi Skaner
Helvetia Pl.
St. Jakob
Zweier Pl.
Jelmoli
Glockenhof
Sihlporte
Felsehof
Widder
Pelikan Pl.
Calipton
St. Peterskirche
Rathaus
Zum Storchen
Savoy
Zunfthaus Zur Meisen
Peter Paul Kirche
Morgarten Str.
Völkenkunde Museum
Baster Pl.
Fleming's
Post
National Bank
Baur au Lac
Glarnishhof
Kronenhalle
Bellevue Pl.
Stadelhofen
Sechselauten
Bürkli Pl.
Opernhaus
Kreuz Pl.
Ambassador
Eden au Lac
Kant. Schule
Tessiner Pl.
Bhf. Enge
Kirche Enge
Kongresshaus
Ascot
Tonhalle
Quai Br.
General-Guisan-Quai
Arc Royal Comfort Inn
Central Plaza
ETH Zentrum
Zahnarztu Institut
Thomas Mann Archiv
Konservatorium fur Musik
Florhof
Kantonsschule
Kantonnales Gerichtsgeb.
Heim Pl.
Hottinger Pl.
Sates Bldg.

빈 (WIEN)
0 200 400m
Donaukanal
Untere Donaukanal
Wien Fluss
Donaustrasse
Beethoven Sterbehaus
Allgemeines Krankenhaus
Regina
Österreichische Nationalbank
Votivkirche
Hilton Vienna Plaza
Rue d'Alice
Frankpl.
Dreifaltigkeitskirche
Universitätsstr.
Universität
Beethoven Pasqualathaus
Rathauspark
Palais Daun-Kinsky
Rathaus
부로고 극장 Burg Theater
Stadpalais Liechtenstein
Minoritenkirche
Bundes kanzlerAmt
Ballhausplatz
국회의사당 Parlament
Schmerligplatz
Justizpalast
Palais Auersperg
Justizministerium
Mechtaristenkirche
Neustiftgasse
St. Ulrichs Platz
Barockhaus
Messeplatz
왕궁 Hofburg
Burgkapelle
Schatzkammer
Heldenplatz
Neue Burg
Augustinerkirche
Michaeler Platz
Michaelerkirche
Palais Pallavicini
Josefsplatz
Volksgarten
Volkstheater
Maria Theresien Pl.
Mozart-Denkmal
Albertina
Albertinapl.
Sacher
Goethe-Denkmal
국립 오페라관 Staatsoper
Opera Suites
아술사박물관 Kunsthistorisches Museum
K + K Maria Theresia
Messepalast
Opernring
Bristol
Le Méridien
Schillerplatz
Imperial
Kunstlerhaus
Gemäldegalerie Akademie der Bildenden Künste
Mercure
Secession
Stifts Kaserne
Stiftskirche
Theater an der Wien
Majolike Haus
Neubaugasse
Zieglergasse
Pilgramgasse
Siebensterngasse
Kirchengasse
Mariahilfer Strasse
Gumpendorfer Str.
Lerchenfelder Strasse
Lerchenfelder Str.
Rossauer Kaserne
Schlickpl.
Deutschmeisterpl.
Schottenring
Schottenbrücke
Maria am Gestade
St. Rupert's
Börsegasse
Bürgerliches Zeughaus
Schottenkirche
St. Salvator
Uhrenmuseum der Stadt Wien
Palais Harrach
Kirche am Hof
Heiligenkreuzer-Hof-Kapelle
Wandl
Peterskirche
Am Stephansplatz
슈테판 대성당 Stephansdom
Königin von Ungarn
Royal
Kaiserin Elisabeth
Am Parkring
Schubert-Denkmal
Vienna Marriott
Radisson SAS Palais
Mailbergerhof
Astoria
Ursulinenkirche
Stadtpark
오한스트라우스 동상 Johann Strauss-Denkmal
Palais Rottal
베토벤 동상 Beethoven-Denkmal
ANA Grand
A. Schubertring
Wiener Konzerthaus
Schwarzenbergplatz
뮤직 협회관 Musikverein
카를스 광장 Karlsplatz
Brahms-Denkmal
Museum Karlsplatz
카를 교회 Karlskirche
Technische Hochschule (T.U. Wien)
Gardekirche
Unteres Belvedere
Schwarzenbergs Palais
Salesianerinnenkirche
Belvederegarten
Austria Trend Hotel Savoyen
Botanischer Garten
Theresianum
Kirche "Zum heiligen Josef"
Nestroy Platz
Kirche der Barmherzigen Bruder
Aphrodite
Schwedenplatz
Urania
Urania Kino
쿤스트 하우스 Kunst Haus
Best Western
Austria
Post
PSK Postsparkasse
Akademie der Wissenschaften
Jesuitenkirche
Dominikanerkirche
Österreichisches Museum fur Angewandte Kunst
Dr. I. Lueger Platz
휴데르트비세르 하우스 Hunderwasser Haus
Kokoschka Pl.
Wien Hilton
City Air Terminal
Bhf. Wien-Mitte
Wien Mitte Landstrasse
Elisabethinenkirche
Hauptmunzamt
Rochuskirche
Universität Fur Musikz Und Darstellende Kunst Wien
Inter-Continental Wien
Am Modena Park
Renaissance
Kran Kenanstalt Rudolfsti Ftung
Artis
Am Konzerthaus
Zaunergasse
Neuling-Gasse
Rennweg
Bhf. Rennweg
Schutzengasse
Franz-Josefs-Kai
Aspernbrücke
Marxergasse
Landstrasser Hauptstrasse
Ungargasse

인스브루크
(INNSBRUCK)
ST. NIKOLAUS
MARIAHILF
ALTSTADT
Inn
Kongresshaus
Hofgarten
Hofgartencafe
Messehalle
Bundespolizei Direktion
Kapuzinergasse
Kapuzinerkirche
Landesregierung
Walter Park
Domplatz
Dom zu St. Jakob
Landestheater
Leopoldsbrunnen
Grauer
금의지붕
Goldenes Dachl
Hofburg 왕궁
Best. Western Plus
Stadt Sale
Altes Universität
Jesuitenkirche
Tiroler Volkskunst-Museum
Stadtturm
궁정교회
Hofkirche
Innsbruck
Landeskonservatorium
Tiroler Landesmuseum Ferdinandeum
Museum Str.
Markthalle
Sparkassenplatz
Adolf Pichler Platz
Annasaule
Wirtschafts Kammer Tirol
Johanneskirche
Altes Landhaus
Neues Landhaus
Servitenkirche
Bozner Platz
Tyrol
Sailer
Landhausplatz
Justizgebäude
Herz Jesu Kirche
Triumphpforte
Hilton
Autobus Bahnhof

잘츠부르크
(SALZBURG)
Lokalbahnhof
Hauptbahnhof
Europa
Belmondo
St. Julian Str.
Mercure
Crown Plaza
Salzach
Shreton
Vier Jahreszeiten
St. Andra-Kirche
Landeskrankenhaus
Schloss Mirabell
Mirabellpl.
N.H.
Augustinerkirche
Mullnersteg
Franziskischlossl
미라벨정원
Mirabellgarten
St. Sebastianskirche
Monikaporte
Evang. Kirche
Mozarteum
Schloss Monchstein
Markus
Marionette Theater
Dreifaltigkeitskirche
Ursulinenkirche
Bristol
Johannes Shlossl
Makartsteg
Sacher
Kapuzinerberg
Haus der Natur
Griesgasse
Staatsbrücke
Stadt-Aussicht
Mönchsberg
City Hall
Radisson Alstadt
Mozartsteg
Getreidegasse
Sigmundsh.
Mozart Haus
모차르트광장
Mozartplatz
Kollegienkirche
축제극장
Festspielhaus
Dompl.
Dom
Kajetanerkirche
Karolinen Brücke
Neutor
St. Peterskirche
Kapitelpl.
Rudolfspl.
Franz-Josef Park
라인베르크
Rainberg
Mönchsberg
Schartentor
Monchsberg
Festung Hohensalzburg
호혜잘츠부르크성
Stift Nonnberg
Eckardkirche

아테네
(ATHENS)
(ATHINAI)
METAXOURGIO
VATHI
MOUSSIO
국립 고고학박물관
National Archaeological Museum
EXAPHIA
NEAPOLIS
Tecnical University School of Fine Arts
KARAISKAKI
First Aid Station
KANIGOS
National Theatre
OMNIA
모모니아광장
Othonia Square
Opera
LIKAVITOS
Lycabettus Amphitheater
Lycabettus Hill
PEFKAKIA
Agios Georgios
Lycabettus Funicular
KERAMIKOS
Town Hall
National Bank
National Library
University
Academy
DEXAMENI
KOTZIA
Central Market
YMCA
YWCA
Best Western
Saint George Lycabettus
The Athens Concert Hall
MARASLIO
KOLONAKI
Kerameikos
Kerameikos Museum
Synagogue
PSIRI
Historical-Ethnological Museum
Kolokotroni
N.J.V. Plaza
Folli Follie
Kolonaki Square
EVANGELIMOS
Hospital Evangelismos
Athens Hilton
Agii Assomati
Kapnikarea
SYNTAGMA
Benaki Museum
Museum of Cycladic & Ancient Greek Art
National Gallery
Alex. Soutsos Museum
War Museum
Monastiraki
Cathedral Greek Orthodox
Arethusa
Mitropoleos
신타그마광장
Syntagma Square
국회의사당
Parliament Building
Byzantine Museum
Divani Caravel
THISSIO
Temple of Hephaistos
Stoa of Attalus Agora Museum
Hadrian's Library
Agios Eleftherios
Xenofondos
Popular Art & Tradition Centre
NATIONAL GARDEN
국립공원
National Park Garden
Presidential Residence
Ancient Agora
Agii Apostoli
Roman Forum
Tower of Winds
PLAKA
Agios Ioannus Theologos
Popular Art Mus.
Observatory
Agora Hill
Kanellopoulos Museum
ANAFIOTIKA
Zappeion Exhibition Hall
Aigli
Areios Pagos
아크로폴리스
Acropolis
파르테논신전
Parthenonos
아크로폴리스박물관
Acropolis Museum
A.V.A.
ZAPIO
Nymphon Hill
Hill of the Pnyx
Odeon of Herodes Atticus
Lysikrates Monu.
Hadrian's Arch
Byron
Greek Evangelical
Fokianos
STADIO
파나티나이코 스타디움
Panathinaiki Stadium
Sound & Light
Heted Atticus Odeon
Theatre of Dionysus
Dionissiou Areopagitou
제우스신전
Temple of the Olympian Zeus
Ethnikou Athletics Field
PLASTIRA
Ag. Dimitrios Lombardiaris
Socrates' Prison
MAKRIGIANI
Olympic Swimming Pool
ARDITOS
펠로파포스언덕
Philopappos Hill
Philopappou Monument
Royal Olympic
필로파포스언덕
Philopappos Hill
Philopappos Theatre
DorasStratou Theatre
VEIKOU
Pl. Gargarettas
KINOSSARGOUS
A'CEMETERY
PANGRATI
KALITHEA
Athens Ledra Marriott
GARGARETA
공공건물
관광건물
호텔
식당
백화점
상점
지시점
골프장
해수욕장
공원

SLOVAKIA
AUSTRIA
HUNGARY
CROATIA
Vojvodina
BOSNIA HERZEGOVINA
SERBIA
MONTENEGRO
KOSOVO
MACEDONIA
Fyrom
ALBANIA
ITALIA
GREECE
RUMANIA
Carpatii
Meridionali
Transilvaniei Mts.
MOLDOVA
UKRAINA
BULGARIA
Stara Planina
TURKEY
Black Sea
Adriatic Sea
Ionian Sea
Aegean Sea
Sea of Marama
Thraki ko Pelagos
Thermaikos Kolpos
Mirtoo Pelagos
Sea of Crete
Bosporus Str.
Pindos
Evia
1:5,500,000
0   100   200km
Lambert Azimuthal Equal Area Projection

Norwegian Sea
NORWAY
SWEDEN
FINLAND
Barents Sea
White Sea
스웨덴
핀란드
노르웨이
ESTONIA
LATVIA
LITHUANIA
RUSSIA
BELARUS
POLAND
SLOVAKIA
HUNGARY
RUMANIA
MOLDOVA
UKRAINA
GEORGIA
BULGARIA
에스토니아
라트비아
리투아니아
벨라루스
폴란드
우크라이나
몰도바
루마니아
불가리아
Baltic Sea
Gulf of Bothnia
Gulf of Finland
Gulf of Riga
Black Sea
Sea of Azov
Caspian Sea
발트해
카스피해
역사지구
솔로베츠키 제도
키지 섬 목조교회
역사기념물군건축물
아로슬라블
수즈달
트로이체 대수도원
세르기예프포사드
블라디미르 역사건축물군
모스크바
크렘린궁과 붉은광장
콜로멘스코예의 예수승천교회
코미의 원시림
키예프
성소피아 성당
페체르스크 대수도원
상트페테르부르크
탈린
리가
빌뉴스
민스크
바르샤바
키시뉴
오데사
부쿠레슈티
Moscow (Moskva)
Sankt Peterburg
Perm
Kazan
Samara
Saratov
Volgograd
Astrakhan
Voronezh
Kharkiv
Rostov-na-Donu
Krasnodar
Stavropol
Nizhniy Novgorod
Murmansk
Arkhangel'sk
Vorkuta
Severnyye Uvaly
Severnyi Ural
Kol'skiy poluostrov (Kola Pen.)

RUSSIA
러시아
KAZAKHSTAN
카자흐스탄
Astana
아스타나
MONGOL
몽골
CHINA
중국
KYRGYZSTAN
키르기스스탄
UZBEKISTAN
우즈베키스탄
TAJIKISTAN
타지키스탄
TURKMENISTAN
투르크메니스탄
AFGANISTAN
아프가니스탄
PAKISTAN
파키스탄
INDIA
인도
Krasnoyarsk
Korliki
Nizhnevartovsk
Surgut
Peregrebnoye
Nefteyugansk
Khanty-Mansiysk
Kolpashevo
Parabel
Tomsk
Kemerovo
Novosibirsk
Novokuznetsk
Prokopyevsk
Achinsk
Nazarovo
Bogotol
Uyaro
Ust-Abakan
Minusinsk
Abakan
Chernogorsk
Sorsk
Sayanogorsk
Kyzyl
Anzhero
Sudzhensk
Topki
Yurga
Belovo
Mezhdurechensk
Tashtagol
Ak-Dovurak
Cadan
Tes
Ulaangom
Hyargas Nuur
Olgiy
Hovd
Ulaambeel
Fuyun
Altayo
Burgin
Karamay
Shihezi
Usu
Kumul
Toli
Tacheng
Urdzhar
Ayagoz
Zyryanovsk
Leninogorsk
Shemonaikha
Oskemen
(Ust-Kamenogorsk)
Semey
(Semipalatinsk)
Pavlodar
Ekibastuz
Barnaul
Biysk
Gorno Altaysk
Aleysk
Kamen-na-Obi
Pavlovsk
Suzun
Novoaltaysk
Tal'menka
Cherepanovo
Rubtsovsk
Zmeinogorsk
Pospelicha
Blagoveshchenka
Slavgorod
Kulunda
Karasuk
Kupino
Barabinsk
Tatarsk
Chany
Kargat
Kochenevo
Berdsk
Iskitim
Severnoye
Kuybyshevo
Sedel'nikovo
Tara
Vagay
Vikulovo
Tyukalinsk
Nazyvayevsk
Ishim
Omsk
Kalachinsk
Irtyshsk
Kachiry
Sharbakty
Semey
Petropavl
Makushino
Kurgan
Peldhovo
Mamlyutka
Bulayevo
Isil'kul
Shchuchinsk
Kokshetau
Makinsk
Yereymentau
Akkol (Alekseyevka)
Osakarovka
Temirtau
Karaganda
Astana
Atbasar
Derzhavinsk
Arkalyk
Zhezkazgan
Baykonuro
Turgay
Irgiza
Arkalyk
Atasu
Agadyr'
Balkhash
Karazhal
Karkaralinsk
Abay
Zhitikara
Kostanay
Rudnyy
Lisakovsk
Kartaly
Sarykol
Sergeyevka
Magnitogorsk
Chelyabinsk
Zlatoust
Miass
Karabalyk
Troitsk
Yemanzhelinsk
Borovskoy
Yesil'
Kokshetau
Kamensk-Ural'skiy
Ekaterinburg
Bogdanovich
Shadrinsk
Zavodoukovsk
Yalutorovsk
Tyumen
Tavda
Turinsk
Verkhotur'ye
Sinyachikha
Irbit
Rezh
Talitsa
Kamyshlov
Nizhny Tagil
Verkh. Salda
Troitskiy
Sos'va
Novaya Lyalya
Serov
Revda
Polevskoy
Verkh. Ufaley
Kasli
Kyshtym
Karabash
Satka
Plasto
Kusa
Yuryuzan
Uchaly
Sibay
Baymak
Saratash
Mednogorsk
Orsk
Orenburg
Sol-Iletsk
Aktobe
(Aktyubinsk)
Alga
Kandyagash
Emba
Shubarkuduk
Novoalekseyevka
Baynuro
Makat
Kul'sary
Beyneu
Zhetybay
Novyl'Uzen
Kuryk
Shalkar
Aral
(Aral'sk)
Ayteke Bi
Kazalinsk
Baikonur
Kyzylorda
Tasbuget
Turkestan
Kentau
Taraz
(Dzhambul)
Karatau
Zhangatas
Shymkent
Lenger
Gazalkent
Tashkent
타슈켄트
Angren
Yangiyo
To'rtepa
Chardaria Res.
Chilik
Kapchagay
Almaty
알마티
Taldy-Korgan
Ushtobe
Sarkando
Kabanbay
Jinghe
Kashi
(Kashgar)
Yengisar
Yecheng
(Kargilik)
Shache
(Yarkand)
Qarak
Taxkorgan
Mazar
Misgar
Gilgit
Gupiso
Srinagar
Islamabad
Rawalpindi
라왈핀디
Muzaffarabad
Baramulla
Mardan
Mansehra
Haripur
Batkela
Asadabad
Mingora
Drosh
Chitral
Feyzabad
Farkhor
Qurghonteppa
Kunduz
Taloqan
Emam Saheb
Shordan
Shorchi
Denoy
Yakkabog
Koson
Qarshi
Guzor
Magdanlyo
Termiz
Kerkicio
Aqchah
Mazar-e Sharif
Pol-e Khomri
Takht-i-Bhai
Bukhara
부하라
Kagan
Karakul
Navoiy
Nuratao
Samarkand
사마르칸트
Kitob
Hisor
Dushanbe
두샨베
Urgut
Denov
Guliston
Urotappa
Khujand
Jizzax
Konibodom
Kokand
Rishton
Fergana
Andizhan
Namangan
Osh
Kyzyl-Kiya
Chust
Kokand
Tashkent
Turkmenabat
(Chardzhou)
Kyzylkum Desert
Kyzylkum
Uchkuduk
Zarafshan
Tamdybulak
Aral Sea
아랄해
Muynak
Kungrad
Chimboy
Nukus
누쿠스
Mangit
Beruniy
Khiva
(Xiva)
Dasoguz
Komeurgenc
Buzachi
Ustyurt
plato
Kara-Bogaz-Gol
Cagyl
Balkhash L.
발하슈 호
Betpak Dala
Taukum Desert
Kapchagay Res.
Issyk Kul'
이식 쿨
Bishkek
비슈케크
Kara-Balta
Lugovoy
Korday
Chu (Shu)
Kaskelen
Naryn
Balykchy
Kochkor
Leninskoye
Karakol
pik Pobedy
Aqal
Wensuo
Aksu
Bachu
Baicheng
Tien Shan Mts.
Kunlun Mts.
Hindukush Mts.
Talas
Toktogul Res.
Kara Say
Kyzyl
Kaxgar He
Konqur Shan
Tash Komyr
Tashkent
타슈켄트

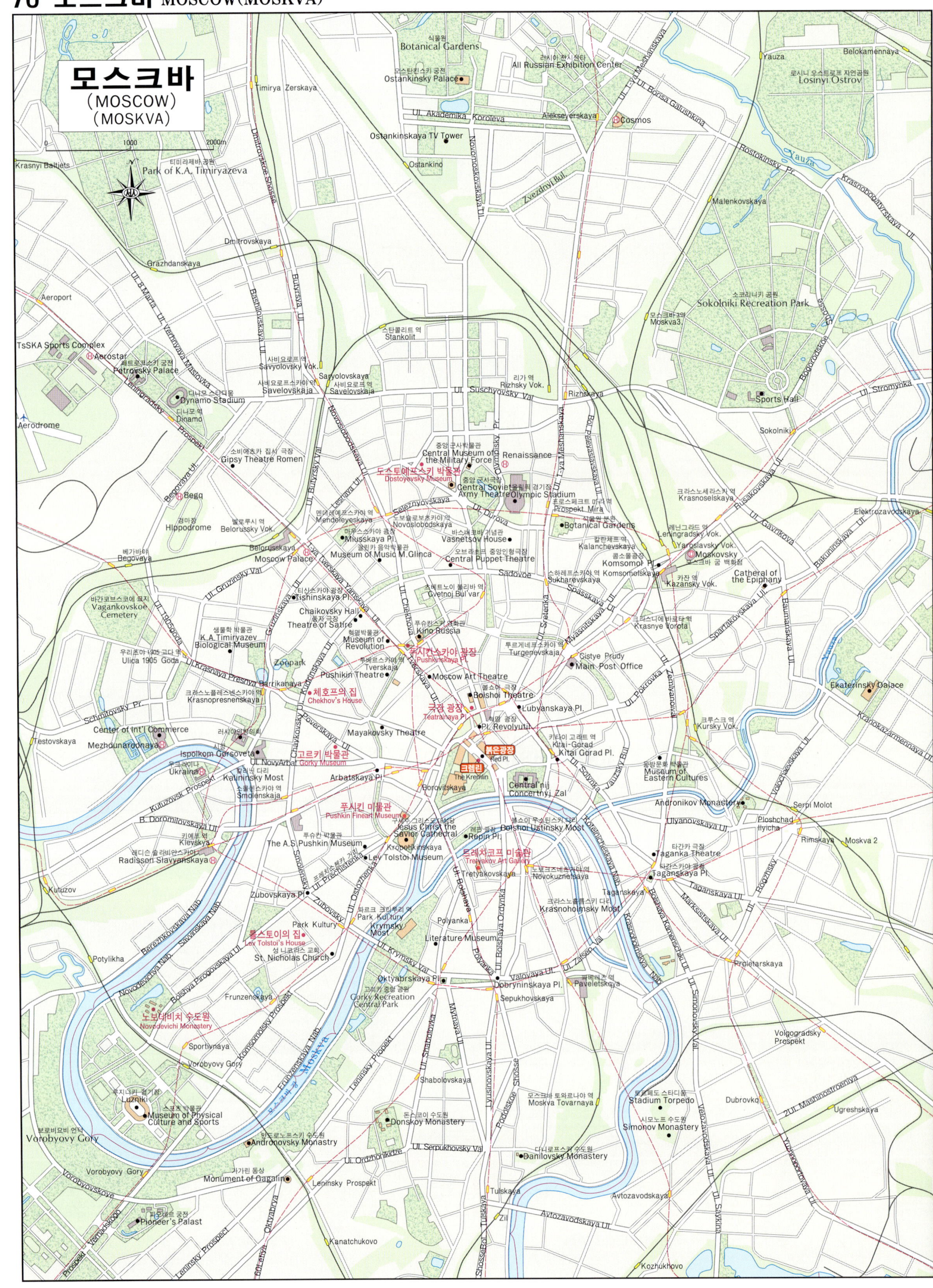
모스크바
(MOSCOW)
(MOSKVA)
Botanical Gardens
All Russian Exhibition Center
로시스키 전시 센터
오스탄킨스키 궁전
Ostankinsky Palace
Losinyi Ostrov
로시니 오스트로프 자연공원
Yauza
Belokamennaya
Timirya Zerskaya
UI. Akademika Koroleva
Alekseyerskaya
Cosmos
UI. Borisa Galushkina
Ostankinskaya TV Tower
Ostankino
Rostokinsky Pr.
티미랴제바 공원
Park of K.A. Timiryazeva
Zvezdnyi Bul.
Malenkovskaya
Krasnoprudnaya UI.
Krasnyi Baltiets
Dmitrovskaya
Grazhdanskaya
Stankolit
스탄콜리트 역
소콜니키 자연공원
Sokolniki Recreation Park
Aeroport
Savyolovsky Vok.
사비요로브스키역
Sokolnicheskaya
Moskva3.
모스크바3역
Savyolovskaya
사뵤로프스카야역
Rizhsky Vok.
리가 역
TsSKA Sports Complex
Aerostar
Savelovskaja
사뵤로프스카야역
Sports Hall
페트로프스키 궁전
Petrovsky Palace
Savelovskaja
Suschovsky Val
Rizhskaya
Sokolniki
Dynamo Stadium
디나모 스타디움
다나모
Dinamo
Central Museum of the Military Force
중앙군사박물관
Renaissance
Krasnoselskaya
크라스노셀르스키 역
Aerodrome
Gipsy Theatre Romen
소비에츠카 집시 극장
Dostoyevsky Museum
도스토예프스키 박물관
중앙 군사극장
Central Soviet Army Theatre
Olympic Stadium
올림픽 경기장
프로스페크트 미라 역
Prospekt Mira
Begovaya Ul.
Begg
Leningradsky Vok.
레닌그라드 역
Elektrozavodskaya
엘렉트로자보드스카야 역
경마장
Hippodrome
Belorussky Vok.
벨로루시 역
Mendeleyevskaya
멘델레예프스카야 역
Novoslobodskaya
Vasnetsov House
바스네초프 기념관
Botanical Gardens
식물원
Yaroslavsky Vok.
야로슬라브스키 역
Gavrikova
Bepovaya
베고바야
Belorusskaya
Musskaya Pl.
마우스카야 광장
무지카 음악박물관
Museum of Music M.Glinca
Kalanchevskaya
칼란체프역
Komsomol Pl.
콤소몰광장
Moskovsky
모스크바 굼 백화점
Bakuninskaya Ul.
Moscow Palace
모스크바 궁전
Central Puppet Theatre
오브라초프 중앙인형극장
Sadovoe
Sukharevskaya
스하레프스카야 역
Komsomolskaya
콤소몰스카야 역
Kazansky Vok.
카잔 역
Cathedral of the Epiphany
Vagankovskoe Cemetery
바간코프스코에 묘지
Tishinskaya Pl.
티신스카야 광장
Gvetnoj Bul'var
스베트노이 불리바르 역
Sretenka
Spasskaya
Spartakovskaya Ul.
Baumanskaya Ul.
Chaikovsky Hall
차이코프스키 홀
Theatre of Satire
풍자 극장
Museum of Revolution
Krasnaya Presnya Barrikanaya
Kino Russia
키노 루시아
Krasnye Vorota
크라스니예바로타역
Myasnitskaya Ul.
K.A. Timiryazev Biological Museum
생물학 박물관
Pushikin Theatre
Zoopark
우리촌카 1905 고다 역
Ulica 1905 Goda
Tverskaja
Pushkinskaya Pl.
푸시킨스카야 광장
Turgenevskaja
투르게네프스카야 역
Main Post Office
중앙우체국
Cistye Prudy
Ekaterinsky Palace
예카테린스키 궁전
Krasnopresnenskaya
크라스노플레스넨스키아 역
Chekhov's House
체호프의 집
Moscow Art Theatre
모스크바 예술극장
UI. Pokrovka
Zemlyanoy
Mezhdunarodnaya
Center of Int'l Commerce
Mayakovsky Theatre
Tverskaja
Bolshoi Theatre
볼쇼이 극장
Lubyanskaya Pl.
루반카 광장
Krasnoka
Schmitovsky Pr.
Testovskaya
Teatralnaya Pl.
극장 광장
Teatralnaya Pl.
Pl. Revolyutii
Kursky Vok.
쿠르스크 역
Ispolkom Gorsoveta
Gorky Museum
고리키 박물관
UI. NovyArbat
고리키 박물관
Pl. Revolyutii
혁명 광장
Red Pl.
붉은광장
크렘린 Kremlin
Museum of Eastern Cultures
동양문화 박물관
Ukraina
우크라이나
Kalininsky Most
칼리닌스키 다리
The Kremlin
Ploshchad Ilyicha
플로샤드 일리차
Smolenskaja
스몰렌스카야 역
Borovitskaya
Arbatskaya Pl.
Central'nij Concertnyj Zal
중앙 콘서트홀
Andronikov Monastery
안드로니코프 수도원
Serpi Molot
B. Doromilovskaya Ul.
Pushkin Fineart Museum
푸시킨 미술관
Jesus Christ the Savior Cathedral
구세주 그리스도 대성당
Bolshoi Ustinsky Most
볼쇼이 우스틴스키 다리
Ulyanovskaya Ul.
Rimskaya
Moskva 2
Kleysky
키예프 역
The A.S Pushkin Museum
푸슈킨 박물관
Repin Pl.
레핀 광장
Taganka Theatre
타간카 극장
Radisson Slavyanskaya
래디슨 슬라비안스카야 역
Lev Tolstoi Museum
레프 톨스토이 박물관
Kropotkinskaya
크로폿킨스카야
Tretyakov Art Gallery
트레차코프 미술관
Taganskaya Pl.
타간스카야 광장
Kutuzov
Zubovskaya Pl.
프레치스텐카 역
Prechistka
Novokuznetskaya
노보쿠즈네츠카야 역
Taganskaya Ul.
Zubovsky
Tretyakovskaya
Taganskaya
Kutuzovsky Prospekt
Park Kultury
파르크 크리투리
Park Kultury
Krasnoholmsky Most
크라스노홀름스키 다리
Marksistskaya Ul.
Lev Tolstoi's House
톨스토이의 집
Krymsky Most
Polyanka
Lev Tolstoi's House
Berezhkovskaya Nab.
St. Nicholas Church
성 니콜라스 교회
Literature Museum
Proletarskaya
프롤레타르스카야
Potylikha
Novodevichya Nab.
Park Kultury
UI. Krymsky Val
Oktyabrskaya Pl.
옥타브르스카야 역
Dobryninskaya Pl.
Valovaya Ul.
Paveletskaya
파벨레츠카야 역
Frunzenskaya
Gorky Recreation Central Park
고리키 중앙공원
Sepukhovskaya
Novodevichy Monastery
노보데비치 수도원
Volgogradsky Prospekt
Sportivnaya
Vorobyovy Gory
Shabolovskaya
Moskva Tovarnaya
모스크바 토와르나야 역
Stadium Torpedo
스타디움 토르페도
Dubrovka
Ugreshskaya
Luzniki
루지니키 경기장
Donskoy Monastery
돈스코이 수도원
Simonov Monastery
시모노프 수도원
Mashinostroyeniya
Museum of Physical Culture and Sports
스포츠 박물관
Andronovsky Monastery
안드로노프스키 수도원
Danilovsky Monastery
다니로프스키 수도원
Vorobyovy Gory
보로보비 언덕
Monument of Gagalina
가가린 동상
Leninsky Prospekt
Tulskaya
Avtozavodskaya
Pioneer's Palast
피오네르 궁전
Kanatchukovo
UI. Serpukhovsky Val
UI. Ordzhonikidze
Avtozavodskaya Ul.
Kozhukhovo

공공건물 관광건물 호텔 식당 백화점 상점 지시점 골프장 해수욕장 공원

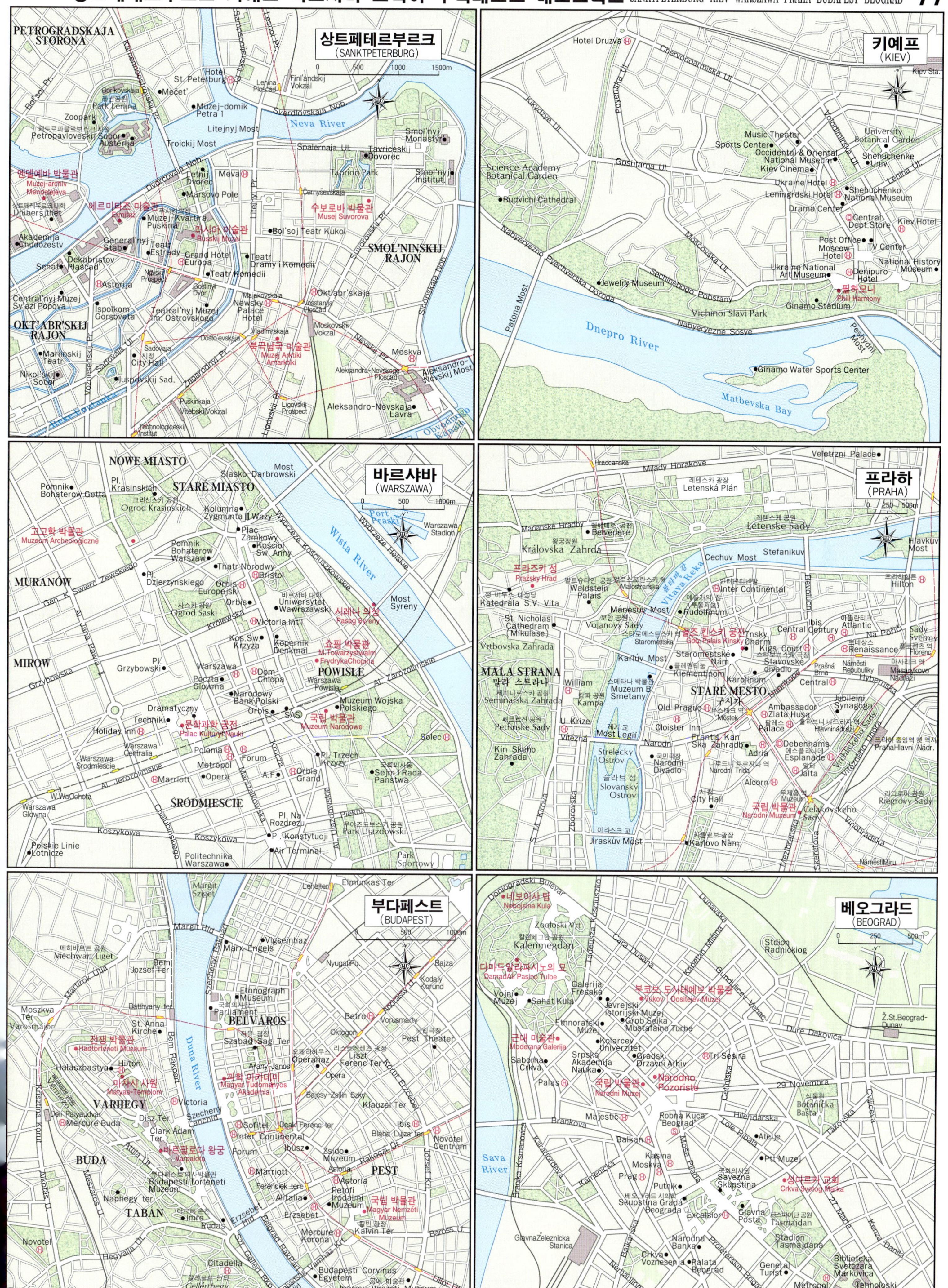
상트페테르부르크
(SANKTPETERBURG)
키예프
(KIEV)
바르샤바
(WARSZAWA)
프라하
(PRAHA)
부다페스트
(BUDAPEST)
베오그라드
(BEOGRAD)

78 러시아 RUSSIA

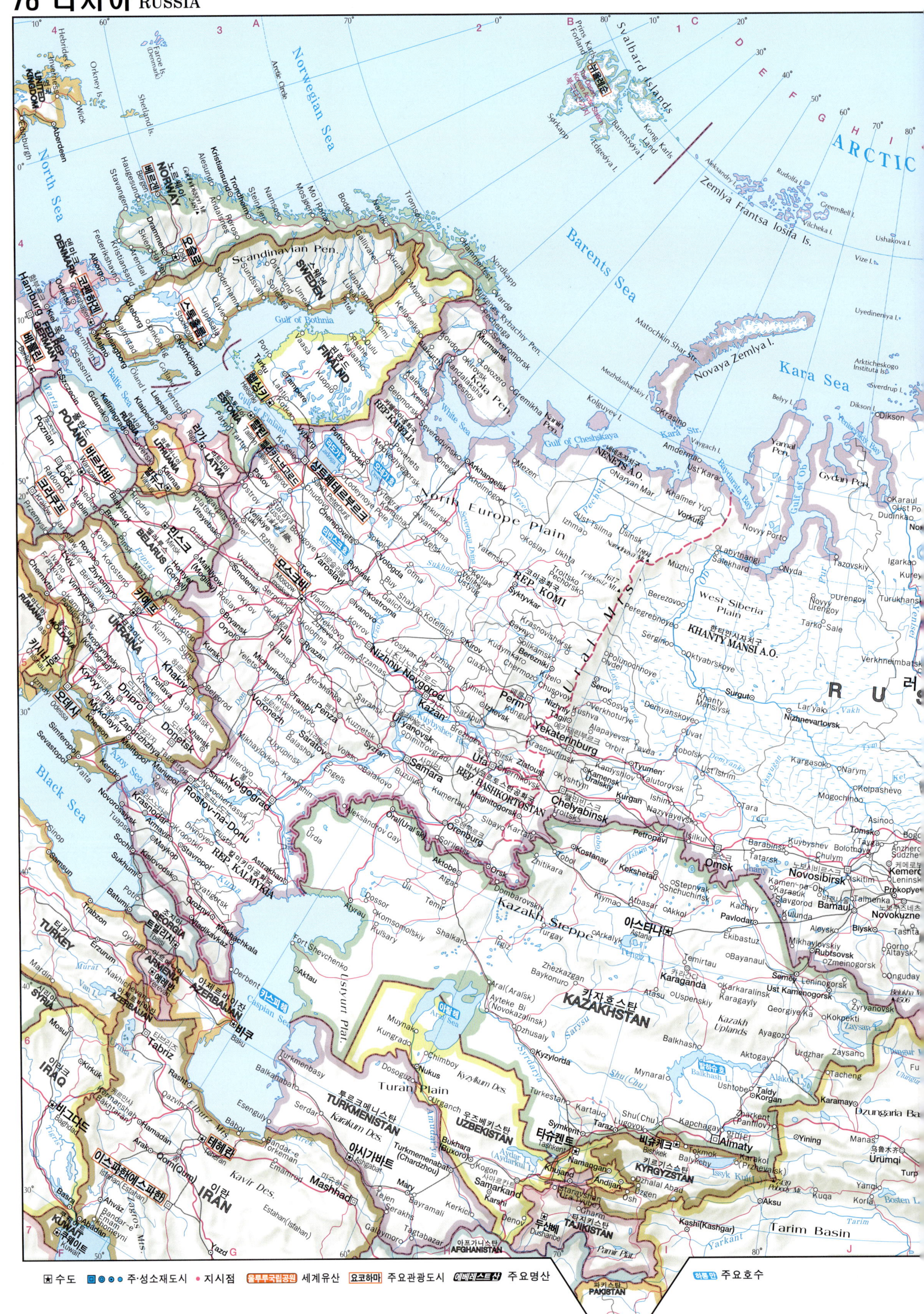

1:20,000,000

0 200 400 600 800 1000km

Conic Equidistant Projection

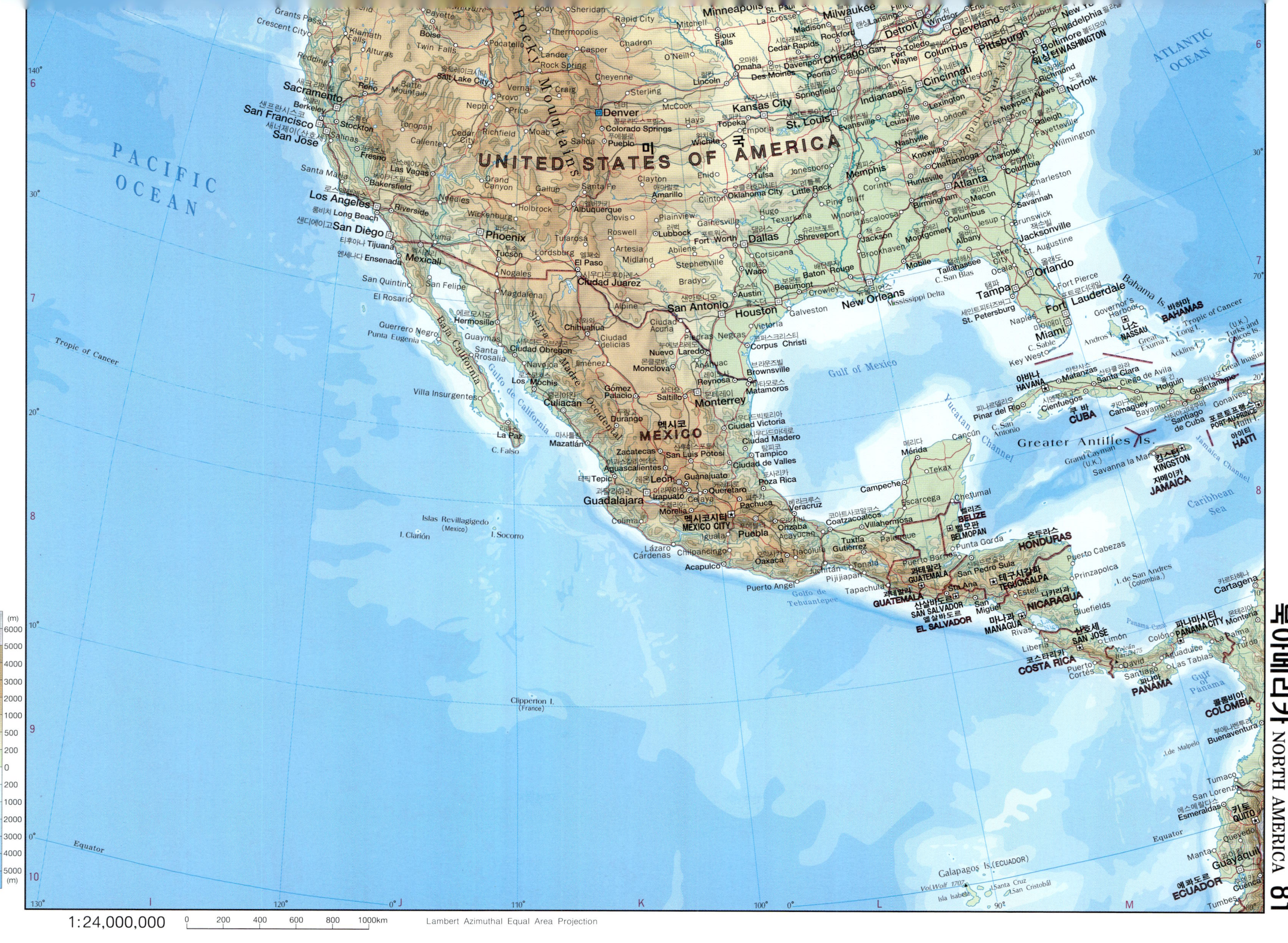

ATLANTIC OCEAN
PACIFIC OCEAN
UNITED STATES OF AMERICA
MEXICO
멕시코
Rocky Mountains
Sierra Madre Occidental
Baja California
Golfo de California
Gulf of Mexico
Caribbean Sea
Greater Antilles Is.
Yucatan Channel
Jamaica Channel
Golfo de Tehuantepec
Gulf of Panama
Bahama Is.
BAHAMAS
NASSAU
CUBA
HAVANA
HAITI
PORT-AU-PRINCE
JAMAICA
KINGSTON
GUATEMALA
BELIZE
BELMOPAN
HONDURAS
TEGUCIGALPA
EL SALVADOR
SAN SALVADOR
NICARAGUA
MANAGUA
COSTA RICA
SAN JOSE
PANAMA
PANAMA CITY
COLOMBIA
ECUADOR
QUITO
GUAYAQUIL
Galapagos Is. (ECUADOR)
Tropic of Cancer
Equator
Grants Pass
Crescent City
Klamath Falls
Redding
Alturas
Reno
Sacramento
Berkeley
San Francisco
Stockton
San Jose
Salinas
Fresno
Bakersfield
Santa Maria
Los Angeles
Long Beach
Riverside
San Diego
Tijuana
Ensenada
Mexicali
Yuma
Phoenix
Tucson
Nogales
San Felipe
San Quintin
El Rosario
Guerrero Negro
Punta Eugenia
Santa Rosalia
Guaymas
Hermosillo
La Paz
C. Falso
Mazatlán
Culiacán
Los Mochis
Ciudad Obregon
Navojoa
Durango
Gómez Palacio
Torreón
Saltillo
Monterrey
Monclova
Jiménez
Chihuahua
Ciudad Delicias
Ciudad Juarez
El Paso
Lordsburg
Alpine
Victoria
Ciudad Acuña
Piedras Negras
Nuevo Laredo
Reynosa
Matamoros
Brownsville
Corpus Christi
C. San Blas
C. Sable
Key West
Boise
Twin Falls
Pocatello
Salt Lake City
Provo
Nephi
Cedar
Grand Canyon
Gallup
Albuquerque
Santa Fe
Amarillo
Clovis
Roswell
Artesia
Midland
Abilene
Stephenville
Fort Worth
Dallas
Waco
Austin
San Antonio
Houston
Galveston
Beaumont
New Orleans
Mississippi Delta
Baton Rouge
Shreveport
Jackson
Brookhaven
Mobile
Montgomery
Birmingham
Tuscaloosa
Columbus
Albany
Tallahassee
St. Petersburg
Tampa
Orlando
Fort Pierce
Fort Lauderdale
Miami
Naples
Jacksonville
St. Augustine
Savannah
Brunswick
Jesup
Charleston
Columbia
Charlotte
Raleigh
Fayetteville
Wilmington
Norfolk
Richmond
WASHINGTON
Baltimore
Philadelphia
New York
Pittsburgh
Cleveland
Detroit
Windsor
Toledo
Columbus
Cincinnati
Indianapolis
Chicago
Gary
Fort Wayne
Milwaukee
Madison
Rockford
Lansing
Flint
Minneapolis
St. Paul
La Crosse
Cedar Rapids
Davenport
Peoria
Springfield
St. Louis
Evansville
Louisville
Lexington
Nashville
Knoxville
Chattanooga
Memphis
Little Rock
Pine Bluff
Corinth
Huntsville
Atlanta
Macon
Columbus
Greensboro
Newport News
Kansas City
Topeka
Emporia
Wichita
Enid
Oklahoma City
Tulsa
Clinton
Texarkana
Hugo
Lubbock
Plainview
Gainesville
Corsicana
Crowley
Denver
Colorado Springs
Pueblo
Salida
Hays
McCook
Lincoln
Omaha
Des Moines
Bloomington
Sioux Falls
Mitchell
Chadron
Rapid City
Cody
Sheridan
Thermopolis
Lander
Rock Spring
Vernal
Craig
Casper
Cheyenne
Sterling
Jonesboro
Reno
Tonopah
Las Vegas
Needles
Wickenburg
Tularosa
Ciudad Victoria
Ciudad Madero
Tampico
Ciudad de Valles
San Luis Potosi
Zacatecas
Aguascalientes
León
Guanajuato
Irapuato
Celaya
Querétaro
Guadalajara
Morelia
Colima
Pachuca
Poza Rica
MEXICO CITY
Puebla
Onzaba
Orizaba
Acayucan
Veracruz
Coatzacoalcos
Villahermosa
Tuxtla Gutierrez
Palenque
Tapachula
Oaxaca
Chilpancingo
Acapulco
Lázaro Cárdenas
Puerto Angel
Campeche
Escárcega
Chetumal
Mérida
Tekax
Cancún
Santiago de Cuba
Matanzas
Santa Clara
Ciego de Avila
Holguin
Bayamo
Camaguey
Cienfuegos
Pinar del Rio
Puerto Barrios
Puerto Cabezas
San Pedro Sula
Santa Ana
San Miguel
Estelí
Rivas
Liberia
Limón
David
Santiago
Colón
Las Tablas
Cartagena
Buenaventura
Tumaco
Esmeraldas
Manta
Cuenca
Clipperton I. (France)
I. Clarión
I. Socorro
Islas Revillagigedo (Mexico)
Villa Insurgentes
1:24,000,000
0 200 400 600 800 1000km
Lambert Azimuthal Equal Area Projection
(m) 6000 5000 4000 3000 2000 1000 500 200 0 200 1000 2000 3000 4000 5000 (m)

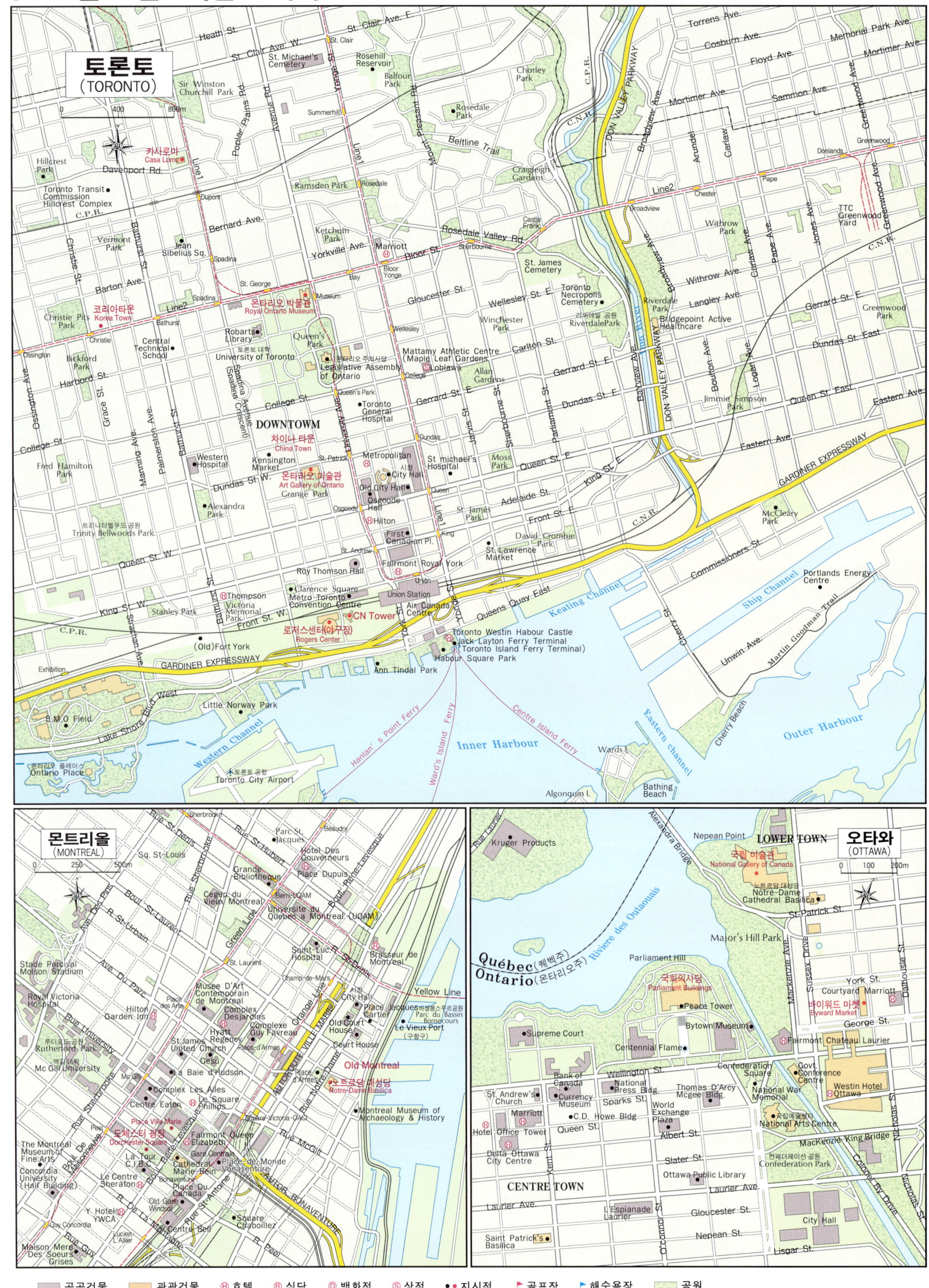
토론토
(TORONTO)
카사로마
Casa Loma
몬트리올
(MONTREAL)
오타와
(OTTAWA)
DOWNTOWM
코리아타운
Korea Town
온타리오 박물관
Royal Ontario Museum
차이나 타운
China Town
온타리오미술관
Art Gallery of Ontario
CN Tower
로저스센터(야구장)
Rogers Center
Old Montreal
노트르담 대성당
Notre-Dame Basilica
도체스터 광장
Dorchester Square
Place Ville Marie
국립 미술관
National Gallery of Canada
노트르담 대성당
Notre-Dame Cathedral Basilica
국회의사당
Parliament Buildings
바이워드 마켓
Byward Market
Québec(퀘벡주)
Ontario(온타리오주)
LOWER TOWN
CENTRE TOWN

공공건물 관광건물 H 호텔 R 식당 D 백화점 S 상점 • 지시점 골프장 해수욕장 공원

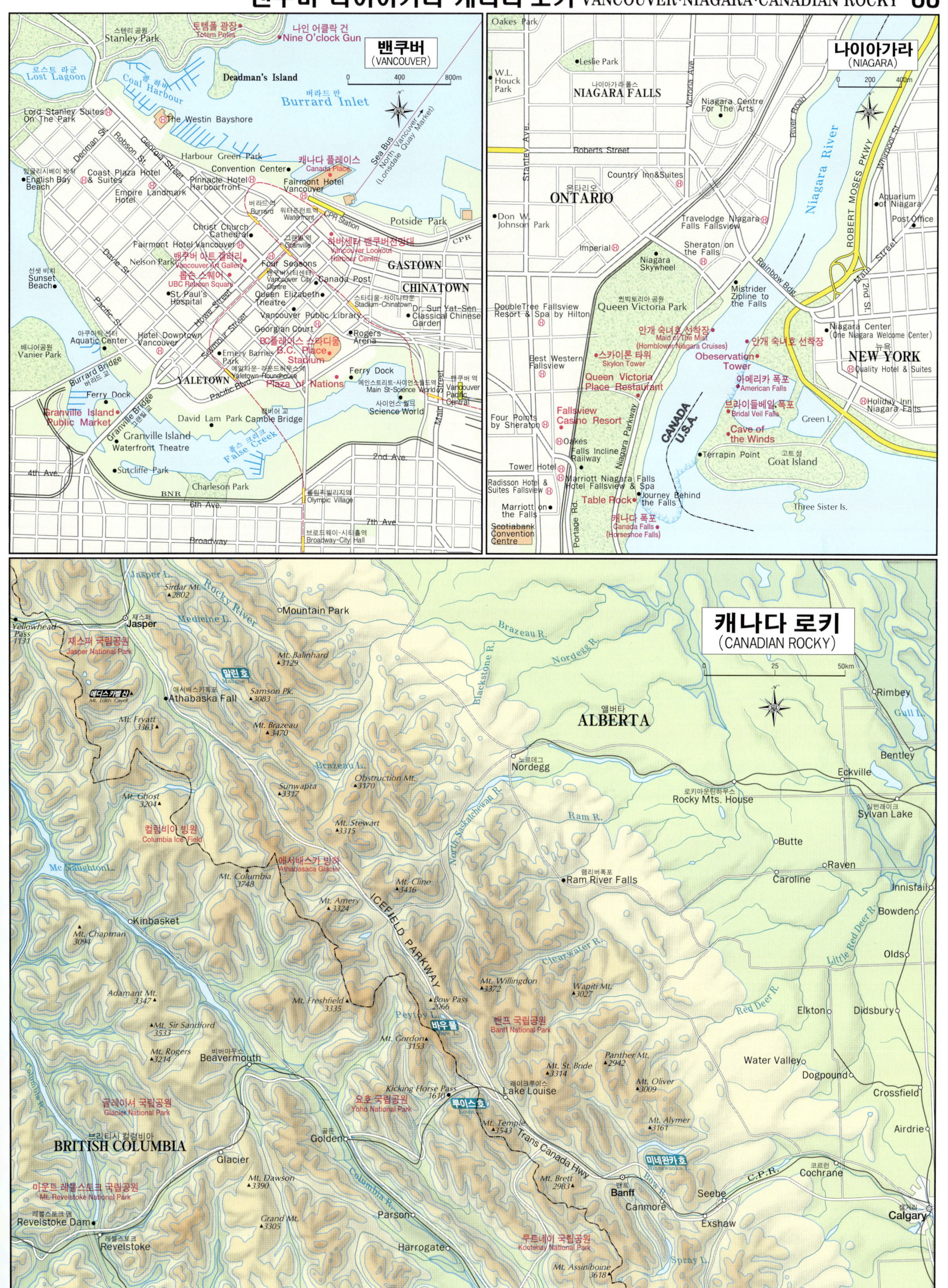
밴쿠버
(VANCOUVER)
나이아가라
(NIAGARA)
캐나다 로키
(CANADIAN ROCKY)
Stanley Park
Lost Lagoon
Coal Harbour
Burrard Inlet
Deadman's Island
Totem Poles
Nine O'clock Gun
The Westin Bayshore
Lord Stanley Suites On The Park
Harbour Green Park
Convention Center
Canada Place
Pinnacle Hotel Harbourfront
Fairmont Hotel Vancouver
Coast Plaza Hotel & Suites
Empire Landmark Hotel
English Bay Beach
Potside Park
Vancouver Lookout Harbour Centre
Christ Church Cathedral
Fairmont Hotel Vancouver
Nelson Park
Vancouver Art Gallery
UBC Robson Square
GASTOWN
CHINATOWN
Four Seasons
Canada Post
St. Paul's Hospital
Queen Elizabeth Theatre
Vancouver City Centre
Dr. Sun Yat-Sen Classical Chinese Garden
Sunset Beach
Vancouver Public Library
Rogers Arena
Aquatic Center
Hotel Downtown Vancouver
B.C. Place Stadium
Emery Barnes Park
Vanier Park
Burrard Bridge
YALETOWN
Plaza of Nations
Ferry Dock
Main St-Science World
Vancouver Central
Science World
Ferry Dock
Granville Island Public Market
David Lam Park
Cambie Bridge
False Creek
Granville Island Waterfront Theatre
2nd Ave.
Sutcliffe Park
Charleson Park
4th Ave.
6th Ave.
7th Ave.
Olympic Village
Broadway
Broadway-City Hall
Oakes Park
W.L. Houck Park
Leslie Park
NIAGARA FALLS
Niagara Centre For The Arts
ONTARIO
Roberts Street
Country Inn&Suites
Don W. Johnson Park
Travelodge Niagara Falls Fallsview
Imperial
Niagara Skywheel
Sheraton on the Falls
Mistrider Zipline to the Falls
DoubleTree Fallsview Resort & Spa by Hilton
Queen Victoria Park
Maid Of The Mist
Hornblower/Niagara Cruises
Skylon Tower
Obeservation Tower
American Falls
Best Western Fallsview
Queen Victoria Place Restaurant
CANADA
U.S.A.
NEW YORK
Quality Hotel & Suites
Niagara Center
One Niagara Welcome Center
Bridal Veil Falls
Cave of the Winds
Fallsview Casino Resort
Four Points by Sheraton
Oakes
Falls Incline Railway
Terrapin Point
Goat Island
Tower Hotel
Radisson Hotel & Suites Niagara
Marriott Niagara Falls Hotel Fallsview & Spa
Three Sister Is.
Journey Behind the Falls
Table Rock
Marriott on the Falls
Canada Falls
Horseshoe Falls
Scotiabank Convention Centre
Holiday Inn Niagara Falls
Green I.
Niagara River
ROBERT MOSES PKWY
Rainbow Bdg.
Aquarium of Niagara
Post Office
Jasper National Park
Jasper
Mountain Park
Rocky River
Medicine L.
Sirdar Mt. 2802
Yellowhead Pass 1131
Mt. Edith Cavell
Athabaska Fall
Mt. Balinhard 3129
Samson Pk. 3083
Mt. Brazeau 3470
Mt. Fryatt 3363
Brazeau R.
Nordegg R.
Blackstone R.
ALBERTA
CANADIAN ROCKY
Rimbey
Gull L.
Bentley
Eckville
Sylvan Lake
Nordegg
Rocky Mts. House
Ram R.
Brazeau L.
Sunwapta 3317
Obstruction Mt. 3170
Mt. Stewart 3315
Columbia Ice Field
Mt. Ghost 3204
Mc Naughton L.
Mt. Columbia 3748
Athabasaca Glacier
Mt. Cline 3416
Butte
Raven
Caroline
Ram River Falls
Innisfail
Mt. Amery 3324
ICEFIELD PARKWAY
Kinbasket
Mt. Chapman 3094
Bowden
Olds
Clearwater R.
Adamant Mt. 3347
Mt. Freshfield 3335
Mt. Willingdon 3372
Wapiti Mt. 3027
Elkton
Didsbury
Mt. Sir Sandford 3533
Peyto L.
Bow Pass 2066
Mt. Rogers 3214
Beavermouth
Mt. Gordon 3153
Banff National Park
Panther Mt. 2942
Mt. Oliver 3009
Water Valley
Dogpound
Crossfield
Glacier National Park
Kicking Horse Pass 1610
Yoho National Park
Lake Louise
Mt. St. Bride 3314
Mt. Alymer
BRITISH COLUMBIA
Glacier
Golden
Mt. Temple 3543
Trans Canada Hwy
Airdrie
Cochrane
Mt. Dawson 3390
Columbia R.
Parson
Bow R.
Banff
Seebe
C.P.R.
Mt. Revelstoke National Park
Revelstoke Dam
Grand Mt. 3305
Mt. Brett 2983
Canmore
Exshaw
Calgary
Revelstoke
Harrogate
Kootenay National Park
Mt. Assiniboine 3618
Spray L.

PACIFIC OCEAN
BRITISH COLUMBIA
ALBERTA
SASKATCHEWAN
MANITOBA
WASHINGTON
OREGON
IDAHO
MONTANA
NORTH DAKOTA
SOUTH DAKOTA
WYOMING
NEBRASKA
NEVADA
UTAH
COLORADO
KANSAS
CALIFORNIA
ARIZONA
NEW MEXICO
OKLAHOMA
TEXAS
UNITED STATES OF
ROCKY MOUNTAINS
HAWAII
ALASKA
U.S.A
RUSSIA
CANADA
YUKON TERRITORY
MEXICO
멕시코
Bering Sea
Gulf of Alaska
Bristol Bay
Brooks Range

수도   주·성소재도시   지시점   울루국립공원 세계유산   요코하마 주요관광도시   에베레스트산 주요명산   허드슨만 주요호수

1 : 12,000,000

0 100 200 300 400 500km

Lambert Azimuthal Equal Area Projection

워싱턴
(WASHINGTON)
보스턴
(BOSTON)
VIRGINIA
ROSSLYN
CHINATOWN
CAMBRIDGE
NORTH END
BEACON HILL
BOSTON COMMON
BACK BAY
WEST FENS
SHAWMUT
SOUTH END
Potomac River
Washington Channel
Tidal Basin
Charles River
Anacostia River
East Potomac Park
West Potomac Park
Arlington National Cemetery
The Pentagon
Lincoln Memorial
Washington Monument
Library of Congress
Supreme Court
U.S. Capitol
White House
Union Station
Georgetown University
Dupont Circle
Logan Circle
Massachusetts Institute of Technology
Boston University
Fenway Park
Massachusetts General Hosp.
Museum of Science
Charles River Dam
Charlestown Bridge
Boston Inner Harbor
New England Aquarium
City Hall
State House
Boston Common Park
Public Garden
Longfellow Bridge
Harvard Bridge
Symphony Hall
Museum of Fine Art
Northeastern University
South Station
공공건물　관광건물　호텔　식당　백화점　상점　지시점　골프장　해수욕장　공원

뉴 욕
(NEW YORK)
600   1200m
WEEHAWKEN
Lincoln Towers (Apartments)
The Julliard School
UPPER WEST SIDE
Metropolitan Opera House
John Jay College of Criminal Justice
Fordham University Lincoln Center
CBS Broadcast Center
Time Warner Center
De Witt Clinton Park
MIDTOWN WEST
Intrepid Sea Air & Space Museum
Pier 84
Lincoln Tunnel
New Jersey Transit
THEATER DISTRICT
Novotel New York Times Square
Hotel Travel Inn
N.Y. Marriott Marquis
Row NYC
GARMENT DISTRICT
Jacob K Javits Convention Center
Hudson Yards
Port Authority Bus Terminal
Pennsylvania
U.S. Post Office
Madison Square Garden
Penn. Station (Amtrack)
Chelsea Park
Manhattan Mall
Pennsylvania
Fashion Institute of Technology
CHELSEA
WEST VILLAGE
MEATPACKING DISTRICT
Flatiron Bldg.
Theodore Roosevelt Birthplace
MURRAY HILL
Madison Sq. Park
Gramercy Park
Village Vanguard
GREENWICH VILLAGE
First Presbyterian Church
Christopher St. Sheridan Sq.
GRAMERCY PARK
Union Sq. Park St. George's Episcopal Church
Stuyvesant Sq.
Washington Square
W.4 St.
New York University
Grace Church
St. Mark's Church
The Great Hall at Cooper Union
Walker Park
Houston St.
NOHO Star
Bleecker St.
Broadway-Lafayette
SOHO
Spring St.
Prince St.
EAST VILLAGE
Tompkins Sq. Park
Riis Houses
East River Park
Lillian Wald Houses
Canal St.
TRIBECA
Borough of Manhattan Community College
LITTLE ITALY
Delancey St.
Sara D Roosevelt Park
LOWER EAST SIDE
Washington Market Park
Jacob K. Javits Federal Building
CHINA TOWN
Columbus Park
Confucius Plaza
William H. Seward Park
East Broadway
Chambers St.
Golden UniCorn
New York County Supreme Court
Municipal Bldg.
Corlears Hook Park
200 Vesey Street (Three World Financial Center)
One World Trade Center
World Trade Center
City Hall
City Museum
Rutgers Park
North Pool
911 Memorial Pool
South Pool
Fulton St.
Cortlandt St.
FINANCIAL DISTRICT
BATTERY PARK CITY
Trinity Church
28 Liberty Street (One Chase Manhattan Plaza)
Broadway St.
Wall St.
South Cove Park
Rector St.
Wall Street
South Street Seaport
The Ritz-Carlton New York, Battery Park
Castle Clinton
Citi Bank
The River Cafe
Bowling Green
Daniel Hale Willam E | ementary School P.S. 307
Whitehall Street South Ferry
Battery Park
New York Plaza
BROOKLYN
72 St.
The Lake
Loeb Boat House
The Mark
Carlyle
UPPER WEST SIDE
YORKVILLE
Carl Schurz Park
Bethesda Fountain
Lenox Hill Hospital
Naumburg Bandshell
The Met Breuer
New York City Ballet
Central Park
The Frick Collection
Trump International Hotel & Tower
Central Park Zoo
Plaza Athenee
Lowell
Weil Cornell Medical College
Carnegie Hall
Lexington Av/63 St.
Rockefeller Univ.
New York Hilton Midtown
Trump Tower
Bloomingdale's
Roosevelt Island
The Museum of Modern Art (MOMA)
Rockefeller Center
Rosa Mexicano
St. Patric's Cathedral
Queens Bridge Park
Rockefeller Plaza (Top of the Rock)
Lotte New York Palace
Queensboro Bridge
Hyatt Centric Times Square New York
Waldorf Astoria
Cornell Tech (Campus)
Port Authority Bus Terminal
Algonquin
MIDTOWN
Smith&Wollensky
Lexington
New York Times
Bryant Park
YMCA
Trump World Tower
New York Public Library
Grand Central
Grand Hyatt N.Y.
Chrysler Bldg
LONG ISLAND CITY
Kitano N.Y.
Hilton
The United Nations Headquarters
The Morgan Library & Museum
Robert Moses Park
Vernon Blvd Jackson Av
Empire State Bldg.
Hunters Point Av
Hunterspoint Avenue
St Vartans Park
Long Island Railroad
Long Island City
Kips Bay Towers (Apartments)
New York University Medical Center
NYU Langone Medical Center (Tisch Hospital)
Hunters Pt.
Long Island City
KIPS BAY
Gramercy Park
VA New York Harbor Healthcare System
Petercooper Village
Stuyvesant Town
East River
Nassau Av
Bedford Ave
Junior High School 50 John D Wells
Marcy Ave.
Metropolitan Av
Williamsburg Bridge
Hewes St.
WILLIAMSBURG
Hudson River
East River
East River DR
FRANKLIN D ROOSEVELT DR
Queens Midtown Tunnel
Brooklyn Bridge
Manhattan Bridge
West Channel
East Channel
Roosevelt Island

공공건물 　관광건물 　ⓗ 호텔 　ⓡ 식당 　ⓓ 백화점 　ⓢ 상점 　• 지시점 　골프장 　해수욕장 　공원

UNIVERSL CITY
SANTA MONACA MOUNTAINS
WESTWOOD
MALIBU
CULVER CITY
INGLEWOOD
EL SEGUNDO
HAWTHORNE
GARDENA
PALOS VERDES ESTATES
ROLLING HILLS
RANCHO PALOS VERDES
TORRANCE
CARSON
COMPTON
WILMINGTON
SIGNAL HILL
MONROVIA
BRADBURY
GLENDORA
PASADENA
ARCADIA
ALHAMBRA
BALDWIN PARK
WEST COVINA
COVINA
EL MONTE
SOUTH EL MONTE
WALNUT
MONTEREY PARK
MONTEBELLO
WHITTIER
VERNON
MAYWOOD
SOUTH GATE
BELL GARDENS
PICO RIVERA
DOWNEY
LYNWOOD
SANTA FE SPRINGS
BELLFLOWER
NORWALK
LAKEWOOD
FULLERTON
BUENA PARK
LOS ANGELES
LOS ALAMITOS
GARDEN GROVE
ANAHEIM
ORANGE
SEAL BEACH
WESTMINSTER
SANTA ANA
ORANGE COUNTY
PACIFIC OCEAN
Santa Monica Bay
San Pedro Bay
Los Angeles Harbor
로스앤젤레스
(LOS ANGELES)
유니버셜 스튜디오
Universal Studios
Hilton Universal City
Griffith Park
Griffith Observatory
L.A. Zoo
Rose Bowl
Old Pasadena
Pasadena City College
Occidental College
The Huntington Library
California Institute of Technology
Dolby Theatre (Kodak Theatre)
Hollywood Bowl
할리우드
Hollywood
베버리힐스
Beverly Hills
Formosa Cafe
Hollywood Forever Cemetery
Wilshire Country Club
Page Museum
Petersen Automotive Museum
UCLA
The Getty Center
Bel-Air Country Club
Saddle Ranch Chop House
Rodeo Drive
L.A. County Museum of Art
산타모니카
Santa Monica
Santa Monica Place
Santa Monica Pier
Santa Monica College
Santa Monica Muni. Airport
Venice Beach
Venice Canals
마리나델레이
Marina Del Rey
Rancho Park
Westside Parilion
Univ. of Southern California
Exposition Park
West L.A. College
Kenneth Hahn State Recreation Area
Staples Center
Rosedale Cemetery
Dodger Stadium
Elysian Park
Olvera Street Union Station
Chinatown
USC + LAC Medical Center
Evergreen Cemetery
Southwest Museum of the American Indian
Ernest E. Debs Regional Park
Lincoln Park
California State Univ. L.A.
Cal State Station
San Bernardino Fwy
Montebello Golf Course
Hilton Garden Inn
Citadel / Outlets
Whittier Narrows Recreation Area
Rio Hondo College
Friendly Hills Country Club
Schabarum Regional Park
Island Plaza
San Antonio College
California State Polytechnic University (Cal Poly Pomona)
Azusa Pacific University
APU / Citrus College
Azusa Downtown
Santa Fe Dam Recreation Area
로스앤젤레스 국제공항
L.A. International Airport (LAX)
Dockweiler Beach
Sheraton Gateway
Manchester Ave.
Inglewood Park Cemetery
The Forum (Entertainment Venue)
Hawthorne Municipal Airport
El Camino College
Alondra Park Golf Course
Manhattan Beach
Hermosa Beach
Waller Football Stadium
Redondo Beach
Double Tree Hilton
Torrance Marriott
Harbor U.C.L.A. Medical Center
Best Western Inn
Domiguez Park
West High School
Zamperini Field
South Coast Botanic Garden
Los Angeles Harbor College
Point Vicente
Trump National Golf Club
Korean Friendship Bell
Cabrillo Beach Park
Pt. Fermin
Compton College
Compton Woodley Airport
California State Univ. Dominguez Hills
Walmart
Long Beach Blvd Station
Lakewood Blvd Station
Alondra Square Shopping Center
Fullerton College
Fullerton Mun. Airport
노츠베리팜
Knott's Berry Farm
Cypress College
Lincoln Ave.
Heartwell Park
Long Beach Mun. Airport
El Dorado Park
California State Univ. at Long Beach
Recreation Park
Signal Hill
롱비치
Long Beach
Queen Mary
Mothers Beach
Bixby Park
Hilton Long Beach
HiltonHilton
Peck Park
디즈니랜드
Disneyland
Anaheim Convention Center
Hilton Anaheim
Angel Stadium of Anaheim
The Outlets at Orange
MainPlace Mall
Golden West College
Sunset Marina
Meadowlark Country Club
Mile Square Regional Park
Sunset Beach
Bolsa Chica Ecological Reserve
Huntingtoh Central Park
South Coast Plaza
San Diego Fwy.
John Wayne AirpoRt
South Gate Rec. Park
Los Amigos Golf Course
Firestone Blvd.
Del Amo

샌프란시스코
(SAN FRANCISCO)
금문교
Golden Gate Bridge
San Francisco Bay
피셔맨스와프
Fisherman's Wharf
San Francisco Maritime National Historical Park
S.F.Yacht Club
Marina Green
Crissy Field
Pier 41
피어 39
Scoma's
San Francisco Maritime National Historical Park
Lou's Fish Shack
The Cannery
Ghiradelli Sq.
S.F. Art Institute
MARINA
Fort Mason Green
Galileo Academy of Science & TechnoLogy
알라스 오브 파인아츠
Palace of Fine Arts Exploratrium
George R Moscone Recreation Center
Marina Middle School
Joe DiMaggio North Beach Playground
Colt Tower
Levi's Plaza
Lombard St.
콜리트 타워
Washington Sq.
St Peter & paul Church
Columbus Avenue
San Francisco Bay
S.F National Military Cemetary
Bright Horizons at Letterman Digital Arts Child Care Center
Lombard Gate
RUSSIAN HILL
NORTH BEACH
One Maritime Plaza
Powell-Hyde
Helen Wills Playground
Portsmouth Sq Plaza
차이나타운
China Town
Transamerica Pyramid
Ferry Building
PRESIDIO
Castle mng
Cable Car Museum
Powell-Mason
Washington St.
Hyatt Regency S.F.
Presidio Park
PACIFIC HEIGHTS
San Francisco Public Montessori
Fairmont Hotel
Grace Cathedral
Ritz Calton
St.Mary's Sq.
Embarcadero
San Francisco Oakland Bay Bridge
Presidio Gate
Lafayette Park
Julius Kahn Playground
Alta Plaza Park
Sutter Health CPMC (Pacific Campus)
California Cable Car
Holyday Inn
Scarlet Huntington
Taj Campton Place
Galleria Park
그레이하운드
Greyhound (Bus Station)
The Presidio Landmark
Congregation Emanu-El San Francisco
Arguello Gate
St Francis Grand Hyatt S.F
Jw Marriott
Memorial Hosp
유니온 광장
Union Square
The Park Central S.F.
Presidio Golf Course
Sutter Health CPMC (California Campus)
Pine St.
Montgomery St.
근대미술관
S.F. Museum of Modern Art (SFMOMA)
Mountain Lake Park
UCSF Medical Center (Mount Zion)
Japan Town
Kabuki
First Unitarian Church
Nikko
Hilton S.F.
Four Seasons
WESTERN ADDITION
Hamilton Rec. Center
Cathedral Of Saint Mary Of The Assumption
Great American Music Hall
Powell St
Westfield S.F. Centre
Golden Gate Theatre
SOUTH OF MARKET (SOMA)
California St.
Roosevelt Middle School
Gateway High School
Geary Blvd.
Kaiser Permanente Medical Center
Jefferson Sq.
시빅 센터
State Civic Center Bldg
Asian Art Museum
South Park
RICHMOND
Raoul Wallenberg High School
Herbst Theatre
Civic Center
Orpheum Theatre
Civic Center/UN Plaza
JAMES LICK FREEWAY
San Francisco Caltrain Station (Caltrain Depot)
Balboa St.
Univ of San Francisco
War Memorial Opera House
UN Plaza
Bill Graham Civic Auditorium
AT&T PARK
Argonne Elementary School
Univ. of San Francisco
Alamo Square
San Francisco Symphony
Hall of Justice
Fulton St.
St. Mary's Medical Center
Ida B Wells High School
Van Ness Ave.
Rose Garden
Conservatory of Flowers
Panhandle
U.S.Mint
Gift Center
Concourse
Boat House
Music Concourse
de Young Museum
Tennis Courts
골든게이트 공원
Golden Gate Park
캘리포니아 과학박물관
California Academy of Sciences
Koret Children's Charter Playground
Duboce Park
Duboce & Church
Duboce & Noe
Safeway
CENTRAL SKYWAY
San Francisco Design Center
UCSF Medical Center (Mission Bay)
San Francisci Botanical Garden (Strybing Arboretum)
Kezar Stadium
Lincoln Way
Sutter Health CPMC (Davies Campus)
Church
Corona Heights Park
Sanchez Elementary School
Mission Dolores Cemetery
Franklin Sq.
Jackson Playground
UCSF Benioff Children's Hospital
N Line
Carl & Cole
Market Street
16th Street Mission
South Van Ness Ave.
Bay Area Rapid Transit
UCSF Medical Center (Parnassus)
Mt.Olympus
Castro
Mission High School
Judah & 19th
Judah & 9th
Grattan Playground
Castro Theater
Church & 18th
Mission Dolores Park
MISSON
Mckinley Sq.
Tank Hill Park
L MT Line
Church & 24th
J Line
Zuckerberg San Francisco General Hospital (ZSFG)
22nd St.
SUNSET
Mt.Sutro
276m
트윈피크스
Twin Peaks
277m
24th Street Mission
Potrero Del Sol Park
Caltrain
미드타운 테라스 플레이그라운드
Midtown Terrace Playground
James Lick Jr. Middle School
Garfield Sq.
Rolph Playground
Forest Hill
Laguna Honda Hospital
더글라스 플레이그라운드
Douglass Playground
Portola Drive
Sutter Health CPMC (St. Luke's Campus)
Precita Park

샌프란시스코 주변
(SANFRANCISCO AND ENVIRONS)
1:11,250,000
0   15   30km
Rio Vista
Vallejo
Brannan I. State Rec
Franks Trac State Area
Antioch
CALIFORNIA
San Pablo Bay
Suisun Bay
Benicia
Sam Rafael
뮤어우즈국립천연기념물
Muir Woods Nat'l Mon
리치먼드
Richmond
Concord
Contra Loma Regional Park
Brentwood
Mill Valley
Tiburon
버클리
Berkeley
Wildcat Canyon Regional Park
Tilden Park
Pleasant Hill
Walnut Creek
Angel I.
Alcatraz
Univ. of California
금문교
Golden Gate Bridge
샌프란시스코
San Francisco
오클랜드
Oakland
Redwood Regional Park
Mt. Diablo State Park
알라메다
Alameda
Oakland Zoo
Daly City
Pacifica
South San Francisco
San Leandro
Dublin
Livermore
San Francisco International Airport
Hayward
Pleasanton
Millbrae
San Mateo
Union City
프리몬트
Fremont
Sunol
San Carlos
PACIFIC OCEAN
Half Moon Bay
Stanford University
Palo Alto
Mountain View
Milpitas
Alum Look
Lick Observatory
Santa Cruz Ms.
Sunnyvale
Santa Clara
San Joze
1284
Mt. Hamilton
실리콘밸리
Silicon Valley
Butano State Park
Saratoga
Los Gatos

그랜드 캐니언
(GRAND CANYON)
0   4   8km
Point Imperial
Powell Plateau
Vista Encantada
Roosevelt Point
마블 캐니언
Marble Canyon
North Rim Visitor Center
Grand Canyon Lodge
NORTH RIM
아토코 포인트
Atoko Point
Point Sublime
브라이트 엔젤 포인트
Bright Angel Point
Shiva Temple
Walhalla Plateau
Walhalla Overlook
앤젤스윈도우
Angels Window
케이프 로열
Cape Royal
그랜드캐니언 국립공원
Grand Canyon National Park
North Kaibab Trail
피마 포인트
Pima Point
Hermits Rest
Hopi Point
아바파이포인트
Yavapai Point
The Abyss
El Tovar
Mather Point
야키 포인트
Yaki Point
Colorado River
Desert View Watchtower
리판 포인트
Lipan Point
Navajo Point
Grand Canyon Railway
SOUTH RIM
그랜드뷰 포인트
Grandview Point
모란 포인트
Moran Point
Tusayan Ruin (Tusayan Museum)
Tusayan
Grand Canyon Camper Village
Desert View Dr.
EAST RIM
Grand Canyon Squire Inn
Grand Canyon National Park Airport

공공건물   관광건물   호텔   식당   백화점   상점   지시점   골프장   해수욕장   공원

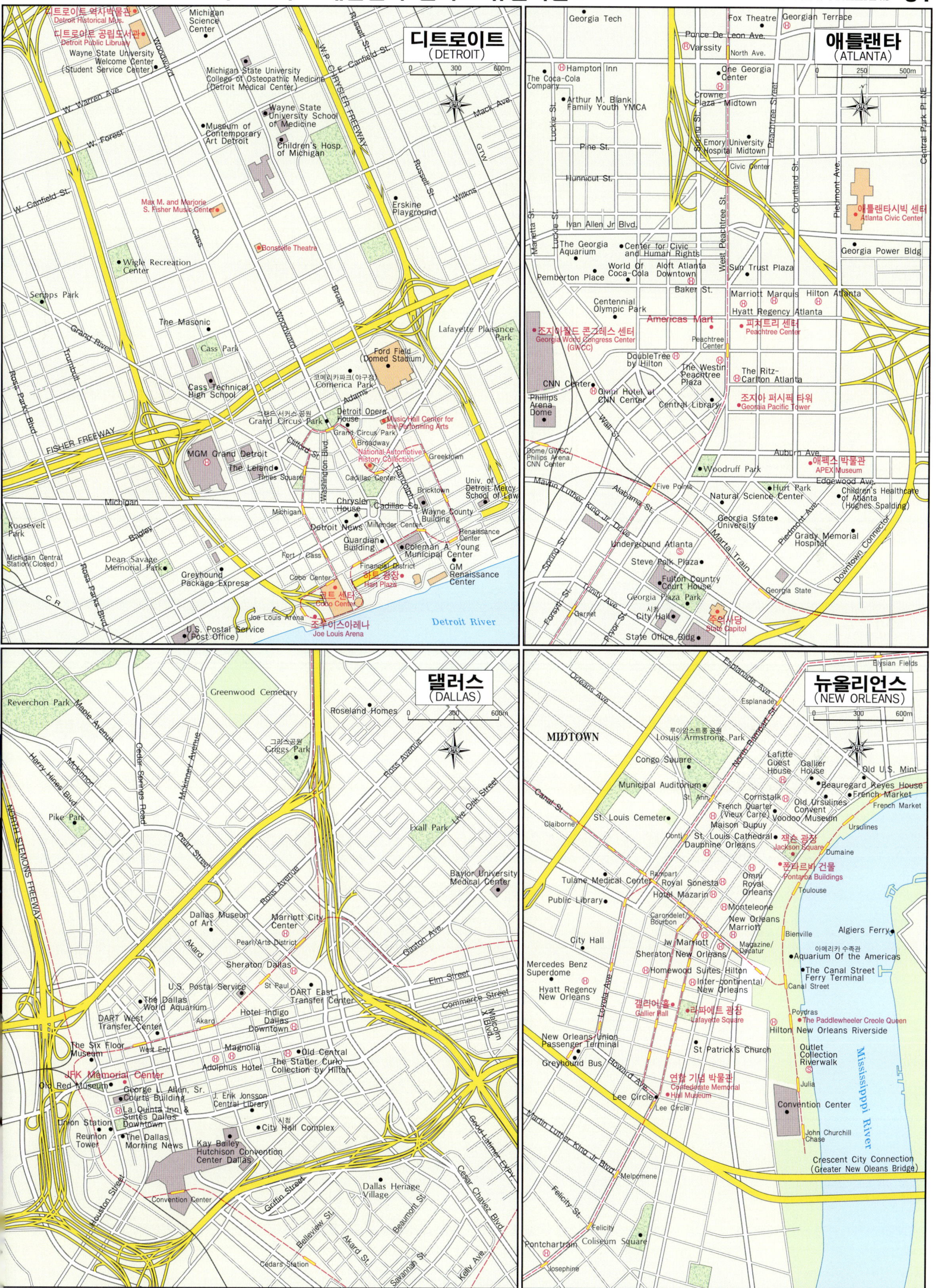
디트로이트
(DETROIT)
애틀랜타
(ATLANTA)
댈러스
(DALLAS)
뉴올리언스
(NEW ORLEANS)

하와이 제도
(HAWAII IS.)
PACIFIC OCEAN
Hawaii Islands
KAUAI COUNTY
Napali Coast
나팔리코스트
Kawaikini
Kekaha
Haena
Kilauea
Kapaa
Fern Grotto
Lihue
Puuwai
Paniau
니하우 섬
Niihau I.
Hanapepe
Poipu
Kauai I.
카우아이 섬
Kawaihoa Pt.
HONOLULU COUNTY
Kaena Pt.
Kahuku
Waialua
Waimea
Hale'iwa
Laie
Hauula
Wahiawa
Mokapu Pt.
Waianae
Pearl
City
Kaneohe
Nanakuli
오아후섬
Oahu I.
Barbers Pt.
Honolulu
Makapuu Pt.
Mamala Bay
Waikiki Beach
와이키키 해변
몰로카이섬
Molokai I.
팔라아우 주립공원
Palaau State Park
Kaluakoi
Villas
Maunaloa
Kaunakakai
Kamalo
Kalaupapa
Halawa
Nakalele Pt.
Kapalua
MAUI COUNTY
마우이 섬
Maui I.
Opana Pt.
Pala
코엘레산장
라나이섬
Lanai I.
Keomuku
Lanai City
Kaumalapau
카훌루이
Kahului
Lahaina
Kihei
Wailea
Kula
Wailua
할레아칼라 국립공원
Haleakala National Park
Red Hill
Hana
Kahoolawe I.
Lua Makika
C. Hanamanioa
Kaka Pt.

오아후섬
(OAHU I.)
Kuilima Pt.
Kahuku Pt.
Kawela Bay
Turtle Bay Resort
선셋 해변
Sunset Beach
Waialee
Kawela
Makahoa Pt.
카와일로아 해변
Kawailoa Beach
Waialua
Waialua Bay
와이메아 폭포
Waimea Falls
Laie
폴리네시아 문화센터
Polynesian Cultural Center
Kaena Pt.
Kaluanui Beach
Hauula
Punaluu
Kamooloa
Kaaawa
Yokohama Bay
Waianae Range
Poamoho
Puu Kaumakua
Kaneana Cave
Kaala
Schofield Barracks
Kualoa Pt.
Kepuhi Pt.
Makaha Beach
Kunia
Waipio Acres
Mililani Town
Waikane
Kahaluu
Makaha
Waikele Center
Kailua
Mokapu Pt.
Waianae
Maili
Palikea Peak
Pearl City
Aiea
Lanikai
Kailua Beach Park
마일리 비취공원
Maili Beach Park
Nanakuli
Makakilo City
Battleship Missouri Mem.
Waimanalo Bay
Kalanianaole Beach
Ewa
Ewa Beach
Tantalus
Bishop Museum
Sea Life Park
Paradise Cove
Nuuanu Pali
Honolulu International Airport
호놀룰루
Honolulu
Koko Head
Barbers Pt.
Mamala Bay
와이키키 해변
Waikiki Beach
Maunalua Bay
Diamond Head
Koko Head Natural Park

하와이 섬
(HAWAII I.)
Upolu Pt.
Hawi
Mapaau
Waipio Valley
Kawaihae
Waimea
Honokaa
Laupahoehoe
Puako
Mauna Kea Beach
Akaka Falls State Park
Honomu
Kona International Airport
Mauna Kea
Papaikou
무지개 폭포
Rainbow Falls
Hilo
Leleiwi Pt.
Kailua Kona
Keauhou
Keaau
Captain Cook
하와이화산국립공원
Hawaii Volcanic National Park
Lava Tree Sate Park
Volcano
Pahoa
Mauna Loa
Kalapana
킬라우에아 화산
Kilauea Crater
Papa
푸날루우 모래 해변공원
Punaluu Black Sand Beach Park
Miloli
Waiohinu
Naalehu
Kauna Pt.
Kalae

HAWAII COUNTY
Upolu Pt.
Kapaau
Hawi
와이피오 계곡
Waipio Valley
Honokaa
Kawaihae
Kukaiau
Waimea
Honomu
Papaikou
Kiholo
Puuanahulu
Mauna Kea
Hilo Bay
Keahole Pt.
Kalaoa
Hualalai
Hilo
Kailua Kona
하와이 섬
Hawaii
하와이화산국립공원
Hawaii Volcanous National Park
Captain Cook
Mauna Loa
Kumukahi
Pahoa
킬라우에아 화산
Kilauea Crater
Pahala
Papa
Punaluu
Milolii
Waiohinu
Naalehu
Kauna Pt.
Kalae
Kalapana
Apua Pt.

호놀룰루
(HONOLULU)
Aala Park
Chinatown Cultural Plaza
국립태평양기념묘지
National Memorial Cemetery of the Pacific (punchbowl cemetery)
Hawaii Theatre Center
YMCA
Cathedral Of Our Lady Of Peace
The Cathedral of St. Andrew
Robert Louis Stevenson Middle School
T. Roosevelt High School
Makiki Cemetery
Aloha Tower Market Place
알로하 타워
Aloha Tower
Washington Place
The Queen's Medical Center
이올라니 궁전
Iolani Palace
State Capitol
Hawaiian Mission Academy
카메하메하 대왕상
King Kamehameha's Statue
Honolulu Harbor
City Hall
Kawaiahao Church
Mission Houses
호놀룰루 미술관
The Honolulu Museum of Art
Punahou School
SAND ISLAND
Waterfront Plaza
King St.
Cartwright field
Shriners Hospitals for Children
U.S. Immigration & Customs Enforcement
Mother Waldron Playground
Neal S. Blaisdell Center
President William McKinley High School
Sheridan Community Park
하와이 주립대학
University of Hawaii
ST. LOUIS HEIGHTS
Beretania St.
Washington Middle School
Moiliili Field
Kakaako Waterfront Park
Consolidated Theatres
Ward Warehouse
King William C. Lunalilo Elementary School
Honolulu Stadium State Park
MOILIILI
LUNALILO FWY.
Kewalo Basin
Radio Tower
Kewalo Harbor
알라모아나 센터
Ala Moana Center
Ala Moana
24 Hour Fitness
하와이 컨벤션센터
Hawaii Convention Center
Kuhio Elementary School
Chaminade University
KAIMUKI
Ala Moana Beach
Ala Moana Regional Park
Eaton Square Shopping Plaza
Kapiolani Blvd.
Kaimuki High School
Sacred Hearts Accademy
Double Tree
Ala Wai Field & Park
Iolani School
St. Patrick School
Hawaii Prince Waikiki
Hilton
Ala Wai Elementary School
Wyndham Vacation Resorts Royal Garden
Ilikai
Hilton Hawaiian
알라와이 골프장
Ala Wai Golf Course
Liholiho Elementary School
Mamala Bay
U.S. Army Museum
Holiday Inn Resort Waikiki Beachcomber
Waikiki Sand Villa
KAPAHULU
Kapaolono Field
Waialae School
Sheraton Waikiki
Royal Hawaiian
Hyatt Regency Waikiki
Waikiki Kapahulu Public Library
Kapiolani Community College
Moana Surfrider A Westin Resort & Spa
WAIKIKI
와이키키 해변
Waikiki Beach
Kuhio Beach
Aston Waikiki Beach
Queen Kapiolani Hotel
호놀룰루 동물원
Honolulu Zoo
Jefferson Elementary School
Kaimuki Middle School
PACIFIC OCEAN
Queen's Surf Beach Park
Kapiolani Park
Waikiki Shell
Diamond Head Rd.
Diamond Head Memorial Park (Cemetery)
와이키키 수족관
Waikiki Aquarium
카피올라니 공원
Kapiolani Park
War Memorial Natatorium
U.S. Military Reservation
The Lotus
Diamond Head State Monument
Fort Ruger Park
Kahala Ave.

수도
주·성소재도시
지시점
국립공원
세계유산
주요관광도시
주요명산
주요호수

샌디에이고
(SAN DIEGO)
샌디에고 미술관
San Diego Museum of Art
Museum of Man
자연사 박물관
Natural History Museum
팀켄 미술관
Timken Art Gallary
Timken Museum of Art
발보아 공원
Balboa Park
Double Tree Hilton
County Center/Little Italy
DOWNTOWN
Balboa Stadium
Balboa Park Golf Course
Santa Fe Depot
America Plaza
Civic Center
Fifth Avenue
San Diego City College
Broadway Pier
Broadway
Westfield Horton Plaza
City College
USS Midway Museum
Seaport Village
Orange Line
Blue Line
Park & Market
Market St.
Manchester Grand Hyatt San Diego
Convention Center
GASLAMP QUATER
(Historic Heart of San Diego)
Green Line
Marriott Marquis San Diego Marina
Convention Center
Gaslamp Quarter
Petco Park
12th & Imperial
Commercial St.
25th / Commercial
Orange Line
Embarcadero Marina Park (North)
Harbor Dr.
National Ave.
Ocean View Blvd
Embarcadero Marina Park (South)
Hilton San Diego Bayfront
Coronado Ferry Landing
Barrio Legan
Blue Line
Sharp Coronado Hospital
Coronado Island Marriott Resort & Spa
Tidelands Park
Harborside
코로나도섬
Coronado Island
San Diego Coronado Bridge

라스베이거스
(LAS VEGAS)
West Sahara Ave.
East Sahara Ave.
스트라트스페어
Stratosphere
Palace Staion
SLS Las Vegas
SLS
Hilton Grand Vacations
Hilton Grand Vacations on Paradise
Industrial Rd.
Union Pacific Railroad (Amtrak)
Circus Circus Las Vegas
SpringHill Suites Marriott
Riviera
Somerset Shopping Center
The Las Vegas Country Club
Westgate
Valley View Blvd
Trump International
Quardian Angel Cathedral
Las Vegas Marriott
Las Vegas Convention Center
Fashion Show Mall
Encore
Las Vegas Convention Center
Treasure Island
Wynn
Wynn Golf Club
Monorail
Embassy Suites Hilton
Mirage
Palazzo
Venetian
Harrah's Las Vegas
Harrah's & The LINQ
시저스팰리스
Caesars Palace
The Linq Hotel
Imperial Palace
Flamingo & Caesars Palace
The Flamingo Hilton
Bellagio
Bally's
Tuscany Suites
Paris Las Vegas
Bally's & Paris
Planet Hollywood
Elara Hilton Grand Vacations
Hard Rock
University of Nevadda Las Vegas
Las Vegas FWY
City Center
Marriott's Grand Chateau
Mandarin Oriental
Travelodge Las Vegas Center Strip
Alexis Park All Suite Resort
Montecarlo
The Signature at MGM Grand
MGM Grand
New York–New York
엠지엠 그랜드 호텔
MGM Grand Hotel & Theme Park
Paradise Rd.
Hampton Inn Tropicana
Hooters
Excalibur
Tropicana
Luxor
Mc Carran Int'l Airport

멕시코시티
(MEXICO CITY)
AMP GRANADA
AMPA POPO
San Joaquin
Colegio Militar
Plz. de Santa Maria la Ribera
ANAHUAC
국립교육학교
Escuela Nacional de Maestros
Normal
Buenavista
Plaza de las Tres Culturas
트레스 문명광장
POLANCO
Parque America
Av. Horacio
Residencia Polanco
YMCA
San Cosme
Walmart Buehavista
GUERRERO
Jardin de Santiago
Monumento a Cuitlahuac
Polanco
Plz. Uruguay
Prado
Guerrero
Monumento a Jose de San Martin
Av. Pate Masaryk
Fonda del Recuerdo
SAN RAPAEL
Garibaldi
La Lagunilla
JW Marriott
Los Almendros
ANZURES
CUAUTEMOC
Jardin del Arte
Museo Nacional De San Carlos
Plaza de San Fernando
Glorieta a Simon Bolivar
Krystal Grand Reforma
Plaza Garibaldi
Plz. Santa Catarina
Presidente Intercontinental
Bristol
Plz. Necaxa
Plaza de la Revolucion
Iglesia de Sta. Catarina
Centro Cultural del Bosque
Auditorio
Camino Real
Suites Ejecutivas Parioli
Corinto Hotel
Bellas Artes
Arena Coliseo
Plz. Estudiante
국립인류학 박물관
Museo Nacional de Antropologia
Exe Suites San Marino
Monumento a Colon
알라메다공원
Alameda Central
Iglesia de Santo Domingo
Tlaloc
Sheraton Maria Isabel Hotel
Fiesta Americana Reforma
Palacio de las Bellas Artes
Secretaria de Education Publica
Foro Cultural Chapultepec
El Angel de la Independencia
Torre Latinoamericana
라틴아메리카타워
Catedral Metropolitana
메트로폴리타나 대성당
Museo de Arte Moderno
Marquis Reforma
Zona Roza
JUAREZ
Mercado de San Juan
San Juan de Letran
Templo Mayor
템플로 마요르
Lago de Chapultepec
Galeria Plaza
Mision Express
Jardin Morelos
Biblioteca de Mexico
소칼로광장
Zocalo
Palacio Nacional
차풀테펙 공원
Bosque de Chapultepec
Four Seasons
Secretaria de Salud
Plaza Florencia
Zona Rosa
Royal Reforma
Colegio de San Ignacio de Loyola Vizcainas
Suprema Corte de Justicia
Castillo de Chapultepec
Sevilla
Balderas
Arcos de Belen
Salto del Agua
Museo de la Ciudad de Mexico
국립역사 박물관
Museo del Caracol
(Instituto Nacional de Antropologia e Historia)
Calle de Durango
Plz. Villa de Madrid
Arena Mexico
Dr. Rio De La Loza
Isabel la Catolica
Pino Suarez
AMPL GRAZA
El Palacio de Hierro
Plz. Rio de Janeiro
ROMA NORTE
Jardin Pushkin
Tribunal Superior de Justicia
Plz. Tlaxcoaque
Iglesia de San Pablo
Parque España
Av. Alvaro Obregon
Doctores
San Pablo
SANMIGUEL CHAPULTEPEC
Hotel Roosevelt
Plz. Popocatepetl
DOCTORES
TRANSITO
CONDESA
Gob. Ignacio Esteva
Parque Mexico
Parque Lira
Ninos Heroes
Hospital General
OBSERVA TORIO
Pabellon Cuauhtemoc
Jardin Artes Graficas
San Antonio Abad
BUENOS AIRES
Centro Medico
TACUBAYA
ROMA SUR
HPED/Centro Medico Nacional Siglo XXI
PAULINO NAVARPO

공공건물 관광건물 호텔 식당 백화점 상점 지시점 골프장 해수욕장 공원

UNITED STATES OF AMERICA
PACIFIC OCEAN
Gulf of Mexico
Bahia de Campeche
MEXICO
멕시코
Baja California Norte
Baja California Sur
Sonora
Sinaloa
Chihuahua
Coahuila
Durango
Zacatecas
Nuevo Leon
Tamaulipas
Nayarit
Jalisco
Colima
Michoacan
Guerrero
Oaxaca
Veracruz
Puebla
Hidalgo
Queretaro
Guanajuato
Aguascalientes
San Luis Potosi
Tabasco
Chiapas
Campeche
Yucatan
Quintana Roo
Tropic of Cancer
San Diego
Tijuana
Mexicali
Ensenada
Phoenix
Tucson
Arizona
New Mexico
Texas
El Paso
Ciudad Juarez
Dallas
딜러스
Houston
Fort Worth
San Antonio
샌안토니오
Austin
New Orleans
뉴올리언스
Louisiana
Mississippi
Alabama
Montgomery
Tennessee
Memphis
멤피스
Missouri
Arkansas
Oklahoma
Monterrey
Guadalajara
Acapulco
아카풀코
Mexico City
멕시코시티
Puebla
푸에블라
Oaxaca
오악사카
Veracruz
Guatemala
과테말라
GUATEMALA
EL SALVADOR
엘살바도르
San Salvador
산살바도르
HONDURAS
온두라스
테구시갈파
Tegucigalpa
BELIZE
벨리즈
Belmopan
벨모판
Managua
마나과
Golfo de Tehuantepec
Golfo de Honduras
Merida
메리다
Cancun
칸쿤
Cozumel
Chetumal
La Paz
Culiacan
Mazatlan
Durango
Saltillo
Matamoros
Brownsville
Corpus Christi
Laredo
Reynosa
Tampico
Ciudad Victoria
Chihuahua
Hermosillo
Guaymas
Nogales

★ 수도   ◼ ● ● ● 주·성소재도시   ● 지시점   ▮주요국립공원 세계유산   요코하마 주요관광도시   에베레스트산 주요명산   한얼호 주요호수

ATLANTIC OCEAN
Caribbean Sea
Tropic of Cancer
1:14,000,000
Lambert Azimuthal Equal Area Projection
0   200   400   600   800km

VIRGINIA
KENTUCKY
NORTH CAROLINA
SOUTH CAROLINA
GEORGIA
FLORIDA
Atlanta
Columbia
Savannah
Jacksonville
Orlando
Tampa
St. Petersburg
Fort Lauderdale
Miami
Key West
Naples
Hollywood
BAHAMAS
Nassau
CUBA
Havana
Matanzas
Santa Clara
Cienfuegos
Camaguey
Holguin
Santiago de Cuba
Guantanamo
Greater Antilles
Little Cayman
Grand Cayman (U.K.)
Cayman Is.
JAMAICA
Kingston
Montego Bay
HAITI
Port-au-Prince
DOMINICA REP
Santo Domingo
Puerto Plata
Santiago
PUERTO RICO (U.S.A.)
San Juan
Leeward Islands
ANTIGUA AND BARBUDA
ST.KITTS AND NEVIS
DOMINICA
Roseau
ST.LUCIA
Castries
BARBADOS
Bridgetown
ST.VINCENT AND THE GRENADINES
GRENADA
TRINIDAD AND TOBAGO
Port of Spain
Lesser Antilles Is.
Caracas
VENEZUELA
Maracaibo
Valencia
Barquisimeto
Ciudad Bolivar
Ciudad Guayana
GUYANA
COLOMBIA
Bogota
Medellin
Cali
Barranquilla
Cartagena
PANAMA
Panama City
Colon
COSTA RICA
San Jose
NICARAGUA
Managua
BRAZIL

아바나
마이애미
포트로더데일
올랜도
탬파
쿠바
킹스턴
자메이카
아이티
포르토프랭스
산토도밍고
도미니카공화국
산후안
바스테르
세인트존스
앤티가바부다
로조
도미니카
캐스트리스
세인트루시아
킹스턴
세인트빈센트그레나딘
그레나다
세인트조지스
트리니다드토바고
포트오브스페인
카라카스
베네수엘라
코로
바랑키야
카르타헤나
산호세
코스타리카
파나마시티
콜롬비아
보고타
브라질

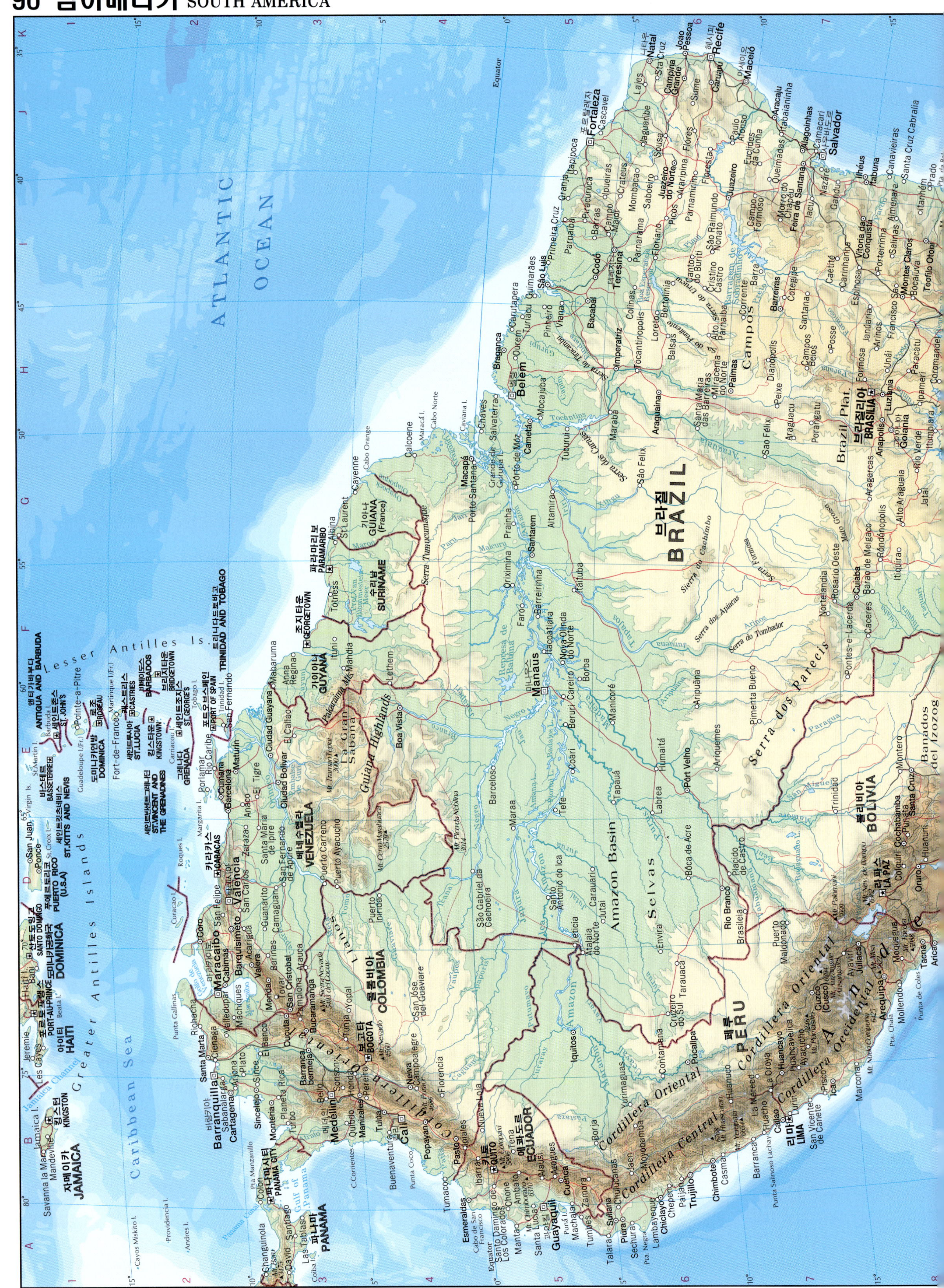

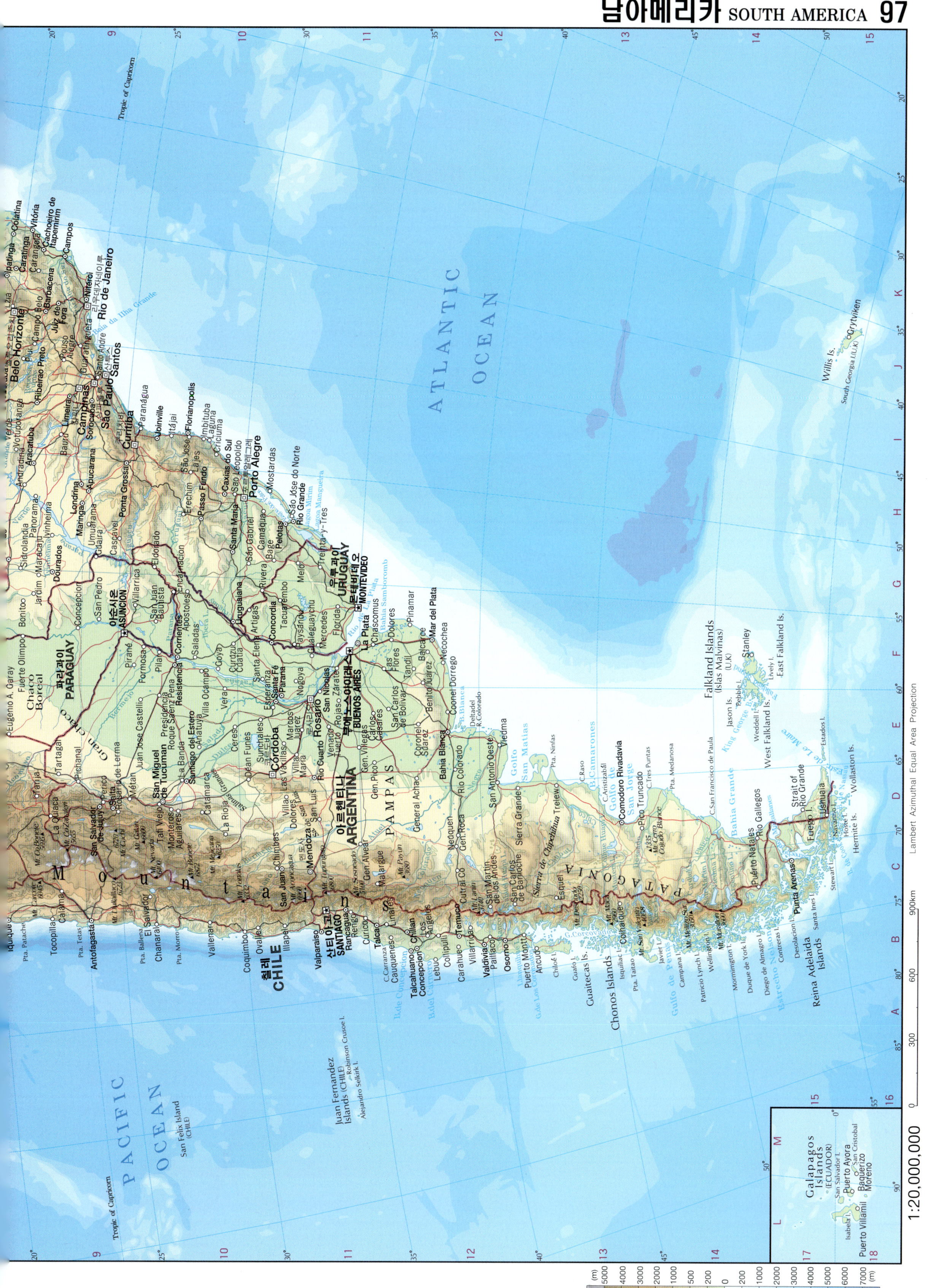
ATLANTIC OCEAN
PACIFIC OCEAN
BRAZIL
PARAGUAY 파라과이
ARGENTINA 아르헨티나
CHILE 칠레
URUGUAY 우루과이
BOLIVIA
Belo Horizonte
Rio de Janeiro
São Paulo
Curitiba
Porto Alegre
ASUNCION 아순시온
MONTEVIDEO 몬테비데오
BUENS AIRES 부에노스아이레스
SANTIAGO 산티아고
Córdoba
Mendoza
Rosario
Santa Fe
La Plata
Mar del Plata
Bahía Blanca
Falkland Islands
(Islas Malvinas)
(U.K.)
Stanley
East Falkland Is.
West Falkland Is.
Galapagos Islands
(ECUADOR)
Puerto Ayora
Baquerizo Moreno
Juan Fernandez Islands (CHILE)
San Felix Island (CHILE)
Tropic of Capricorn
PAMPAS
PATAGONIA
Mountains
Gran Chaco
Chaco Boreal
Comodoro Rivadavia
Puerto Montt
Concepción
Valparaíso
Antofagasta
Iquique
Calama
Tocopilla
Río Gallegos
Puerto Natales
Punta Arenas
Ushuaia
Strait of Magellan
South Georgia I. (U.K.)
Grytviken
Willis Is.
1:20,000,000
Lambert Azimuthal Equal Area Projection

Caribbean Sea
PACIFIC OCEAN
Galapagos Islands
COLOMBIA
콜롬비아
VENEZUELA
베네수엘라
ECUADOR
에콰도르
PERU
페루
BOLIVIA
볼리비아
CHILE
칠레
PANAMA
파나마시티
COSTA RICA
코스타리카
NICARAGUA
니카라과
HONDURAS
GRENADA
그레나다
RORAIMA
호라이마
AMAZONAS
아마조나스
ACRE
RONDONIA
Amazon Basin
Guiana Highlands
Selvas
Gulf of Panama
Managua
마나과
Bogota
보고타
Quito
키토
Lima
리마
La Paz
라파스
Sucre
수크레
Potosi
포토시
Caracas
카라카스
Coro
코로
Maracaibo
Valencia
Barquisimeto
Barranquilla
바랑키야
Cartagena
카르테헤나
Medellin
메데인
Cali
칼리
Guayaquil
과야킬
Cuenca
쿠엥카
Arequipa
아레키파
Cusco
쿠스코
Nazca
니스카
Equator
Tropic of Capricorn
ARGENTINA
JUJUY

TRINIDAD AND TOBAGO
조지타운
Georgetown
가이아나
GUYANA
수리남
SURINAME
기아나
GUIANA (France)
파라마리보
Paramaribo
ATLANTIC OCEAN
AMAPA
아마파
Macapá
PARA
파라
BRAZIL
브라질
MATO GROSSO
마투그로수
MARANHAO
마라냥
Belém
São Luís
PIAUI
피아우이
CEARA
세아라
Fortaleza
포르탈레자
RIO GRANDE DO NORTE
Natal
PARAIBA
파라이바
João Pessoa
Campina Grande
PERNAMBUCO
Recife
올린다
Olinda
ALAGOAS
알라고아스
Maceió
SERGIPE
세르지피
TOCANTINS
토칸칭스
BAHIA
바이아
Salvador
사우바도르
GOIAS
고이아스
Brasília
브라질리아
MINAS GERAIS
미나스제라이스
Belo Horizonte
벨루오리존치
ESPIRITO SANTO
에스피리투산투
Vitória
비토리아
RIO DE JANEIRO
리우데자네이루
Rio de Janeiro
São Paulo
상파울루
SÃO PAULO
PARANA
파라나
MATO GROSSO DO SUL
마투그로수두술
PARAGUAY
파라과이
1:15,000,000
Lambert Azimuthal Equal Area Projection

PACIFIC OCEAN
ATLANTIC OCEAN
BOLIVIA
볼리비아
PARAGUAY
파라과이
BRAZIL
브라질
CHILE
칠레
ARGENTINA
아르헨티나
URUGUAY
우루과이
MATO GROSSO DO SUL
SÃO PAULO
PARANA
SANTA CATARINA
RIO GRANDE DO SUL
FORMOSA
CHACO
CORRIENTES
MISIONES
ENTRE RIOS
SANTA FE
CORDOBA
코르도바
SAN LUIS
SAN JUAN
LA RIOJA
CATAMARCA
TUCUMAN
SALTA
JUJUY
SANTIAGO DEL ESTERO
MENDOZA
LA PAMPA
BUENOS AIRES
부에노스아이레스
NEUQUEN
RIO NEGRO
CHUBUT
SANTA CRUZ
PAMPAS
PATAGONIA
TIERRA DEL FUEGO
Tropic of Capricorn
Iquique
이키케
Antofagasta
안토파가스타
Tocopilla
Calama
Copiapo
Vallenar
La Serena
Coquimbo
Ovalle
Illapel
Valparaiso
발파라이소
Santiago
산티아고
Rancagua
Curico
Talca
Concepción
Temuco
Valdivia
발디비아
Osorno
Puerto Montt
Ancud
Castro
Coihaique
BOLIVIA
Sucre
Potosi
포토시
Camiri
Tarija
Tupiza
La Quiaca
Tartagal
Orán
San Salvador de Jujuy
Salta
Tucuman
San Miguel de Tucumán
Catamarca
La Rioja
San Juan
Mendoza
San Luis
Córdoba
Santa Fe
Rosario
로사리오
Parana
Santiago del Estero
Resistencia
Corrientes
코리엔테스
Formosa
포르모사
Asunción
아순시온
Concepcion
Pedro Juan Caballero
Campo Grande
Ponta Grossa
Curitiba
쿠리치바
Joinville
Florianopolis
Porto Alegre
포르투알레그리
Pelotas
Rio Grande
Montevideo
몬테비데오
Buenos Aires
La Plata
Mar del Plata
Bahía Blanca
Neuquén
Rio Colorado
Viedma
Comodoro Rivadavia
Rio Gallegos
리오 가예고스
Punta Arenas
Ushuaia
Falkland Islands
(Islas Malvinas)
(U.K.)
Stanley
São Paulo
Santos
BRAZIL
Campinas
Curitiba
1:15,000,000
Lambert Azimuthal Equal Area Projection
South Georgia I.(U.K.)
0 200 400 600 800km

수도 주·성소재지도시 지시점 세계유산 주요관광도시 주요명산 주요호수

상파울루
(SÃO PAULO)
STA. EFIGENIA
Pinacoteca
Estacaoda
Teatro Natal
Ig. Sta. Ifigehia
Cararealo
Dahér Center
Mostero São Bento
Basílica de São Bento
Largo Arouche
페리브카공원
Praça da República
Excelsior
Ig. Paissandu
São Bento
Praça Alfrédo Issa
Correio Central
Lg. do Paissandu
Varig Brazilian
Banco do Brazil
Sé
Comfort
Teatro Municipal
비아두토도차
Viaduto do Ché
Eldorado Boulevald
Biblioteca Municipal
Praça D. Jose Gaspar
Parque Anhangabau
Antanghau
Othon Palace
Praça Franklin Roosevelt
Novotel Jaragua
Praça da Bandeira
Brasilton Hilton
Largo S. Francisco
Ig. S. Francisco
Camara Municipal
Faculdade de Direito da Usp
Praça da Sé
Grana Hotel
Pergamon
Pca. Gal. Draveiro Lopes
가테드럴
Catedral Metropolitana
Praça Clóvis Bevilágua
Praça Dr. João Mendes
Rua São Domingos
TBC.
Largo 7 de Setembro
Teatro Abril
Defen Sorial Publica
LIBERDADE
Liberdade
PORTUARIA
GAMBA
SAUDE
Cais do Porto
Av. Rodrigues Alves
Av. Perimetral
Pca. Assunção
Tunel J. Ricard
Pca. Maua
Mo. Providência
Mo. da Cantagalo
칸델라리아 교회
Ig. Nossa Senhora da Candelaria
R. Senador Pompeu
Central
Pres. Vargas
Av. Presidente Vergas
Museu do Exército
CENTRO
Museu da Moeda
Uruguaiana
Ilha Fiscal
Baia De Guanabara
Esta. das Barcas
산타나 공원
Campo de Santana
Museu Numismático e Filatérico
리우데자네이루
(RIO DE JANEIRO)
Pca. Onze
Samboromo
Sambodromo
Nova Catedral
Hosp. Beneficência Espanhola
CINELANDIA
CASTELO
Museu Historico Nacional
산투스두몬트 공항
Aeroporto Santos Dumont
Aqueduto da Carioca
Cinelandia
Estacao do Aeroporto Santos Dumont
CATUMBI
FATIMA
SantaTeresa
LAPA
Museu de Arte Moderna
근대미술관
Museu da Escola Naval
Museu Chacara do Céu
Monum. Aos Mortos da Ilguera
Ilha Villegaignon
Mo. S.Teresa
파리 공원
Pca. Paris
E. da Gloria
Aeromodelismo
S. TERESA
GLORIA
Gloria
Ig. Nossa Senhora da Gloria do Outeiro
Mo. Nova Cintra
CATETE
Novo Mundo
Catete
플라멩고 공원
Campode Flamengo
Museu da República
Parque Guinle
Lgo. do Machado
Lgo. do Machado
Baia De Guanabara
LARANJEIRAS
Lgo. do Boticáro
구아나바라 궁
Palácio Guanabara
FLAMENGO
Pra. do Flamengo
Venezuela
Teatro de Marionetes e Fantoches
Argentina
Pca. Cuauhtemoque
Flamengo
COSME VELHO
티주카 국립공원
Parque Nac.da Tijuca
Mo. Mundo Novo
Morro da Viuva
Trenzinhe
미란테도나마르타 전망대
Mirante Dona Marta
Esc. de Enfermeiras Ana Neri
Morro Dona Marta
SERRA DA CARUOCA
Monum. do Cristo Redentor
Museu Casa de Rui Barbosa
Portão da Fortaleza de Sao Joao
Mo. Cara de Cão
Esc. Superior de Guerra
코르코바도 언덕
Morro do Corcovado
Tunel Rebouscas
Palácio da Cidade
인도으 박물관
Museu do Indio
Botafogo
Pra. de Botafogo
Enseada de Botafogo
URCA
Pra. da Urea
Pra de Fora
J. BOTANICO
Lgo. dos Leoes
Real
BOTAFOGO
Museu dos Teatros
Tunel do Pasmado
Mirante do Pasmado
Late Clube do Rio de Janeiro
Morro da Urea
Paode Acucár
파옹데아슈카르
Pão de Acúcar
Parque Lage
Hosp. Casa de Saúde São Jose
브라질 대학
Univ. do Brasil
Pca. Gal. Alcio Souto
LAGOA
Cemiterio São Joao Batista
Rio Sul Shopping Centre
Esta.do Pao de Acucar
Pra. Vermelha
식물원
Jardim Botanico
Pca. Ricardo Palma
Pca. Jose Mariano Filhos
Ig. D. Margarida
Hosp. S. Zacarias
Ig. Sta. Terezinja Menino Josus
Morro da Babilônia
Mo. do Urúbu
Ilha Piraque
Morro da Saudade
Túnel Prof. Alaor Prata
Morro de São João
Tunel E.C.C.
Tunel E.M.P.
Condominio Real Residence
LEME
Museu Carpologico do Jardim Botanico
Pca. Vereador Rochaleao
Leme Othon Palace
Lagoa Rodrigo de Freitas
Joquei Clube (Hipodromo da Gâvea)
Morro dos Cabritos
Winsor Atlantica
Mo. do Leme
Ilha de Cotunduba
Pq. Brig. Faria Lima
Parque da Catacumba
COPACABANA
Copacabana Palace
Pra. Leme
Hosp. Miguel Couto
Estadio do Remo
Majestic Rio Palace
Arena Copa Cabana
Pca. N.S Auxiliadora
Clube de Regatas Flamengo
Clube dos Caicaras
California Othon
Plataforma
I. dos Caicaras
Viaduto Augusto Frederico Schmidt
코파카바나 해안
Praia de Copacabana
LEBLON
Rio Flat Service
Pca. Grécia
San-marco Ipanema
Morro de Cpntengalo
Mo. do Pavão
Rio Othon Palace
IPANEMA
Pca. N. S. Dapaz
Caesar Park Ipanema
Pca. General Osurio
Ipanema Copa Posto
ATLANTIC OCEAN
코파카바나 요새
Forte de Copacabana
Pra. do Leblon
이파네바해안
Praia de Ipanema
Fa. Sano
Sofitel
Pea. Garota de Ipanema
Pra. do Diabo
Pra. do Arpoador

공공건물　관광건물　호텔　식당　백화점　상점　지시점　골프장　해수욕장　공원

INDONESIA
인도네시아
Flores Sea
Kangean I.
Sigaraja Bali I.
Banyuwangi
Mataram Raba
Jawa(Java) I. Denpasar
Lombok I. Sumbawabesar
Sumbawa I.
Sumba I.
Lesser Sunda Sunda Is.
Waingapu
Endeh
Flores I.
Alor I.
Atambua
Kupang
Savu I.
Rote I.
Salayar I.
Wetar I.
Damar I.
Romang I.
Timor I.
딜리
Dili
Lospaloso
Tutuala
동티모르
TIMOR-LESTE
Tanimbar Is.
Aru Is.
Dolak I.
Digul R.
Merauke
INDIAN OCEAN
Cartier I.
Browse I.
Timor Sea
Arafura Sea
Torres Str.
Prince of Wales
Melville I. Dundas Str. Croker I.
Milikapiti
Bathurst
Clarence Str.
다윈
Darwin
Rum Jungle
Adelaide River
Maningrida
Arnhem
Land
Nhulunbuy
Gove
Pen.
Arnhem C.
Wessel Is.
Weipa
Aurukun
Gulf of
Carpentaria
Gunbalanya
Burrundie 카카두국립공원
Pine Creek
Ngukurr
Groote
Eylandt I.
Sir Edward Pellew
Group
Daly River
Katherine
Numbulwar
Mataranka
Londonderry C.
Kalumburu
Joseph
Bonaparte
Gulf
Legune
Brunswick B.
Wyndham Kununurra
Newry
Victoria River
Downs
Coolibah
Daly Waters
Bing Bongo
Borroloola
Mornington I.
Wellesley Is.
Delta Down
Karumba
Normanton
Croyd
Leveque C.
Collier B.
L. Argyle
King Leopold Mts.
Ord Mt. 936
Derby
Fitzroy R.
Fitzroy Crossing
Halls Creek
Gordon Downs
Kalkarindji
(Wave Hill)
Newcastle Waters
Anthony Lagoon
Burketown
Leichhardt R.
Lorraine
Riversleigh
Camooweal
Kajabbi
Cloncurry
Julia
Cree
Veeda River
Broome
Lagrane
Anna Plains
Wallal Downs
Billiluna
Powell Creek
L. Woods
Tanami
Tennant Creek
Alroy Downs
Mount Isa
Dajarra
Kuridala
Boulia
Great Sandy Desert
Slort Creek
NORTHERN TERRITORY
노던주
Barrow Creek
Lake Nash
Georgina R.
Pardoo
Roadhouse
Port Hedland
Shay Gap
De Grey R.
Marble Bar
Mackay L.
AUSTRALIA
오스트레일리아
Montebello Is.
Barrow I.
Dampier
Roebourne
Nullagine
Mac Donnell Mts.
Ziel 1510
James Mts.
앨리스스프링스
Alice Springs
North West C.
Exmouth
Onslow
Pannawonica
Boolaloo
Hamersley Mts.
Bruce Mt. 1235
Wittenoom
Roy Hill
Kooline
Tom Prince
Ashburton R.
Paraburdoo
Newman
Gibson Desert
Petermann Mts.
울루루(에어즈록)
Uluru(Ayers Rock)
Ayers Rock
울루루·카타추타국립공원
Uluru-Kata Tjuta Nat Park
Henbury
Horseshoe
Bend
Simpson
Desert
Birdsville
Bedourie
Diamantina R.
Cardabia
Tropic of Capricorn
Barlee Mts.
Teano Mts.
WESTERN AUSTRALIA
웨스턴오스트레일리아
Tomkinson Mts.
Aloysius Mt. 1085
Woodroffe 1440
Abmingao
Kulgera
Macleod L.
Augustus Mt. 1106
Geographe Channey
카나번
Carnarvon
사크 만
Shark B.
Minilya
Gascoyne R.
Karalundi
L. Carnegie
Great Victoria Desert
Oodnadatta
L. Eyre North
Cooper Cree
Dirk Hartog I.
Hamelin
Murchison R.
Meekatharra
Wiluna
Tamala
Kalbarri
Cue
Sandstone
Melrose
Laverton
Coober Pedy
Etadunna
Gantheaume Bay
Northampton
Mullewa
Yalgoo
Mt. Magnet
Leonora
SOUTH AUSTRALIA
사우스오스트레일리아
L. Eyre Sorth
Marree
Milparinka
L. Callabonna
Houtman
Geraldton
L. Barlee
Menzies
Maralinga
Tarcoola
Leigh Creek
L. Frome
Abrolhos I.
Dongara
Perenjor
L. Moore
Cook
Ooldea
Kingoonya
Woomera
Flinders Mts.
St. Mary peak 1189
Coorow
Moora
Kalannie
Coolgardie
Kalgoorlie
Coonana
Rawlinna
Forrest
Nullarbor Plain
Nullarbor
Penong
L. Torrens
L. Everard
L. Gairdner
Quorn
Broke
Green Head
Goomalling
Bullfinch
Boulder
Southern Cross
Eucla
Ceduna
Streaky Bayo
Gawler Ranges
Iron knob
Port Augusta
Mannahill
웨이브록
화이트맨공원
퍼스
Perth
Northam
Meredin
Corrigin
Norseman
Cocklebiddy
Fowler's B.
Wudinna
Whyalla
Elliston
Port Pirie
Peterborough
Burra
Fremantle
Pingelly
Narrogin
Ballandonia
Flinders I.
Lock
Cowell
Cummins
Wallaroo
Renmark
Wentw
Pinjarra
Collie
Wagin
Pingrup
Lake King
Salmon Gums
Pasley C.
Great Australian Bight
Spencer Gulf
Port Lincoln
캥거루섬
애들레이드
Adelaide
Gawler
Elizabeth
Loxton
Mildu
Bunbury
Katanning
Ravensthorpe
Esperance
Murray Bridge
Naturaliste C.
Busselton
Kojonup
Manjimup
Bluff Knoll 1110
Knob C.
Investigator Str.
Victor Harbor
Kangaroo I.
Encounter Bay
Pinnaroo
Augusta
Albany
포유류화석보존지구
나라쿠르테
Naracoorte
Bordertown
Nhill
Horsha
Millicent
Mount Gambier
Portland
Hamil
Fa
South Australian Basin
1:12,000,000
0 100 200 300 400 500km
Lambert Azimuthal Equal Area Projection

수도 주·성소재도시 지시점 세계유산 주요관광도시 주요명산 주요호수

골드코스트
(GOLD COAST)
PAPUA NEW GUINEA
파푸아뉴기니
포트모르즈비
Port Moresby
Solomon Sea
Coral Sea
Coral Sea Basin
Coral Sea
QUEENSLAND
퀸즐랜드
NEW SOUTH WALES
뉴사우스웨일스
TASMANIA
태즈메이니아
Tasman Sea
Tasman Basin
Bass Str.
1 : 8,000,000
0   100   200   300km
Lambert Azimuthal Equal Area Projection

시드니
(SYDNEY)
시드니 주변
(SYDNEY AND ENVIRONS)
1:250,000
브리즈번
(BRISBANE)
공공건물
관광건물
호텔
식당
백화점
상점
지시점
골프장
해수욕장
공원

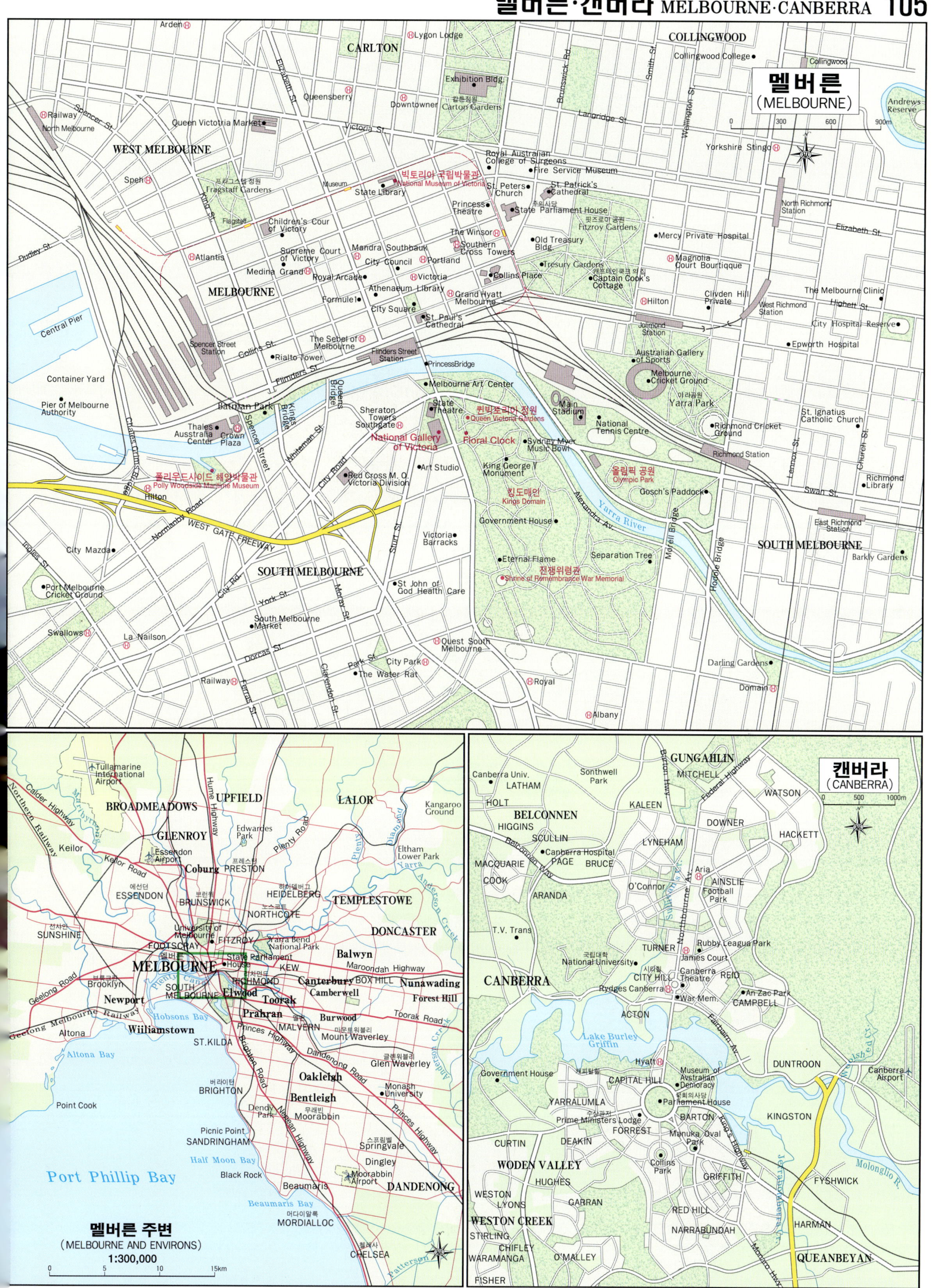
멜버른
(MELBOURNE)
멜버른 주변
(MELBOURNE AND ENVIRONS)
1:300,000
캔버라
(CANBERRA)
CARLTON
COLLINGWOOD
WEST MELBOURNE
MELBOURNE
SOUTH MELBOURNE
Port Phillip Bay
CANBERRA
BROADMEADOWS
GLENROY
BELCONNEN
WODEN VALLEY
WESTON CREEK
QUEANBEYAN
DANDENONG
Yarra River
Lake Burley Griffin

NEW ZEALAND
뉴질랜드
Tasman Sea
PACIFIC OCEAN
North Island
북 섬
South Island
남 섬
Southern Alps Mts.
NORTHLAND
AUCKLAND
BAY OF PLENTY
GISBORNE
TARANAKI
HAWKE'S BAY
MANAWATU-WANGANUI
WELLINGTON
NELSON
MARLBOROUGH
TASMAN
WEST COAST
CANTERBURY
OTAGO
SOUTHLAND
Reinga C.
North C.
Te Hapua
Te Kao
Ninety Mile Beach
Karikari C.
Doubtless Bay
Awanui
Mangonui
Kaitaia
Kaeo
Bay of Islands
Ahipara
Kohukohu
Kerikeri
Brett C.
Herekino
Kaikohe
Russell
Kawakawa
Taheke
Towai
Poor Knights Is.
Hokianga Harbour
Kaihu
NORTHLAND
Whangarei
Dargaville
Waipira
Te Kopuru
Paparoa
Whangarei Harbour
Ruawai
Little Barrier I.
Port Fitzroy
Wellsford
Leigh
Great Barrier I.
Kaipara Harbour
Warkworth
Colville
AUCKLAND
Silverdale
Coromandel
Takapuna
Whitianga
Auckland
Manukau
Coromandel Pen.
Papakura
Thames
Waiuku
Pukekohe
Whangamata
Manukau Harbour
Tuakau
Mercer
Waihi Beach
Port Waikato
Paeroa
Waihi
Huntly
Te Aroha
Ketikati
Taupiri
Morrinsville
Matakana I.
Hamilton
Tauranga
Runaway C.
Raglan
Cambridge
Te Puke
Hicks Bay
Te Awamutu
Kawerau
Te Kaha
Matata
Rangitukia
Otorohanga
Rotorua
Whakatape
Tikitiki
Te Kuiti
Opotiki
Awakino
Taumarunui
Murupara
Matawai
Tokomaru Bay
Ohura
Taupo
Gisborne
Okahukura
Turangi
Ruatahuna
Uruti
Owhango
Tuai
New Plymouth
Tongariro Mt.
Wairoa
Okato
Stratford
Ruapehu Mt.
Frasertown
Opunake
Eltham
Waiouru
Nuhaka
Manaia
Raetihi
Taihape
Bay View
Napier
Hawera
Hastings
Patea
Waipawa
Waitotara
Wanganui
Waipukurau
Kai-Iwi
Marton
Takapau
Dannevirke
Feilding
Woodville
Porangahau
Foxton
Palmerston North
Turnagain C.
Levin
Pongaroa
Otaki
Eketahuna
Paraparaumu
Masterton
Porirua
Upper Hutt
Lower Hutt
WELLINGTON
Wellington
Palliser C.
Farewell C.
Collingwood
Golden Bay
Takaka
Tasman Bay
D'Urville I.
Karamea
Motueka
NELSON
Karamea Bight
Richmond
Nelson
Picton
Seddonville
Tapawera
Havelock
Cook Strait
Granity
Glenhope
Wairau Valley
Blenheim
Foulwind C.
Murchison
Seddon
Westport
MARLBOROUGH
Charleston
TASMAN
Campdell C.
Reefton
Kaikoura
Ikamatua
Maruia Springs
Runanga
Hanmer Springs
Greymouth
Rotherham
Hokitika
Culverden
Port Robinson
Ross
CANTERBURY
Waipara
WEST COAST
Rangiora
Pegasus Bay
Oxford
Kaiapoi
Fox Glacier
Springfield
Christchurch
Lake Paringa
Methven
Lincoln
Haast
Ashburton
Little River
Okuru
Lake Tekapo
Southbridge
Cascade Pt.
Hinds
Jackson B.
Temuka
Lake Pukaki
Timaru
Canterbury Bight
Milford Sound
Omarama
Pareora
Wanaka
Kurow
Waimate
Tarras
Duntroon
Cromwell
Oamaru
Queenstown
OTAGO
Ranfurly
Te Anau
Alexandra
Hyde
Hampden
Manapouri
Roxburgh
Palmerston
Athol
Middlemarch
Lumsden
Lawrence
Port Chalmers
Dipton
Waihola
Otago Pen.
Ohai
Dunedin
Orawia
Winton
Balclutha
Orepuki
Waipahi
Milton
Riverton
Edendale
Owaka
Gore
Kahakopa
Invercargill
SOUTHLAND
Tokanui
Bluff
Foveaux Strait
Stewart I.
Halfmoon Bay
South West C.
1:5,000,000
0 50 100 150 200 250 300km
Conic Equidistant Projection

오클랜드
(AUCKLAND)
0 400 800m

Pt. Erin
포인트에린 공원
Pt. Erin Park
Sarsfield St.
Jervois Rd.
West Jervois Rd.
St. Mary's College
NORTHERN MOTORWAY
AUCKLAND
Capthorne Harbour
Copthorne Auckland Habour City
Fanshawe
Victoria Park Oxford
빅토리아파크 시장
Victoria Park Market
PONSONBY
Wellesley St.
Victoria Skycity Auckland
Smith & Caughey
Auckland City
Carlton
Civic Centre
Aotea Square
Town Hall
Scholar
Meyers Park
Coxs Park
St. Pauls Coll.
Richmond Rd.
GREY LYNN
캐스턴 공원
Western Park
Langham
그레이린 공원
Grey Lynn Park
Great North Rd.
동물원
Zoological Gardens
웨스턴스프링 공원
Western Springs Park
교통과학 박물관
Museum of Transport & Technology
NORTH WESTERN MOTORWAY
Nixon Park
Chamberlain Park Municipal Golf Course
New North Rd.
Fowlds Park
Dominion Rd.
이든 공원
Eden Park
Morningside Station
Mt.Eden Station
View Rd.
Gribble Hirst Park
MT. EDEN
이든산
Mt. Eden
Mount Eden Rd.

Princess Wharf
Queens Wharf
Captain Cook Wharf
Marsden Wharf
Kings Wharf
Jellicoe Wharf
Ferry Bldg.
퀸엘리자베스2세 광장
Queen Elizabeth II Sq.
Mercure Auckland
Custom St.
Sebel Suites Auckland
Heritage Auckland
City
Quay St.
Qvadrant
Bowen
Supreme Court
앨버트 공원
Albert Park
Auckland Univ.
St. Andrews Church
Albert City Art Gallery
Stanley St.
Symonds
Auckland Station
Parnell Road
Gladstone Rd.
Tamaki Dr.
Pt. Resolution
Parnell Baths
Martyn Fields Reserve
Auckland Accommodation
Hobson Bay
오클랜드 도매인
Auckland Domain
윈터 정원
Winter Garden
Chalet Chevron
오클랜드 박물관
Auckland Museum
Auckland Hospital
Park
Edinburgh Castle
Astor
Khyber Pass
Outwaite Park
뉴마켓 공원
Newmarket Park
Grafton Rd.
St. Peter's College
Quest Serviced Apartments
Remuera Rd.
Broadway
Newmarket Station
Mt.Eden Station
SOUTHERN MOTORWAY
NEWMARKET
Great South Rd.
Khyber Pass Rd.
Manukau Rd.
Passett Rd.
Amey Rd.
Mt. Hobson Domain
Hobson Park
Remuera Station
Remuera Rd.

RICHMOND
크라이스트처치
(CHRISTCHURCH)
0 500 1000m

Memorial Ave.
세인트 머가레트 대학
St. Margarets Coll.
Papanui Rd.
Holly Rd.
Springfield
Barbados
Daresbury Park
Rangi Ruru Girl's School
Victoria St.
Bealey Ave.
FENDERTON
Mona Vale Park
Harper Ave.
Salisbury St.
Sherborne St.
Riccarton Bush Park
Chateu Hotel
노오스 해글레이 공원
North Hagley Park
Victoria Lake
The George
Town Hall
Copthorne
Kilmore St.
Beverley Park
Lin Wood Ave.
Riccarton Rd.
식물원
Botanic Gardens
Robert McDougal Art Gallery
Centennial Pool
The Grange Boutique B&B
Armagh St.
Deans Ave.
캔트버리 박물관
Canterbury Museum
Rydges
Christ Cathedral
Worcester St.
RICCARTON
크라이스트처치 아트 센터
Arts Center of Christchurch
YMCA
트라이앵글 센터
Triangle Center
Hereford St.
Grand Chancellor Christchurch
Cashel St.
Christchurch Hospital
사우드 해글레이 공원
South Hagley Park
New Excelsior Backpackers
Blenheim Rd.
Tuam Street
Saint Asaph St.
LINWOOD
Hagley Ave.
Antigua St.
Montreal St.
Durham St.
Hagley Community College
New City
Moorhouse Ave.
Christchurch Station
Colombo St.
Adams Rd.
Ferry Rd.
애딩턴 경마장
Addington Raceway
Lincoln Rd.
ADDINGTON
SYDENHAM
Lancaster Park
Linwood Station
LINWOOD

공공건물 관광건물 호텔 식당 백화점 상점 지시점 골프장 해수욕장 공원

PACIFIC OCEAN
INDIAN OCEAN
RUSSIA
MONGOL
ULAN BATOR
CHINA
BEIJING
KOREA
SEOUL
JAPAN
TOKYO
INDIA
NEW DELHI
PAKISTAN
AFGHANISTAN
IRAN
SAUDI ARABIA
YEMEN
NEPAL
KATHMANDU
BANGLADESH
DHAKA
MYANMAR
NAYPYIDAW
YANGON
LAOS
VIENTIANE
THAILAND
BANGKOK
VIETNAM
HANOI
CAMBODIA
PHNOM PENH
SRI LANKA
COLOMBO
Sri Jayawardenepura
MALAYSIA
KUALA LUMPUR
SINGAPORE
BRUNEI
BANDAR SERI BEGAWAN
PHILIPPINES
MANILA
PALAU
MELEKEOK
MICRONESIA
PALIKIR
MARSHALL
MAJURO
NAURU
YAREN
KIRIBATI
TARAWA
TUVALU
FUNAFTI
SOLOMON
HONIARA
PAPUA NEW GUINEA
PORT MORESBY
INDONESIA
JAKARTA
TIMOR-LESTE
DILI
AUSTRALIA
CANBERRA
NEW ZEALAND
WELLINGTON
VANUATU
PORT VILA
FIJI
SUVA
SAMOA
TONGA
NUKUALOFA
MADAGASCAR
Bering Sea
Sea of Okhotsk
East Sea
South China Sea
Philippine Sea
Sulawesi Sea
Banda Sea
Arafura Sea
Coral Sea
Tasman Sea
Caroline Islands
Mariana Is.
Marshall Is.
Gilbert Is.
Solomon Is.
Santa Cruz Is.
New Guinea I.
Borneo I.
Sumatra
Java (Jawa)
Celebes
Timor
Tanimbar Is.
Kuril Is.
Hokkaido
Honshu
Shikoku
Kyūshū
Taiwan
Hainan I.
Luzon I.
Mindanao I.
Palawan I.
Midway Is.
Wake I.
Tropic of Cancer
Equator
Tropic of Capricorn
International Date Line
Mid Indian Ridge
West Australian Basin
South Australian Basin
Aleutian Trench
Japan Trench
Philippines Trench
Sunda Trench
Kermadec Trench
Great Sandy Desert
Gibson Desert
Great Victoria Desert
Nullarbor Plain
Great Dividing Range
Lord Howe Rise
North Island
South Island
Tasmania
1:50,000,000

PACIFIC OCEAN
ATLANTIC OCEAN
Caribbean Sea
South Pacific Ocean
South West Pacific Basin
Southeast Pacific Basin
Peru Basin
East Pacific Rise
Hawaiian Ridge
Hawaiian(U.S.A) Islands
Line Islands
CANADA
UNITED STATES OF AMERICA
MEXICO
GUATEMALA
HONDURAS
EL SALVADOR
NICARAGUA
COSTARICA
PANAMA
COLOMBIA
ECUADOR
PERU
BRAZIL
BOLIVIA
PARAGUAY
CHILE
ARGENTINA
URUGUAY
VENEZUELA
CUBA
HAITI
JAMAICA
BAHAMAS
BELIZE
KIRIBATI
U.S.A.
Tropic of Cancer
Tropic of Capricorn
Equator
Lambert Azimuthal Equal Area Projection

110 대서양 ATLANTIC OCEAN

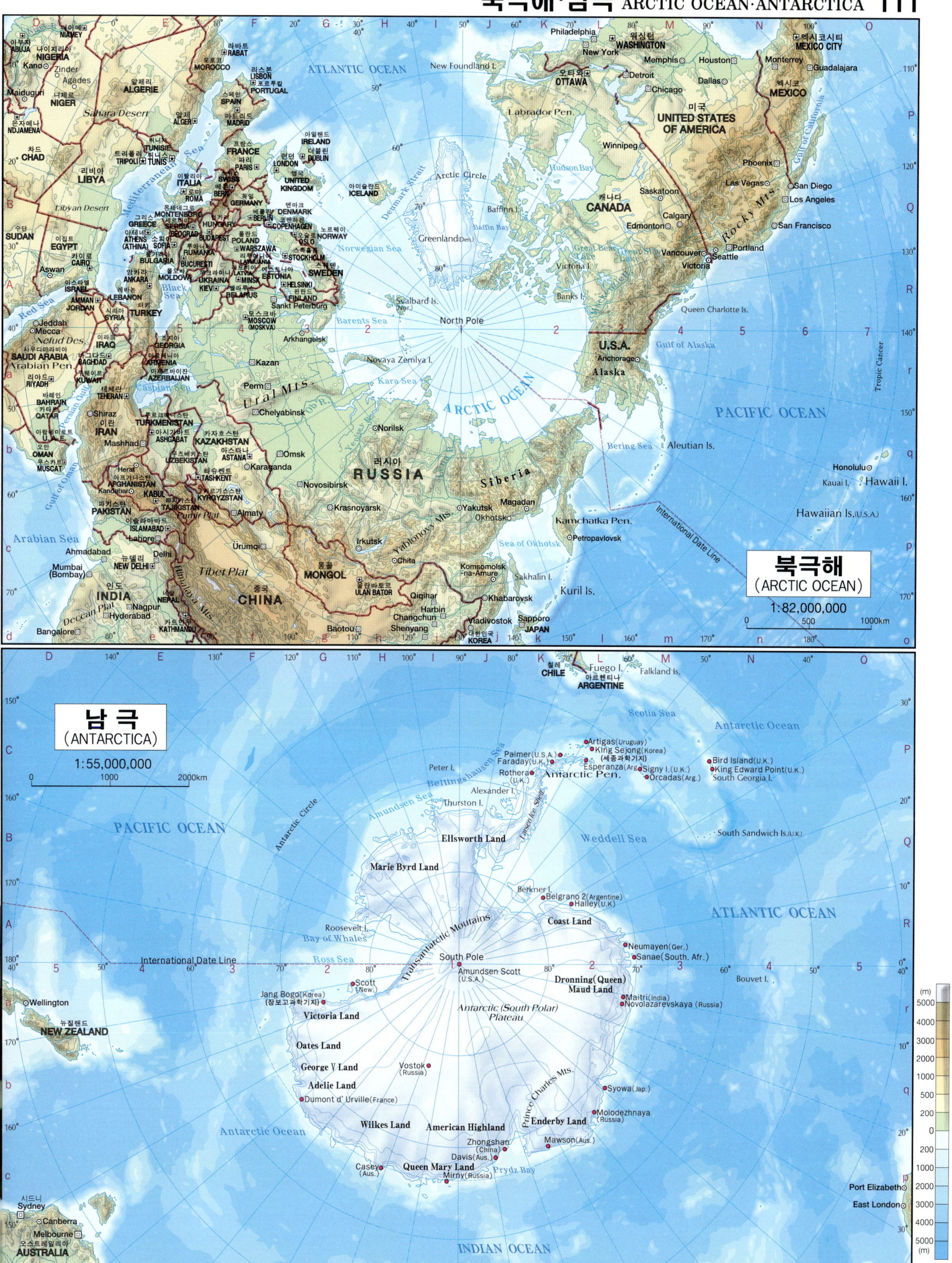
ATLANTIC OCEAN
NIGER
NIAMEY
ABUJA
NIGERIA
Kano
Zinder
Agades
ALGERIE
RABAT
MOROCCO
LISBON
PORTUGAL
SPAIN
Maiduguri
NDJAMENA
CHAD
LIBYA
TRIPOLI
TUNIS
TUNISIA
ALGER
Sahara Desert
New Foundland I.
Philadelphia
New York
WASHINGTON
Memphis
Houston
Monterrey
Guadalajara
MEXICO CITY
MEXICO
OTTAWA
Detroit
Chicago
Dallas
Monterrey
Libyan Desert
ITALIA
ROMA
FRANCE
PARIS
SWISS
BERN
GERMANY
BERLIN
IRELAND
DUBLIN
LONDON
UNITED KINGDOM
ICELAND
Labrador Pen.
UNITED STATES
OF AMERICA
SUDAN
EGYPT
Aswan
GREECE
ATHENS
(ATHINA)
MONTENEGRO
SERBIA
BEOGRAD
BUCURESTI
RUMANIA
WARSZAWA
POLAND
DENMARK
COPENHAGEN
NORWAY
OSLO
STOCKHOLM
SWEDEN
Arctic Circle
Greenland (Den.)
Baffin Bay
CANADA
Winnipeg
Saskatoon
Edmonton
Calgary
Phoenix
Las Vegas
San Diego
Los Angeles
San Francisco
Portland
Seattle
Vancouver
Victoria
Rocky Mts.
Jeddah
Mecca
Nefud Des.
SAUDI ARABIA
Arabian Pen.
RIYADH
BAHRAIN
QATAR
OMAN
MUSCAT
ISRAEL
JORDAN
AMMAN
LEBANON
SYRIA
TURKEY
ANKARA
Black Sea
GEORGIA
ARMENIA
AZERBAIJAN
BULGARIA
SOFIA
MOLDOVA
UKRAINA
KIEV
BELARUS
MINSK
LATVIA
ESTONIA
HELSINKI
FINLAND
MOSCOW
(MOSKVA)
Sankt Peterburg
Arkhangelsk
Kazan
Novaya Zemlya I.
Kara Sea
Barents Sea
Svalbard I.
(Nor.)
North Pole
Denmark Strait
Norwegian Sea
Banks I.
Victoria I.
Great Bear L.
Great Slave L.
Hudson Bay
Queen Charlotte Is.
U.S.A.
Anchorage
Alaska
Gulf of Alaska
PACIFIC OCEAN
Red Sea
IRAQ
BAGHDAD
KUWAIT
Shiraz
IRAN
Mashhad
TEHERAN
TURKMENISTAN
ASHGABAT
UZBEKISTAN
TASHKENT
KAZAKHSTAN
ASTANA
Karaganda
ARCTIC OCEAN
Ural Mts.
Perm
Chelyabinsk
Omsk
Norilsk
Siberia
Bering Sea
Aleutian Is.
Honolulu
Kauai I.
Hawaii I.
Hawaiian Is. (U.S.A.)
Arabian Sea
Ahmadabad
Mumbai
(Bombay)
INDIA
Deccan Plat.
Nagpur
Hyderabad
Bangalore
Herat
AFGHANISTAN
KABUL
ISLAMABAD
PAKISTAN
Lahore
Kandahar
TAJIKISTAN
KYRGYZSTAN
Almaty
Purmi Plat.
Ürümqi
Delhi
NEW DELHI
NEPAL
KATHMANDU
Himalaya Mts.
Tibet Plat.
MONGOL
ULAN BATOR
CHINA
Baotou
Shenyang
Qiqihar
Harbin
Changchun
Vladivostok
JAPAN
Sapporo
KOREA
Novosibirsk
Krasnoyarsk
Irkutsk
RUSSIA
Yakutsk
Magadan
Okhotsk
Yablonovy Mts.
Chita
Komsomolsk
-na-Amure
Khabarovsk
Sakhalin I.
Kuril Is.
Sea of Okhotsk
Kamchatka Pen.
Petropavlovsk
International Date Line
북극해
(ARCTIC OCEAN)
1:82,000,000
0   500   1000km
CHILE
Fuego I.
ARGENTINE
Falkland Is.
Scotia Sea
Antarctic Ocean
Artigas (Uruguay)
King Sejong (Korea)
(세종과학기지)
Esperanza (Arg.)
Signy I. (U.K.)
Orcadas (Arg.)
Bird Island (U.K.)
King Edward Point (U.K.)
South Georgia I.
Palmer (U.S.A.)
Faraday (U.K.)
Rothera (U.K.)
Antarctic Pen.
Peter I.
Alexander I.
Thurston I.
Bellingshausen Sea
Amundsen Sea
Antarctic Circle
Ellsworth Land
Marie Byrd Land
Weddell Sea
South Sandwich Is. (U.K.)
Berkner I.
Belgrano 2 (Argentine)
Halley (U.K.)
Coast Land
Ronne Ice Shelf
PACIFIC OCEAN
남 극
(ANTARCTICA)
1:55,000,000
0   1000   2000km
Roosevelt I.
Bay of Whales
International Date Line
Ross Sea
Ross Ice Shelf
Transantarctic Mountains
South Pole
Amundsen Scott
(U.S.A.)
ATLANTIC OCEAN
Neumayen (Ger.)
Sanae (South. Afr.)
Bouvet I.
Dronning (Queen)
Maud Land
Scott
(New.)
Jang Bogo (Korea)
(장보고과학기지)
Victoria Land
Antarctic (South Polar)
Plateau
Maitri (India)
Novolazarevskaya (Russia)
Oates Land
George V Land
Adelie Land
Dumont d'Urville (France)
Vostok
(Russia)
Syowa (Jap.)
Molodezhnaya
(Russia)
Prince Charles Mts.
Wilkes Land
American Highland
Enderby Land
Zhongshan
(China)
Mawson (Aus.)
Casey
(Aus.)
Queen Mary Land
Davis (Aus.)
Mirny (Russia)
Prydz Bay
INDIAN OCEAN
Wellington
NEW ZEALAND
Sydney
Canberra
Melbourne
AUSTRALIA
Port Elizabeth
East London
(m)
5000
4000
3000
2000
1000
500
200
0
200
1000
2000
3000
4000
5000
(m)
Lambert Azimuthal Equal Area Projection

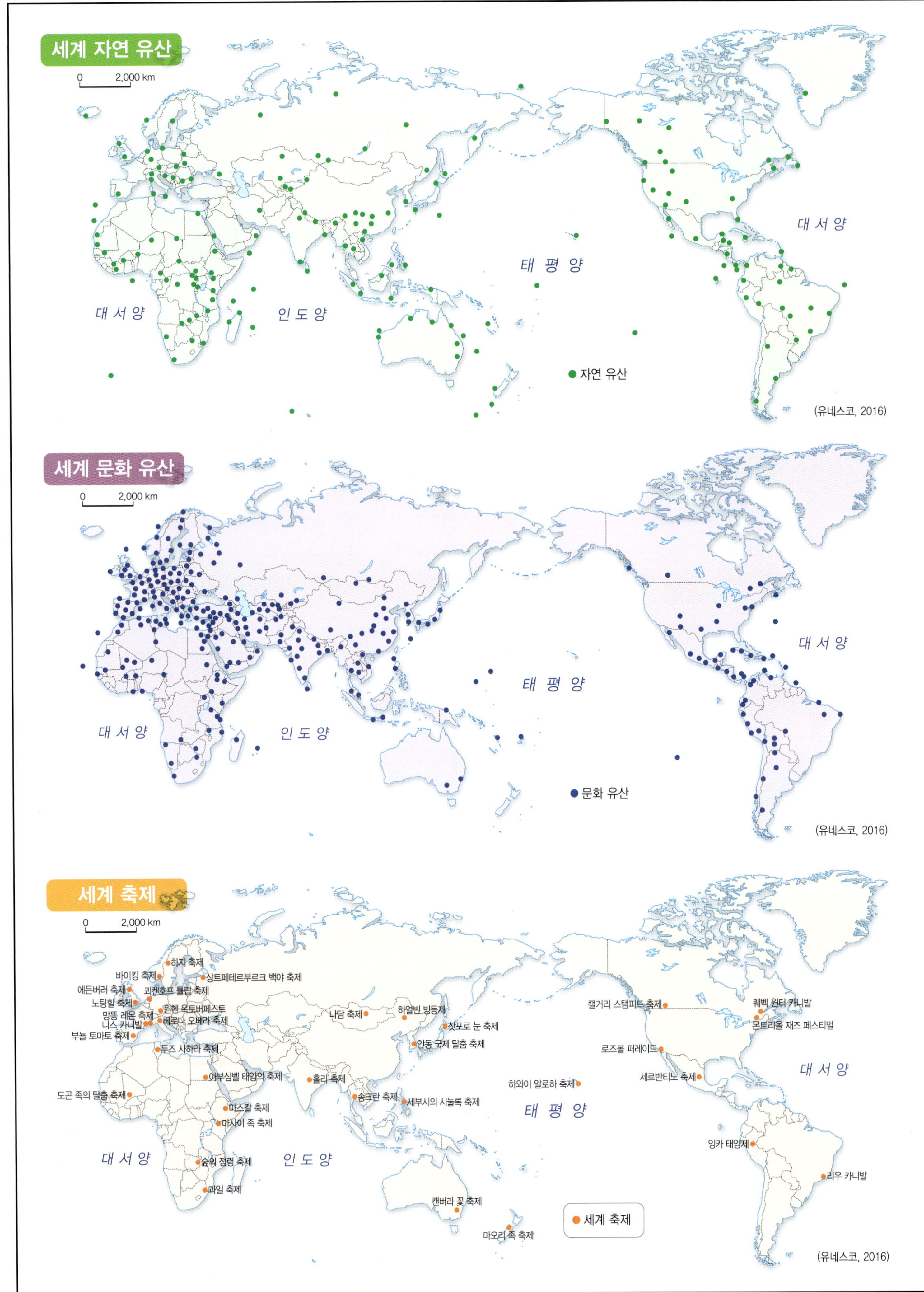
세계 자연 유산
0   2,000 km
대 서 양
태 평 양
대 서 양
인 도 양
자연 유산
(유네스코, 2016)

세계 문화 유산
0   2,000 km
대 서 양
태 평 양
대 서 양
인 도 양
문화 유산
(유네스코, 2016)

세계 축제
0   2,000 km
하지 축제
바이킹 축제
상트페테르부르크 백야 축제
에든버러 축제
코펜하겐 튤립 축제
노팅힐 축제
뮌헨 옥토버페스트
망똥 레몬 축제
베로나 오페라 축제
니스 카니발
부뇰 토마토 축제
두즈 사하라 축제
낙담 축제
하얼빈 빙등제
삿포로 눈 축제
안동 국제 탈춤 축제
아부심벨 태양의 축제
홀리 축제
캘거리 스탬피드 축제
퀘벡 윈터 카니발
몬트리올 재즈 페스티벌
로즈볼 퍼레이드
세르반티노 축제
대 서 양
도곤 족의 탈춤 축제
마스칼 축제
마사이 족 축제
송크란 축제
세부시의 시눌록 축제
하와이 알로하 축제
태 평 양
잉카 태양제
대 서 양
숲의 정령 축제
인 도 양
과일 축제
캔버라 꽃 축제
마오리 족 축제
세계 축제
리우 카니발
(유네스코, 2016)

INDEX

적글씨(대한민국 KOREA: 국명) 청글씨(서울 SEOUL: 수도명)

가

가가 Kaga ·····25F4
가고시마 Kagoshima ·····5N5, 24C7
가나 GHANA ·····52F9
가론강 Garonne R. ·····66I5
가르볼린 Garwolin ·····63J3
가베스 만 G. de Gabes ·····52I4
가보로네 GABORONE ·····54E7
가봉 GABON ·····52I11, 54B3
가세다 Kaseda ·····24C7
가야 Gaya ·····4D7, 46E4
가얼 Gar ·····46E2
가오슝 Kaohsiung ·····39G1
가와구치 Kawaguchi ·····25G5
가와사키 Kawasaki ·····25G5
가우하티 Gauhati ·····47G3
가이아나 GUYANA ·····99G2
가자 Gaza ·····44D4, 48C5
가지안테프 Gaziantep ·····44E2
간쑤 GANSU ·····6A5
간자 Ganja ·····44G2
갈 Galle ·····46E7
갈라치 Galati ·····73G3
갈라파고스 제도 Galapagos Islands ·····98B3
갈릴리호 Sea of Galiee ·····48D4
감비아 GAMBIA ·····54C8
감비크 Gamvik ·····60H1
강토크 Gangtok ·····4E6, 47F3
개스코인 강 Gascoyne R. ·····102B5
갤버스턴 Galveston ·····85I7
거얼무 Golmud ·····4G4
거여슈티 Gaesti ·····73E3
거주 Gejiu ·····4H7
게라 Gera ·····62F3
게레로 GUERRERO ·····94E5
게를라 Gherla ·····73D2
게리 Gary ·····85J4
게세르 Gedser ·····56F3
게오르게니 Gheorgheni ·····73E2
갈리폴리 Gallipoli ·····73F5
고나이브 Gonaives ·····95J5
고라크푸르 Gorakhpur ·····4D6, 46E3
고론탈로 Gorontalo ·····39G5
고를리체 Gorlice ·····63J4
고리야마 Koriyama ·····25H4
고리치아 Gorizia ·····67O4
고베 Kobe ·····5N5
고센버그 Gothenburg ·····84G4
고우다프 Go ɾ dap ·····63K1
고이아니아 Goiania ·····99I7
고이아스 GOIAS ·····99I7
고치 Kochi ·····5N5, 24D6
고틀란드섬 Gotland I. ·····56F3, 60E4
고후 Kofu ·····5O4, 25G5
골 Gol ·····60C3
골드코스트 Gold Coast ·····103K11
골웨이 Galway ·····56D3, 58C5
공빈 Gabin ·····63I2
과나후아토 GUANAJUATO ·····104D4
과다르 Gwadar ·····46A3
과달라하라 Guadalajara ·····94D4
과들루프섬 Guadeloupe I.(Fr.) ·····95L5
과디아나강 Guadiana R. ·····56D5
과르다 Guarda ·····66E6
과야킬 Guayaquil ·····98B4
과이마스 Guaymas ·····93B3
과테말라 GUATEMALA ·····94F6
관타나모 Guantanamo ·····95I4
괄리오르 Gwalior ·····4C6, 46D3
광둥 GUANGDONG ·····5J7, 7D11
광시 GUANGXI ·····4I7, 7C11
광저우 Guangzhou ·····5J7, 7D11
괴팅겐 Gottingen ·····62D3
교토 KYOTO ·····5O4, 24E5
구라시키 Kurashiki ·····24D5
구레프 Guryev ·····44H1
구시로 Kushiro ·····5P3, 24L10
구시마 Kushima ·····24C7
구이더 Guide ·····4H4
구이린 Guilin ·····5J6, 7C10
구이양 Guiyang ·····4I6, 7B9
구이저우성 GUIZHOU ·····4I6
구자라트 GUJARAT ·····46C4
구자트 Gujrat ·····46C2
구지 Kuji ·····25H2
구지란왈라 Gujranwala ·····46C2
군마 GUNMA ·····25G4
군투르 Guntur ·····46E5
굴바르가 Gulbarga ·····46D5
그나르프 Gnarp ·····60E3

그니에즈노 Gniezno ·····63H2
그단스크 Gdansk ·····56F3, 63I1
그디니아 Gdynia ·····56F3, 63I1
그라나다 Granada ·····56D5, 66G8, 94G6, 98D3
그라예보 Grajewo ·····63K2
그라이프스발트 Greifswald ·····62F1
그라츠 Graz ·····63G3
그래프턴 Grafton ·····84H3, 83I4
그랜드 래피즈 Grand Rapids ·····84H2, 85J4
그랜드 바하마 섬 Grand Baharna I. ·····85L7
그랜드 캐니언 Grand Canyon ·····84E5
그랜드 케이맨 섬 Grand Cayman I. ·····94H5
그램피언 산맥 Grampian Mountains ·····58E3
그레나다 GRENADA ·····98F1
그레노 Grenå ·····60C4
그레이엄 Graham ·····84H4
Great Smoky Mts.
그레이트 디바이딩산맥 Great Dividing Mts ·····103H4
그레이트 빅토리아 사막 Great Victoria Desert ·····102D5
그레이트 스모키 산맥 Great Smoky Mts.·····85K5
그레이트배리어리프 Great Barrier Reef ·····103H3
그레이트베어호 Great Bear L. ·····80I3
그레이트솔트호 Great Sait Lake ·····84E4
그레이트슬레이브호 Great Slave Lake ·····80J3
그로세토 Grosseto ·····67N4
그로즈니 Groznyi ·····44G2, 74D4, 78F5
그롱 Grong ·····56F2, 60D3
그루예츠 Grojec ·····63J3
그루지옹츠 Grudziadz ·····63I2
그루트아일런드섬 Groote Eylandt I. ·····102F2
그르노블 Grenoble ·····56E4, 67H4
그리녹 Greenock ·····58E4
그리피체 Gryfice ·····63G2
그린즈버러 Greensboro ·····85L5
글래드스톤 Gladstone ·····103I3
글래스고 Glasgow ·····56D3, 58E4, 84F3, 85J5
글로스터 Gloucester ·····58F6, 103K12
글롬메르스트레스크 Glommerstrask ·····60E2
글롬피오르 Glomfjord ·····60D2
글리테르틴산 Glittertind Mt. ·····56E2
기니 GUINEA ·····52D8
기니만 Gulf of Guinea ·····52G9
기니비사우 GUINEA-BISSAU ·····52C8
기류 Kiryu ·····25G4
기노모토 Kinomoto ·····25F5
기아나 GUIANA(France) ·····99I3
기아나고지 Guiana High ·····98F3
기자 Giza ·····53M5
기즈번 Gisborne ·····106F3
기지가 Gizhiga ·····79R3
기타큐슈 Kitakyushu ·····5N5
깁슨 사막 Gibson Desert ·····102C4
깜라인 Cam Ranh ·····40D3
꽝응아이 Quang Ngai ·····40D2

나

나가 Naga ·····24D6, 39G3
나가노 NAGANO ·····25G4
나가사키 NAGASAKI ·····5M5, 24B6
나가토 Nagato ·····24C5
나갈랜드 NAGALAND ·····4F6, 47G3
나고 Nago ·····25O13
나고야 Nagoya ·····5O4
나골트 Nagold ·····62D4
나그푸르 Nagpur ·····46D4
나나오 Nanao ·····25F4
난안 Nanan ·····7B12
나라 Nara ·····24E5, 52E7
나르비크 Narvik ·····56F2, 60I1
나마파 Namapa ·····54G5
나망가 Namanga ·····54G3
나뮈르 Namur ·····62B3
나미비아 NAMIBIA ·····54C7
나미비아 사막 Namibean Desert ·····54B7
나바리 Nabari ·····25F5
나비르 Nabire ·····39J6
나세르호 Nasser L. ·····53M6
나소 NASSAU ·····85L7, 95I4
나시르 Nasir ·····53M9
나시크 Nasik ·····46C5
나요로 Nayoro ·····24K9
나우루 NAURU ·····108M8
나이로비 NAIROBI ·····53N11, 54G3
나이지리아 NIGERIA ·····54H9, 54A1
나일강 Nile R. ·····53M5
나카마 Nakama ·····24C6
나카조 Nakajo ·····25J4
나타우 Natal ·····40B5, 99K5
나짱 Nha Trang ·····40D3
나파스 Napas ·····78J4
나포 Napo ·····7B11
나폴리 Napoli ·····48F4
나하 Naha ·····5L6, 25O13

나홋카 Nakhodka ·····5N3, 79O5
난부 Nanbu ·····6B7
난양 Nanyang ·····5J5, 6D6
난징 Nanjing ·····5K5, 6F7, 7F10
난창 Nanchang ·····5K6, 7E8
난청 Nancheng ·····4I5, 7E9
난코쿠 Nankoku ·····24D6
난퉁 Nantong ·····5L5, 6G6
난피 Nanpi ·····6E3
난핑 Nanping ·····5K6, 6A6, 7F9
난후이 Nanhui ·····6G7
남극 South Pole ·····111I1
남소스 Namsos ·····56F2, 60C2
남수단 South Sudan ·····50H5, 53M9
남아프리카공화국 REP. OF SOUTH AFRICA ·····54D9
남팔라 Nampala ·····52E8
남풀라 Nampula ·····54G5
낭시 Nancy ·····56E4, 62C4, 67L2
낭트 Nantes ·····56D4, 66H3
내몽골 NEI MONGOL ·····4H3, 8A2
내슈빌 Nashville ·····85J4
내키나 Nakina ·····85J2
냄파 Nampa ·····84D4
넌장 Nenjiang ·····5M2, 8B1
네그로 강 Negro R. ·····100D5
네덜란드 NETHERLAND ·····56E3
네무로 Nemuro ·····5Q3, 24L10
네바다 Nevada ·····84D5, 85I5
네이바 Neiva ·····98C3
네이장 Neijiang ·····4I6
네틸링호 Nettling Lake ·····80N3
네팔 NEPAL ·····4D6, 46E3
네피도 Naypyidaw ·····38B1
넬슨 Nelson ·····80L4, 84D3, 106D4
노던준주 NORTHERN TERRITORY ·····102E4
노르드비크 Nordvik ·····79M2
노르망디 Normandia ·····99G3
노르셰핑 Norrkoping ·····56F3
노르스크 Norsk ·····79N4
노르웨이 NORWAY ·····56E2, 60C3
노르웨이해 Norwegian Sea ·····56D2, 60B2
노르카프섬 Nordkapp C. ·····60G1
노리치 Norwich ·····58H5
노릴스크 Noril'sk ·····78J3
노먼 Norman ·····85H5
노먼웰스 Norman Wells ·····80I3
노바라 Novara ·····56E4, 67M4
노바리마 Nova Lima ·····99J8
노바스코샤 NOVA SCOTIA ·····80O5, 85N4
노바스코샤반도 Nova Scotia Pen. ·····85O4
노바야라도가 Novaya Ladoga ·····74C2
노보시비르스크 Novosibirsk ·····75H3
노보알타이스크 Novoaltaysk ·····75H3
노보쿠즈네츠크 Novokuznetsk ·····75H3, 78J4
노보시비르스크 Novosibirsk ·····78J4
노비사드 Novi Sad ·····73C3
노스 웨스트 주 NORTH WEST TERRITORIES ·····80J3
노스곶 North C. ·····106D1
노스다코타 NORTH DAKOTA ·····84G3
노스배틀포드 North Battleford ·····84F2
노스캐롤라이나 NORTH CAROLINA ·····85L5
노스햄프턴 Northampton ·····58G5
노시로 Noshiro ·····25G2
노예해안 Slave Coast ·····52G9
노퍽 Norfolk ·····84H4, 85L5
녹스빌 Knoxville ·····85K5
누니바크 섬 Nunivak I. ·····80E4
누라 강 Nura R. ·····75G3
누라타 Nurata ·····75F4
누에보 라레도 Nuevo Laredo ·····84H7
누비아 사막 Nubian Desert ·····53M6
누악쇼트 NOUAKCHOTT ·····52C7
누퀴 Nuqui ·····98C2
누쿠스 Nukus ·····44I2, 75F4, 78H5
뉘른 베르크 Nurnberg ·····56F4
뉴델리 NEW DELHI ·····4C6, 46D3
뉴멕시코 NEW MEXICO ·····84F6
뉴브런즈윅 NEW BRUNSWICK ·····80O5, 85N3
뉴사우스웨일스 NEW SOUTH WALES 103H6, 106J12
뉴브라운펠스 New Braunfels ·····84H7
뉴암스테르담 New Amsterdam ·····99G2
뉴올버니 New Albany ·····85J5
뉴올리언스 New Orleans ·····85I6
뉴욕 NEW YORK ·····85L4
뉴저지 NEW JERSEY ·····85M5
뉴질랜드 NEW ZEALAND ·····106C4
뉴캐슬 New Castle ·····85K4, 103I5
뉴캐슬 Newcastle ·····58G4, 56D3
뉴타운 Newtown ·····58F5
뉴턴 Newton ·····85H5
뉴펀들랜드 래브라도 NEW FOUNDLAND & LABRADOR 80O4

뉴펀들랜드섬 Newfoundland I. ·····80P5
뉴포트 Newport ·····58G6
뉴포트 Newport ·····84C4, 85M3
뉴포트뉴스 Newport News ·····85L5
뉴프로비던스섬 New Providence I. ·····85L7, 95I3
뉴플리머스 New Plymouth ·····106E3
뉴햄프셔 NEW HAMPSHIRE ·····85M3
니가타 Niigata ·····25G3
니스 Nice ·····56E4, 67L5
니아메 NIAMEY ·····52G8
니제르 NIGER ·····52I7
니즈니노브고로드 Nizhniy Novgorod ·····74D3, 78F4
니즈니타길 Nizhny Tagil ·····75F3
니카라과 NICARAGUA ·····95H6
니코시아 NICOSIA ·····44D4, 48B1
니콜스크 Nikol' sk ·····74D3
니트라 Nitra ·····63I4
니피곤 Nipigon ·····80M5, 85J3
님 Nimes ·····66K5
닝보 Ningbo ·····5L6, 7G8

다

다구판 Dagupan ·····39G2
다낭 Da Nang ·····40D2
다르 에스 살람 DAR ES SALAM ·····54G4
다르질링 Darjiling ·····4E6, 47F3
다르한 Darhan ·····4I2
다리 Dali ·····4G6
다마스쿠스 DAMASCUS ·····44E4, 48E3
다바오 Davao ·····39H3
다비드 David ·····95H7
다우가프필스 Daugavprils ·····60G5
다윈 Darwin ·····102E2
다윈 섬 Darwin I. ·····98A3
다웨이(타보이) Dawei ·····40B3
다칭 Daqing ·····5M2
다카 DHAKA ·····4E7, 47G4
다카르 DAKAR ·····52C8
다카마쓰 Takamatsu ·····5N5, 24E5
다카사키 Takasaki ·····25G4
다퉁 Datong ·····5J3, 6D2
단둥 Dandong ·····5L3, 8B5
단바드 Dhanbad ·····46F4
달로아 Daloa ·····52E9
달링강 Darling R. ·····103G6
대븐포트 Davenport ·····83I4
대서양 ATLANTIC OCEAN 54A4, 85M5, 91J2, 100F6
댈러스 Dallas ·····85H6
더니든 Dunedin ·····106C6
더럼 Durham ·····58G4
더반 Durban ·····54F8
더블린 DUBLIN ·····56D3, 58D5
더비 Derby ·····58G5, 102C3
더저우 Dezhou ·····5K4, 6E4
던디 Dundee ·····54F8, 56D3, 58F3
덜루스 Duluth ·····85I3
덤프리스 Dumfries ·····58F4
데르벤타 Derventa ·····73B3
데르벤트 Derbent ·····78F5
데이턴 Dayton ·····85K5
데바 Deva ·····73D3
데바르 Debar ·····73C5
데버바녀 Devavanya ·····63J5
데번 섬 Devon I. ·····80M2
데번 포트 Devonport ·····103H8
데벤테르 Deventer ·····62C2
데브레첸 Debrecen ·····63J5
데일리워터스 Daly Waters ·····102E3
데지 Dej ·····73D2
데즈풀 Dezful ·····44G4
데타 Deta ·····73C3
데트바 Detva ·····63I4
덴마크 DENMARK ·····56E3, 60C5
덴버 Denver ·····84G5
델리 Delhi ·····4C6, 46D3
뎅브노 Debno ·····63G2
뎅블린 Deblin ·····63K3
뎅비차 Debica ·····63J4
도나우 강 Donau R. ·····62E4
도네츠크 Donetsk ·····74C4, 78E5
도니 바쿠프 Donji Vakuf ·····73A3
도도마 Dodoma ·····54G4
도로그 Dorog ·····63I5
도로호이 Dorohoi ·····73F2
도루 강 Douro R. ·····66D6
도르트문트 Dortmumd ·····56E3
도마줄리체 Domazlice ·····62F4
도미니카 DOMINICA ·····95L5
도미니카공화국 DOMINICA REP ·····95J5
도버 Dover ·····56E3, 58H6, 85L5
도버해협 Str. Of Dover ·····56D4
도보이 Doboj ·····73B3
도슨 Dawson ·····80H3, 84V9

도슨강 Dawson R. 103H4
도야마 Toyama 25F4, 5O4
도치기 TOCHIGI 25G4
도쿄 TOKYO 5P4, 25G5
도쿠시마 Tokushima 24E5
도하 DOHA 44H5
독일 FED. REP GERMANY 56F3, 62D3
돔보바르 Dombovar 63I5
돔보스 Dombas 60C3
돔브라드 Dombrad 63J4
돗토리 TOTTORI 24D5
동커스터 Doncaster 58G5
동티모르 TIMOR-LESTE 3N10, 39H7
두라스노 Durazno 100E4
두란 Dulan 4G4
두랑고 Durango 66G5, 94D4
두러스 Durres 73B5
두미아트 Dumyat 53M4
두바이 Dubai 44I5
두샨베 DUSHANBE 43K3, 78H6
두알라 Douala 52H10, 56A2
두에로 강 Duero R. 56D4
둔화 Dunhua 5M3, 8C4
둔황 Dumhuang 4F3
둘레 Dhale 46C4
둬룬 Duolun 5K3, 6E1
뒤셀도르프 Dusseldorf 56E3, 62C3
뒤스부르크 Duisburg 62C3
드네프로페트로프스크 Dnepropetrovsk 74C4, 78E5
드날리산 Denali Mt. 72F3
드람멘 Drammen 60C4
드레스덴 Dresden 56F3, 62F3
드리나 강 Drina R. 73B4
들레몽 Delemont 62C5
디나르알프스산맥 Dinaric Alps Mts 67P4
디레다와 Dire Dawa 53O9
디모인 Des Moines 85I4
디예강 Dyje R. 63H4
디우 Diu 46C4
디종 Dijon 56E4, 60B5, 66H3
디트로이트 Detroit 85K4
딜리 DILI 39H7

라

라고스 Lagos 52G9, 56D5
라그랜디 La Grande 84D3
라돔 Radom 63J3
라바트 RABAT 52E4
라벤나 Ravenna 67O4
라싸 Lhasa 4F6, 47G3
라슈트 Rasht 44G3
라스베이거스 Las Vegas 84D5
라스팔마스 Las Palmas 52C5
라팔마섬 La Palma I. 52C5
라오스 LAOS 4H7, 40D2
라왈핀디 Rawalpindi 46C2
라우라 Laura 103G3
라우마 Rauma 60F3
라우손 Rawson 100D6
라이베리아 LIBERIA 52E9, 94G6
라이푸르 Raipur 4D7, 46E4
라이프치히 Leipzig 56F3, 62F2
라인강 Rhein R. 62C3
라자문드리 Rajahmundry 46E5
라자스탄 RAJASTHAN 46C3
라지코트 Rajkot 46C4
라트비아 LATVIA 60G4
라파스 LAPAZ 98E7
라파스 La Paz 94B4
라팜파 LA PAMPA 100C5
라플라타 La Plata 100E4
라호르 Lahore 46C2
락자 Rach Gia 40C3
란데르스 Randers 60C4
란저우 Lanzhou 4H4, 6A4
란치 Ranchi 4E7, 46E4
람푸르 Rampur 4C6, 46D3
랏부리 Rat Buri 40B3
랑푸르 Rangpur 47F3
랜싱 Lansing 85K4
랭커스터 Lancaster 58F4, 84D6
랴오닝성 LIAONING 5L3, 6G2
랴오위안 Liaoyuan 8B4
랴잔 Ryazan 74C3
러벅 Lubbock 84G6
랴프제도 Lyakhov Is. 79P2
러산 Leshan 7B8
러시아 RUSSIA 44F1, 74E3, 84R9
러빙턴 Lovington 84G6
러크나우 Lucknow 46E3
럭비 Rugby 58G5, 84G3
런던 LONDON 56E3, 58H6, 80N5
런던데리 Londonderry 56D3

런던데리 곶 Londonderry C. 102D2
렁후 Lenghu 4F4
레가스피 Legazpi 39G3
레겐스부르크 Regensburg 62F4
레긴 Reghin 73E2
레나강 Lena R. 78N3
레드강 Red R. 85H6
레드디어 Red Deer 90J4
레드호 Red Lake 85H3
레딩 Reading 58G6
레바 Leba 63H1
레바논 LEBANON 44E4, 48D2, 84C4, 85I5
레바논산맥 Lebanon Mta. 48D3
레블스토크 Revelstoke 84D2
레소토 LESOTHO 54E6
레스터 Leicester 58G5
레온 Leon 66F5
레이노사 Reynosa 84H7, 94E3
레이캬비크 REYKJAVIK 56B2, 60L6
레이크 조지 Lake George 85K7
레이크시티 Lake City 84E6, 85K6
레조넬에밀리아 Reggio nell'Emilia 97N4
레조디칼라브리아 Reggio di Calabria 67O5
렉싱턴 Lexington 86H4, 85K5
렌 Rennes 56D4, 66H2
렌스 Lens 66J1
렌스크 Lensk 79M3
렌윈강 Lianyungang 5K5, 6F5
로건 Logan 84E4
로도스섬 Rodos I. 73F7
로드아일랜드 RHODE ISLAND 85M4
로렌 Lorraine 102F3
로마 ROMA 56F4, 67O6
로메 LOME 52G9
로사리오 Rosario 94A2, 100D4
로슈포르 Rochefort 62B3, 66H4
로스 Ross 111C5
로스모치스 Los Mochis 94C3
로스앤젤레스 Los Angeles 84D6, 100B5
로스토크 Rostock 62F1
로스토프나도누 Rostov-na-Donu 44F1, 74C3, 78F5
로웰 Lowell 85M3
로잔 Lausanne 56E4
로조 ROSEAU 95L5
로차 Rocha 100F4
로체스터 Rochester 80N5
로키 산맥 Rocky Mountains 84E3
로테르담 Rotterdam 56E3, 62B3
로포텐제도 Lofoten Is. 60G2
록퍼드 Rockford 85J4
록햄프턴 Rockhampton 103K10
롤리 Raleigh 85L5
롬바르디아 평원 Lombardia Plain 67N4
롱만 Long Bay 85L6
롱비치 Long Beach 84D6
롱섬 Long I. 103J10
뢰드베르그 Rødberg 60C3
루간스크 Lugansk 74C4, 78E5
루고 Lugo 66E5
루디아나 Ludhiana 46D2
루레모 Luremo 54C4
루린 Lurin 98C6
루마니아 RUMANIA 73E2
루바오 Lubao 54E4
루바바 Lubawa 63I2
루붐바시 Lubumbashi 54E5
루블린 Lublin 63K3
루사카 LUSAKA 54E6
루시 Luxi 7C8
루세 Ruse 73E4
루세나 Lucena 39G3
루손 섬 Luzon I. 39G2
루안다 LUANDA 54B4
루앙 Rouen 56E4, 66I2
루이빌 Louisville 85J5
루이스 섬 Lewis I. 58D2
루이지애나 LOUISIANA 85I7
루저우 Luzhou 4I6, 7B8
루즈벨트 Roosevelt 84F4
루카 Lucca 67N5
루카파 Lucapa 54D4
루트사막 Lut Des. 44I4
루퍼트 Rupert 85L2
룩셈부르크 LUXEMBOURG 56E4, 62B4
뤄양 Luoyang 6D5
뤼베크 Lubeck 62E2
류블랴나 LJUBLJANA 56F4, 67P4
르망 Le Mans 56D4
르아브르 Le Havre 56E4, 66I2
르완다 RWANDA 54F3
리가 RIGA 60F4
리구리아해 Ligurian Sea 56E4, 67L5
리노 Reno 84D5
리다 Lida 25F5, 60G5, 74B3

리덴 Liden 60E3
리드 Lead 84G4
리마 Lima 85K4
리마 LIMA 98C6
리모주 Limoges 56E4, 66I4
리미니 Rimini 67O4
리바스 Rivas 94G6
리버풀 Liverpool 56D3, 58F5, 85O4, 103K12
리베라 Rivera 100E4
리보 Libo 7B10
리브르빌 LIBREVILLE 52H11
리비아 LIBYA 53J5
리비아사막 Libyan Desert 53K5
리빈스크 Rybnik 63I6
리빙스턴 Livingston 54E6, 84E3, 85I6
리사 Rissa 60C3
리스모어 Lismore 103I4
리스본 LISBON 56D5, 66D7
리스빌 Leesville 85I6
리야드 RIYADH 44G6
리에주 Liege 62B3
리예카 Rijeka 56F4, 67P4
리예파야 Liepaya 60F4
리오그란데강 Rio Grande R. 94D3
리오네그로 Rio Negro 100C6
리옹 Lyon 56E4, 60B6, 67H4
리옹만 Gulf of Lion 56E4, 66J5
리우네 Rivne 74B3, 78D4
리우 두 술 Rio do Sul 100G3
리우데자네이루 Rio De Janeiro 99J8
리자이나 Regina 80K4
리즈 Leeds 56D3, 58G5
리치 Leach 40C3
리치먼드 Richmond 85L5
리타니강 Litani R. 48D3
리투아니아 LITHUANIA 60F5
리틀록 Little Rock 85I6
리히텐슈타인 LIECHTENSTEIN 62D5
린가오 Lingao 7C13, 40D2
린도스 Lindas 60B3
린덴 Linden 99G2
린디 Lindi 54G4
린덴 Lindian 8B2
린샤 Linxia 4H4
린츠 Linz 56F4, 62C3, 63G4
린펀 Linfen 5J4, 6D4
릴 Lille 56E3, 66J1
릴레함메르 Lillehammer 56F2, 60C3
릴롱궤 LILONGWE 54F6
림노스섬 Limnos I. 73E6
림베 Limbe 54A2
링컨 Lincoln 58G5
링쾨빙 Ringk ø bing 60C4

마

마가단 Magadan 79Q4
마가디 Magadi 54G3
마그데부르크 Magdeburg 62E2
마그니토고르스크 Magnitogorsk 75E3, 78G4
마관 Maguan 40C1
마나과 MANAGUA 94G6
마나마 MANAMA 44H5
마나우스 Manaus 99G4
마나카라 Manakara 55I7
마나카우 산 Manakau Mt. 106D5
마나포리 Manapouri 106A6
마나포리 호 Manapouri L. 106A6
마노강 Mano River 52D9
마니사 Manisa 44C3
마니살레스 Manizales 98C3
마니아고 Maniago 62F5
마니푸르 MANIPUR 4F7, 47G4
마닐라 MANILA 39G3
마다가스카르 MADAGASCAR 55I7
마다가스카르 섬 Madagascar I. 55H6
마다마 Madama 52I6
마다바 Madaba 48D5
마당 Madang 39L7
마데라 Madera 84C5, 94C3
마데이라강 Madeira R. 98F5
마데이라섬 Maderia I.(Portugal) 52C4
마도나 Madona 60G4
마둬 Madai 4G5
마두라이 Madurai 46D7
마드라스 Madras 84C4
마드리드 MADRID 56D4, 66G5
마디다 Madida 8D4
마디아프라데시 MADHYA PRADESH 4D7
마라냥 MARANHAO 99I5
마라디 Maradi 52H8
마라산 Marra Mt. 53K8
마라카이보 Maracaibo 98D1
마라카이보호 Maracaibo Lake 98D2

마라카주 Maracaju 99G8
마라케시 Marrakech 52E4
마르델플라타 Mar del Plata 100E5
마르세유 Marseille 56E4
마리 Marree 102F5
마리 Mary 44J3, 78H6
마리우폴 Mariupol 74C4
마사 Massa 56F4
마사시 Masasi 54G5
마사틀란 Mazatlan 94C4
마세루 MASERU 54E6
마세이오 Maceio 99K5
마셜제도 MARSHALL ISLANDS 85H4, 85I5
마슈하드 Mashhad 44I3
마스티 Masty 60G5
마시프상트랄(중앙고원) Massif Central 56E4
마쓰에 Matsue 5N4, 24D5
마쓰모토 Matsumoto 25F4
마쓰사카 Matsusaka 25F5
마야산맥 Maya Mountains 94G5
마오밍 Maoming 5J7, 7C12
마오싱 Maoxing 8B3
마요르카 섬 Mallorca I. 56E5
마운 Maun 54D6
마이소르 Mysore 46D6
마이애미 Miami 85I5
마이애미 비치 Miami Beach 85K7
마이쿠루강 Maicuru R. 99H4
마인강 Main R. 62D4
마인-도나우운하 Main-Donau Canal 62E4
마인츠 Mainz 62D4
마자르 Mazar 48D5
마장 Majiang 7B9, 7D11
마주로 Majuro 108M7
마지 Maji 54G1
마카라 Macara 98C6
마카사르 Makassar(Ujung Pandang) 38F7
마카오 Macao 5J7, 7D11
마카우 Macel 99K5
마카파 Macapa 99H3
마케도니아 MACEDONIA 73C5
마콘도 Macondo 54D5
마타디 Matadi 54B4
마타라우 Atyrau 5N5, 24C6
마타모로스 Matamoros 94E3
마투 Matu 40E5
마투그로수 MATO GROSSO 99G6
마투그로수두술 MATO GROSSO DO SUL 100E2
마푸토 MAPUTO 54F6
마하라슈트라 MAHARASHTRA 47D5
마하바드 Mahabad 44G3
마하치칼라 Makhachkala 44G2, 78F5
만나 Manna 38C6
만나르 Mannar 46E7
만달 Mandal 56E3, 60B3
만달레이 Mandalay 4G7, 40B1
만데라 Mandera 53O10, 55H2
만하임 Mannheim 56E4, 62D4
말라 Mala 98C6
말라가 Malaga 56D5, 66F8
말라방 Malabang 39G4
말라보 MALABO 52H10
말라위 MALAWI 54F5
말라칼 Malakal 53M9
말랑 Malang 38E7
말레 MALE 2I9
말레이시아 MALAYSIA 38C4
말리 MALI 52F7
말리타 Malita 39H3
말린디 Malindi 54H2
말뫼 Malmo 56F3, 60D5
맘바사 Mambasa 54E2
망갈로르 Mangalore 46C6
매니토바 MANITOBA 80L4, 84H2
매니토바호 Lake Manitoba 84H2
매디슨 Madison 85H4, 85J5
매사추세스 MASSACHUSETTS 85M3
매켄지 Mackenzie 80I3, 84V9, 106J10
매켄지 산맥 Mackenzie Mountains 80H3
매켄지 킹 섬 85K6
메이컨 Macon Mackenzieking I. 80J2
매킨리 산 Mt. Mckinley 80F3, 84T9
맥도넬 산맥 Macdonnell Mts. 102E4
맨더 Mandan 84G3
맨섬 Man I. 58E4
맨체스터 Manchester 56D3, 58G5, 85M3
맨해튼 Manhattan 85H5
머더웰 Motherwell 58F4
머리 Murray 85J5, 102F7
머로시강 Maros R. 73C2
머치슨산 Murchison Mt. 106C5
멍쯔 Mengzi 4H7, 40C1
메갈라야 MEGHALAYA 4F6, 47G3
메나 Mena 85I6

메나카 Menaka ······52G7
메노르카 섬 Menorca I. ······56E4
메단 Medan ······40B5
메데인 Medellin ······98C2
메디나 Medina ······44E6
메디신햇 Medicine Hat ······80J4
메르귀 Mergui ······40B3
메르신 Mersin ······44D3
메리다 Merida ······94G4
메릴랜드 MARYLAND ······85L5
메세타 고원 Meseta Central ······56D4
메스타 Mesta ······73D5
메시나 Messina ······54E7, 67P7
메시니 Messini ······73C7
메이드스톤 Maidstone ······58H6
메인 MAINE ······85N3
메인랜드 Mainland ······58F2
메젠 Mezen ······74D2, 78F3
메츠 Metz ······62C4, 67L2
메카 Mecca ······44E6
메콩강 Mekong R. ······40C2
메타강 Meta R. ······98E2
멕시칼리 Mexicali ······84D6
멕시코 MEXICO ······94D4
멕시코만 Gulf of Mexico ······85I7, 84F3
멕시코시티 MEXICO CITY ······94E5
멘도사 Mendoza ······100C4
멘디 Mendi ······39K7, 53N9
멜레케오크 MELEKEOK ······39I4
멜버른 Melbourne ······85K7, 103H7
멜빌 Melville ······84G2
멜빌 반도 Melville Pen. ······80M3
멜빌 섬 Melville I. ······102E2
멜크 Melk ······63G4
멜포트 Melfort ······84G2
멤피스 Memphis ······85I5
모가디슈 MOGADISHU ······53P10, 55I2
모나섬 Mona I. ······95K5
모나코 MONACO ······56E4, 67L5
모니와 Monywa ······40A1
모데나 Modena ······67N4
모라 Mora ······60D3
모라다바드 Moradabad ······4C6, 46D3
모렐리아 Morelia ······94D5
모로니 MORONI ······55H5
모로코 MOROCCO ······52E4
모로토 Moroto ······53M10, 54F2
모론 Moron ······95I4
모르비 Morbi ······46C4
모리 Mori ······24J10, 25H1
모리셔스 MAURITIUS ······55L11
모리스 Morris ······84H3
모리오카 Morioka ······25H3
모리타니 MAURITANIE ······52D7
모마 Moma ······54G6
모바 Moba ······54E4
모바라 Mobara ······25H5
모빌 Mobile ······85J6
모소로 Mossoro ······99K5
모술 Mosul ······44F3
모스 Moss ······60C4
모스크바 MOSKVA ······74C3, 78E4
모스타가넴 Mostaganem ······52G3
모스트 Most ······62F2
마스티 Masty ······60G5
모아섬 Moa I. ······103G2
모울메인 Mawlamyine ······38B2
모잠비크 MOZAMBIQUE ······54F6
모잠비크해협 Mozambique Channel ······54G7
모지코 Mojiko ······24C6
모코산 Moco Mt. ······54C5
모쿠바 Mocuba ······54G6
모탈라 Motala ······60D4
몬테리아 Monteria ······95I7
몬로비아 MONRONVIA ······52D9
몬클로바 Monclova ······84G7
몬테네그로 MNTENEGRO ······67R5
몬테레이 Monterrey ······84C5
몬테레이 만 Monterrey Bay ······84C5
몬테비데오 MONTEVIDEO ······97F11
몬테크리스티 Monte Cristi ······95J5
몬트리올 Montreal ······80N5, 85M3
몬트리올호 Montreal Lake ······84F2
몰다바 나드 보드보우 Moldava nad Bodvou 63J4
몰도바 MOLDOVA ······73G2
몰디브 MOLDIVES ······52I9
몰루카 해 Molucca Sea ······39G6
몰타 MALTA ······52I3, 67P9
몰타섬 Malta I. ······67P9
몸바사 Mombasa ······54G3
몽고메리 Montgomery ······85J6
몽골 MONGOL ······79L5
몽도르산 Mont Dore Mt. ······56E4
몽블랑산 Mont Blanc Mt. ······62C5

몽스 Mons ······62B3
몽펠리에 Montpellier ······56E4, 66J5
뮐루즈 Mulhouse ······60C5, 67L3
무나 Muna ······94G4
무단장 Mudanjang ······5M3
무돈 Mudon ······40B2
무라시 Murashi ······74D2
무롬 Murom ······78F4
무르만스크 Murmansk ······74C2, 78E3
무르시아 Murcia ······56D5
무비 Mubi ······52I8
무소니 Moosonee ······80M4, 85K4
무스 Mus ······44F3
무스마르 Musmar ······53N7
무스조 Mooes Jaw ······80K4, 84F2
무스카트 MUSCAT ······44I6
무칼라 Mukalla ······44G8
무팅 Muting ······39K7
무후섬 Muhu I. ······60F4
무훌루 Muhulu ······54E3
물라 Mugla ······44C3
물탄 Multan ······46C2
뭄바이 Mumbai ······46C5
뮌헨 Munchen ······56F4, 62E4
므나도 Menado ······39G5
므완자 Mwanza ······54F3
미국 U.S.A ······80F3
미나스제라이스 MINAS GERAIS ······99J7
미네소타 MINNESOTA ······85I3
미니애폴리스 Minneapolis ······85I4
미들랜드 Midland ······84G6, 85K4
미들즈브러 Middlesbrough ······58G4
미스라타 Misrata ······53J4
미시간 MICHIGAN ······83J4
미시간호 Lake Michigan ······83J4
미시시피 MISSISSIPPI ······83I6
미시시피 삼각주 Mississipi Delta ······83J7
미야기 MIYAGI ······25H3
미야자키 MIYAZAKI ······5N5, 24C6
미야코노조 Myakonojo ······24C7
미얀마 MYANMAR ······4G7, 40B2, 47G4
미조람 MIZORAM ······47G4
미주리 MISSOURI ······85I5
미첼 Mitchell ······103H5, 106J11
미첼강 Mitchell R. ······103G3
미초아칸 MICHOACAN ······94D5
미켈리 Mikkeli ······60G3
미콜라이우 Mykolaiv ······74C4, 78E5
미크로네시아 MICRONESIA ······108K7
미토 Mito ······25H4
민네도사 Minnedosa ······80K4, 84H2
민다나오섬 Mindanao I. ······39H4
민스크 MINSK ······60G5, 74B3, 78D4
밀라노 Milano ······56E4, 67M4
밀워키 Milwaukee ······85J4

바

바그다드 BAGHDAD ······44F4
바나루카 Banja Luka ······73A3
바니 Bani ······53K9
바니모 Vanimo ······39K6
바누아투 VANUATU ······108M9
바다호스 Badajos ······66E7
바덴 Baden ······8C4
바도다라 Vadodara ······46C4
바라 Bara ······53M8
바라나시 Varanasi ······46E3
바라노아 Baranoa ······98C1
바라코아 Barachona ······95J5
바랑키야 Barranquilla ······98D1
바레인 BAHRAIN ······44H5
바레일리 Bareilly ······4C6, 46D3
바렌츠 해 Barents Sea ······74D2
바르 Bar ······73B4
바르나울 Barnaul ······75H3
바르데요프 Bardejov ······63J4
바르샤바 WARSZAWA ······63J2
바르셀로나 Barcellona ······56E4, 66J6, 98F2
바르키시메토 Barquisimeto ······98E1
바리 Bari ······56F4, 67O6
바리나스 Barinas ······98D2
바마코 BAMAKO ······52E8
바모 Bhamo ······4G7
바미안 Bamian ······7C10
바베이도스 BARBADOS ······95L6
바사 Vaasa ······60F3
바스라 Basrah ······44G4
바스테르 BASSETERRE ······95L5
바스티아 Bastia ······56E4, 67M5
바야돌리드 Valladolid ······56D4, 66F6
바오딩 Baoding ······6E3
바오산 Baoshan ······4G7, 6G7
바오터우 Baotou ······5J3, 6C2

바우나가르 Bhaunagar ······46C4
바이로이트 Bayreuth ······62E4
바이써 Baise(Bose) ······7B11, 40D1
바이아 BAHIA ······100D5
바이아 마레 Baia Mare ······73D2
바이아 블랑카 Bahia Blanca ······100B5
바이윈 어보 Bayan obo ······5J3, 6C2
바젤 Basel ······62C5
바카네르 Bikaner ······46C3
바콜로드 Bacolod ······39G3
바쿠 BAKU ······44G2, 48F5
바타비아 Batavia ······85L4
바탕가스 Batangas ······39G3
바투미 Batumi ······44F2
바트파라 Bhatpara ······4E7, 47F4
바티칸 VATICAN ······56F4, 67O5
바하마 BAHAMAS ······85L8, 95I4
바하왈푸르 Bahawalpur ······46C3
바흐 Vah ······63I4
반 Van ······44F3
반다 Banda ······53L10
반다르스리브가완 BANDAR SERI BEGAWAN ······38E4
반다르에렝게 Bandar-e Lengeh ······44H5
반둥 Bandung ······38D7
반자르마신 Banjarmasin ······38E6
반줄 BANJUL ······52C8
밸디즈 Valdez ······84U9
발디비아 Valdivia ······100B5
발레보 Valjevo ······73B3
발레아레스 제도 Baleares Is. ······56E5
발레타 VALLETTA ······67P9
발렌시아 Valencia ······56D5, 66H7, 98E1
발리파판 Balikpapan ······38F6
발칸 반도 Balkan Pen. ······56F4
발파라이소 Valparaiso ······100B4
발하슈 호 Balkhash L. ······75G4
밧카 Vyatka ······74D3
방글라데시 BANGLADESH ······4F7, 47G4
방기 BANGUI ······53J10, 54C2
방콕 BANGKOK ······40C3
배로 Barrow ······80F2
배로섬 Barrow I. ······102B4
배서스트 섬 Bathurst I. ······80K2
배스 해협 Banks Str. ······103H8
배턴루지 Baton Rouge ······85I6
배핀 섬 Baffin Island ······80N2
백나일강 White Nile R. ······53M9
백해 White Sea ······57H2
밴쿠버 Vancouver ······80I5, 84C3
밴쿠버 섬 Vancouver I. ······80I5, 84B3
밴트리 Bantry ······58C6
밴프 Banff ······58F3, 80J4, 84D2
뱅크스 반도 Banks Pen. ······106D5
뱅크스 섬 Banks I. ······80I2
버덤 Birdum ······102E3
버몬트 VERMONT ······85M3
버뮤다제도 Bermuda Is.(U.K) ······95K2
버밀리언 Vermillion ······85H4
버밍엄 Birmingham ······56D3, 58F5
버여 Baja ······56F4, 63I5
버지니아 VIRGINIA ······85L5
버클리 Berkeley ······84C5
버펄로 Buffalo ······84F4, 85L4
벙부 Bengbu ······5K5
베냉 BENIN ······52G9
베네수엘라 VENEZUELA ······96D3, 98E2
베네벤토 Benevento ······67P6
베네쇼프 Benesov ······63G4
베네치아 Vene`zia ······67O4
베닌시티 Benin City ······52H9
베드퍼드 Bedford ······58G5
베들레헴 Bethlehem ······48D5
베라크루스 VERACRUZ ······94E4
베로나 Verona ······56F4, 67N4
베로운 Beroun ······56F4, 62F4
베르겐 Bergen ······56E2, 60B3, 62F1
베르디치우 Berdychiv ······78D5
베르데강 Verde R. ······94C3
베르덩 Verdun ······62B4, 67H2
베르베르 Berber ······53M7
베르호얀스크 Verkhoyansk ······79O3
베른 BERN ······56E4, 62C5, 67R4
베를린 BERLIN ······56F2, 62F2
베링해 Bering sea ······70D3, 84Q10
베링해협 Bering Strait ······80E3, 84S9
베셀 Bethel ······84S9
베스트피오르(협만) Vestfjord F. ······56F2
베스프렘 Veszprem ······63H5
베오그라드 BEOGRAD ······73C3
베이라 Beira ······54G6
베이루트 BEIRUIT ······44E4, 48D3
베이징 BEIJING ······3M5
베이커시티 Baker City ······84D4

베이커 산 Mt. Baker ······84C3
베이커 호 Baker Lake ······80L3
베이하이 Beihai ······5I7
베인브리지 Bainbridge ······85K6
베자 Beja ······56D5, 66E8
베자이아 Bejaia ······52G3
베체이 Becej ······73C3
베케슈처버 Bekescsaba ······63J5
베케시 Bekes ······63J5
베테른호 Vattern L. ······60E2
베트남 VIETNAM ······4I7, 7B12, 40D3
벨기에 BELGIE ······56E3
벨라루스 BELARUS ······60G5, 74B3, 78D4
벨렘 Belem ······99I4
벨로오리존치 Belo Horizonte ······99I7
벨리즈 BELIZE ······94G5
벨리키노브고로드 Veliky Novgorod 74C3, 78E4
벨모판 BELMOPAN ······94G5
벨처 제도 Belcher Is. ······80M4
벨파스트 Belfast ······56D3, 58E4
벨포르 Belfort ······56E4, 60C5, 67L3
벳푸 Beppu ······24C6
벵가지 Benghashi ······53J4
벵갈루루(방갈로르) Bangaluru ······46D6
벵겔라 Benguela ······54B5
보 Bo ······52D9
보고타 BOGOTA ······98D3
보니파시오 Bonifacio ······56E4
보다이보 Bodaybo ······79M4
보델레 저지 Bodele Dep. ······53J7
보로스 Boras ······60D4
보르 Bor ······62F4
보르샤 Borsa ······73E2
보몬트 Beaumont ······75I6
보보디울라소 Bobo-Dioulasso ······52F8
보스니아 헤르체고비나 BOSNIA HERZEGOVINA ······56F4, 73A4
보스턴 Boston ······56D3, 58H5, 85M3
보스턴 산맥 Boston Mts. ······85I5
보아비스타 Boa Vista ······98F3
보이보디나 Vojvodina ······73B3
보이시 Boise ······84D4
보츠와나 BOTSWANA ······54D7
보카스델토로 Bocas del Toro ······95H7
보케 Boke ······52D8
보터니 만 Botany B. ······103K12
보토샤니 Botosani ······73F2
보팔 Bhopal ······46D4
보퍼트 웨스트 Beaufort West ······54D9
보퍼트 해 Beaufort Sea ······80H2
보호니아 Bochnia ······63J4
본 Bonn ······56E3, 62C3
본머스 Bournemouth ······58G6
볼가강 Volga R. ······74D3
볼고그라드 Volgograd ······44F1, 74D4, 78F5
볼네스 Bollnas ······60E1
볼다 Volda ······60B2
볼레스와비에츠 Boleslawiec ······63G3
볼로냐 Bologna ······56F4, 67N4
볼리비아 BOLIVIA ······98F7, 100C4
볼케셰 Bolkesjø ······60C4
볼티모어 Boltimore ······85L5
볼프스부르크 Wolfsburg ······62E2
뵈 Bø ······60C4
부나 Buna ······53N10, 54G2
부다페스트 BUDAPEST ······56F4, 63I5
부룬디 BURUNDI ······54E3
부르가스 Burgas ······73F4
부르게호 Brugge L. ······67J1
부르고스 Burgos ······56D4, 66G5
부르사 Bursa ······44C3
부르키나 파소 BURKINA FASO ······52F8
부바네스와르 Bhubaneshwar ······4E7, 46E5
부시아 반도 Boothia Peninsula ······80L2
부에나벤투라 Buenaventura ······94C3, 98C3
부에노스 아이레스 BUENOS AIRES ······100D4
부줌부라 BUJUMBURA ······54E3
부카부 Bukavu ······54E3
부쿠레슈티 BUCURESTI ······73F3
부탄 BHUTAN ······4F6, 47G3
부하라 Bukhara ······44J3, 75G5, 78H5
뷰드 Bude ······58E6
북섬 North Island ······106D3
북우랄구릉 North Ural Highland ······57I2
북해 North Sea ······56E3, 58H3, 62B2
불가리아 BULGARIA ······73E4
불라와요 Bulawayo ······54E7
블룸폰테인 Bloemfontein ······54E8
불칸 Vulcan ······73D3
뷔그딘 Bygdin ······60C3
뷔글란 Bygland ······60B3
뷔르츠부르크 Wurzburg ······62D4
뷔클레 Bykle ······60B3
뷕셀크로크 Byxelkrok ······60E4
뷰트 Butte ······84E3

브라간사 Braganca ...56D4, 66E6, 99I4
브라드 Brad ...73D2
브라마푸르 Bruhampur ...46F5
브라쇼브 Brasov ...73E3
브라운슈바이크 Braunschweig ...62E2
브라운즈 빌 Brownsville ...77H7
브라이턴 Brighton ...58G6
브라자빌 BRAZZAVILLE ...54C3
브라질 BRAZIL ...99H5, 100F2
브라질리아 BRASILIA ...99I7
브라츠크 Bratsk ...79L4
브라티슬라바 BRATISLAVA ...56F4, 63H4
브랸스크 Bryansk ...74C3, 78E4
브러일라 Braila ...73G3
브런즈윅 Brunswick ...85K6
브레다 Breda ...62B3
브레머하펜 Bremerhaven ...62D2
브레멘 Bremen ...56E3, 62D2
브레스트 Brest ...56D4, 66F2, 74B3, 78D4
브레시아 Brescia ...67N4
브레즈노 Brezno ...63I4
브레케 Bracke ...60D3
브로츠와프 Wroclaw ...56F3
브로큰 힐 Broken Hill ...103G6
브루나이 BRUNEI ...38E4
브룩스 산맥 Brooks Range ...80F3, 84T8
브룸 Broome ...102C3
브뤼셀 BRUSSEL ...56E3, 62B3
브레즈니체 Breznice ...62F4
브르타뉴 반도 Bretagne Pen. ...56D4, 66G2
브리스틀 Bristol ...66D3, 58F6, 85K5
브리스틀 만 Bristol Bay ...60E4, 84S1
브리즈번 Brisbane ...103I4
브리지타운 BRIDGETOWN ...95M5
브리지포트 Bridge Port ...85M4
브리티시 컬럼비아 BRITISH COLUMBIA ...80I4, 84C2, 84V10
브린디시 Brindisi ...56F4, 67Q6
브르노 Brno ...56F4, 63H4
브세틴 Vsetin ...63I4
브장송 Besancon ...60C5, 66H3
블라디미르 Vladimir ...74D3
블라디보스토크 Vladivostok ...79O5
블라세니차 Vlasenica ...73B3
블랑카 만 Blanca Bay ...100D5
블랙록 Black Rocks ...102C3
블랙풀 Blackpool ...58F5
블룸폰테인 Bloemfontein ...54E8
비고 Vigo ...56D4, 66D5
비다 Bida ...50E5
비드고쉬치 Bydgoszcz ...56F3, 63I2
비사우 BISSAU ...52C8
비샤카파트남 Vishakhapatnam ...46E5
비셰그라드 Visegrad ...73B4
비슈케크 BISHKEK ...4B3, 45L2, 75G4, 78I5
비스바덴 Weisbaden ...62D3
비스뷔 Visby ...60E4
비스트리차 Bistrita ...73E2
비시 Vichy ...66J3
비아위스토크 Bialystok ...63K2
비에드마 Viedma ...100D6
비에드마호 Viedma L. ...100B7
비엔티안 VIENTIANE ...4H8, 40C2
비엘로폴레 Bijelo Polje ...73B4
비우고라이 Bi l goraj ...63K3
비자야와다 Vijayawada ...46E5
비즈마크 Bismarck ...84G3
비차다 Vichada ...98E3
비첸차 Vicenza ...67N4
비카네르 Bikaner ...46C3
비터루트 산맥 Bitterroot Range ...84E3
비토리아 Vitoria ...99J8
비투프 Bytow ...63H1
비하르 BIHAR ...4E7, 46F4
빅토리아 VICTORIA ...53I4
빅토리아강 Victoria R ...102E3
빅토리아랜드 Victoria Land ...111C2
빅토리아섬 Victoria I. ...80K2
빅토리아호 Victoria L. ...54F3
빈 Vinh ...4I8, 7B13, 40D2
빈 WIEN ...56F4, 63H4
빈트후크 WINDHOEK ...54C7
빈호아 Bien Hoa ...40D3
빌뉴스 VILNIUS ...60G5
빌레차 Bileca ...73B4
빌레펠트 Bielefeld ...62D2
빌바오 Bilbao ...56D4, 66G5

사

사가 SAGA ...24C6
사가르 Sagar ...46D4
사나 SANAA ...44F7
사디야 Sadiya ...4G6
사라고사 Zaragoza ...66H6

사라예보 SARAJEVO ...56F4, 73B4
사라토프 Saratov ...74D3, 78F4
사라풀 Sarapul ...74E3, 78G4
사마르칸트 Samarkand ...45K3, 78H6
사모아 SAMOA ...108n9
사사리 Sassari ...56E4, 67M6
사세보 Sasebo ...24B6
사오관 Shaoguan ...5J7, 7D10
사오양 Shaoyang ...5J6, 7D9
사우디아라비아 SAUDI ARABIA ...48F5, 44F6
사우바도르 Salvador ...99K6
사우샘프던 Southampton ...56D3, 58G6
사우스다코타 SOUTH DAKOTA ...84G4
사우스랜드 SOUTHLAND ...106A6
사우스오스트레일리아 SOUTH AUSTRALIA ...102E5
사우스오스트레일리아 해분 South Australian Basin ...102D7
사우스조지아섬 South Georgia I.(U.K) ...100I8
사우스캐롤라이나 SOUTH CAROLINA ...85K6
사이판섬 Saipan I. ...108K6
사처 Shache ...4C4
사카타 Sakata ...25G3
사하라사막 Sahara Desert ...52D8
사하란푸르 Saharanpur ...4C5, 46D2
산니콜라스 San Nicolas ...100A4
산둥성 SHANDONG ...6F5
산루이스 SAN LUIS ...100C4
산루이스포토시 SAN LOIS POTOSI ...94D4
산마르코스 San Marcos ...84H7
산마르틴 San Martin ...98F6
산마리노 SAN MARINO ...56F4, 67O5
산미겔 San Migue ...94G6, 98F6
산비센테 San Vicente ...39G2, 94G6, 100E5
산살바도르 SAN SALVADOR ...94G6
산세바스티안 San Sebastian ...56D4
산시성 SHANXI ...5J4
산조 Sanjo ...25G3
산카를로스 San carlos ...39G3
산크리스토발 San Cristobal ...98D2
산크리스토발섬 San Cristobal L. I. ...98B3
산타렘 Santarem ...99H4
산타로사 Santa Rosa ...94G6
산타로사데코판 Santa Rosa de copan ...84C5, 100F2
산타마가리타 Santa Margarita ...94B4
산타마르타 Santa Marta ...98D1
산타마리아섬 Santa Maria I. ...100B5
산타크루스 SANTA CRUZ ...100B7
산타페 Santa Fe ...100A4
산타페 SANTAFE ...100A4
산터우 Shantou ...5K7, 7E11
산토도밍고 SANTO DOMINGO ...95K5
산투스 Santos ...99I8, 100G2
산티아고 SANTIAGO ...100B4
산티아고데쿠바 Santiago de Cuba ...95I4
산티아고델에스테로 SANTIAGO DEL ESTERO ...100D3
산페드로 San Pedro ...86D3, 100D2, 100E2
산페드로데마코리스 San pedro de Macoris ...95K5
산페르난도 San Fernando ...84D6, 94E4
산펠리페 San Fellpe ...94A2
산호세 SAN JOSE ...95H6
산호해 Coral Sea ...103K9
산후안 SAN JUAN ...100C4
살라 Sala ...50E4
살라망카 Salamanca ...56D4, 66F6
살라미스 Salamis ...73D7
살타 SALTA ...100C3
살토 Salto ...100E4
살티오 Saltillo ...94D3
삼보앙가 Zamboanga ...39G4
삼슨 Samsun ...44E2
삿포로 Sapporo ...5P3, 24J10
상투메 SAO TOME ...52H10, 54A2
상투메프린시페 SAO TOME AND PRINCIPE ...52H10
상파울루 Saopaulo ...99I8
상하이 Shanghai ...5L5, 6G7
새러토가스프링스 Saratoga Springs ...85M3
새스커툰 Saskatoon ...80K4, 84F2
새크라멘토 Sacramento ...84C5
새크라멘토산맥 Sacramento Mts. ...84F6
샌디에이고 San Diego ...84D6
샌타마리아 Santa Maria ...84C6
샌타바버라 Santa Barbara ...84D6
샌프란시스코 San Francisco ...84C5
샤먼 Xiamen ...5K7, 7F10
샤이엔 Cheyenne ...84G4
샤울랴이 Siauliai ...60F5
샤프하우젠 Schaffhausen ...62D4
샬럿타운 Charlottetown ...80O5, 85O3
샹양 Xianyang ...6D6
서드베리 Sudbury ...80M5, 85K3
서머싯 Somerset ...39K8
서배너 Savannah ...85K6
서벵골 WEST BENGAL ...4E7, 47F4
서스캐처원 SASKATCHEWAN ...80K4, 84F2

서울 SEOUL ...5M4
선더베이 Thunder Bay ...80M5, 85J3
선덜랜드 Sunderland ...58G4
선양 Shenyang ...5L3, 6H2
선전 Shenzhen ...5J7, 7E11
세게드 Szeged ...63J5
세고비아 Segovia ...66F6
세네갈 SENEGAL ...52D8
세니아 섬 Senja I. ...60E1
세르비아 SERBIA ...73C4
세르지피 SERGIPE ...99K6
세메이(세미팔라틴스크) Semipalatinsk ...4D1, 78I4
세바스토폴 Sevastopol ...78E5
세부 Cebu ...39G3
세비야 Sevilla ...56D5, 66E8, 98C5
세이블 곶 C. Sable ...85K7
세이셸 SEYCHELLES ...55I4
세인트 루시아 ST.LUCIA ...95L6
세인트 조지 St. George ...103H5
세인트 존스 St John's ...80P5
세인트로렌스 St. Lawrence ...85N3, 103H4
세인트루이스 St. Louis ...52C7, 85I5
세인트빈센트 그레나딘 ST.VINCENT AND THE GRENADINES ...105L6
세인트조지스 ST.GEORGES ...95L6, 98F1
세인트존 Saint John ...85N3
세인트존스 ST.JOHNS ...95L5
세인트키츠 네비스 ST.KITTS AND NEVIS ...95L5
세인트폴 St Paul ...85I4
세인트피터즈버그 St. Petersburg ...85K7
세일란 섬 Seiland I. ...60F1
세일럼 Salem ...84C4
센강 Seine R. ...66J2
센다이 Sendai ...5P4, 25H3
센테르 Senneterre ...85L3
셀렌 Salen ...58E3
셀바스(세우바스) Selvas ...98E5
셰르부르옥트빌 Cherbourg-Octeville ...56D4
셰틀랜드 제도 Shetland Is ...56D2
셰필드 Sheffield ...56D3, 58G5
셀레프테오 Skelleftea ...60F2
소노라 SONORA ...94B3
소마 Soma ...25H4
소말리아 SOMALIA ...53P9, 55H2
소바타 Sovata ...73E2
소야곶 Soya C. ...24K9
소앤틸리스제도 Lesser Antilles Is ...95L5
소피아 SOFIA ...73D4
솔라푸르 Solapur ...46D5
솔로몬제도 SOLOMON ISLANDS ...108L8
솔즈베리 Salisbury ...85K5
솔트레이크시티 Salt Lake City ...84E4
솜보르 Sombor ...73B3
송네피오르(협만) Songnefiorden F. ...56E2
송클라 Songkhla ...40C4
쇼몽 Chaumont ...62B4
수단 SUDAN ...53L7, 54F1
수라바야 Surabaya ...38E7
수라카르타 Surakarta ...38E7
수라트 Surat ...46C4, 106J11
수르구트 Surgut ...75G2, 78I3
수리남 SURINAME ...99G3
수바우키 Suwalki ...63K1
수어드 Seward ...84U9
수에즈 Suez ...44D4, 48A7
수바 SUVA ...108N9
수쿠르 Sukkur ...46B3
수크레 Sucre ...98E7, 100C1
숨바와섬 Sumbawa I. ...38F7
쉬저우 Xuzhou ...5K5, 6F5
쉼켄트(침켄트) Shymkent ...4B3, 45K2, 75F4
슈 Shu(Chu) ...4B3, 45L2, 78I5
슈리브포트 Shreveport ...85I6
슈베린 Schweren ...62E2
슈체친 Szczecin ...63G2
슈투트가르트 Stuttgart ...56E4, 62D4
슈피리어호 Lake Superior ...85J3
스당 Sedan ...62B4
스리나가르 Srinagar ...4C5, 46D2
스리랑카 SRILANKA ...46E7
스리자야와르데네푸라코테 Sri Jayawardenepurakotta ...46E7
스마랑 Semarang ...38E7
스베그 Sveg ...60D3
스와질란드 SWAZILAND ...54F8
스완지 Swansea ...58E5
스웨덴 SWEDEN ...56F2, 60E3
스위스 SWITZERLAND ...56E4, 62D5
스쭈이산 Shizuishan ...4I4, 6B3
스카게라크해협 Skagerrak Str. ...56E3
스카겐 Skagen ...56F3, 60C4
스카버러 Scarborough ...58G4
스카이섬 Skye I. ...58D3
스칸디나비아 반도 Scandinavia Pen. ...56F2
스칸디나비아 산맥 Scandinavia Mts ...56F2

스코페 SKOPJE ...73C5
스키베 Skive ...60C4
스킥다 Skikda ...54H3
스타로가르트 그단스키 Starogard Gdanski ...63I2
스타방에르 Stavanger ...60B3
스토라룰레바텐호 Stora Lulevatten L. ...60E2
스토르슬레트 Storslett ...60F1
스톡턴 Stockton ...74C5
스톡홀름 STOCKHOLM ...56F3, 60E4
스톨리엔 Storlien ...60D3
스튜어트 Stewart ...80H4
스트라스부르 Strasbourg ...56E4, 62C4, 67L2
스트롭코프 Stropkov ...63J4
스팍스 Sfax ...52I4
스페인(에스파냐) SPAIN ...66G5
스포캔 Spokane ...84D3
스프링필드 Springfield ...84C4, 85I5, 106C5
스플리트 Split ...56F4, 67Q5
슬라본스키브로드 Slavonsk Brod ...73B3
슬로바키아 SLOVAKIA ...56F4, 63I4
슬로베니아 SLOVENIA ...56F4, 67P3
슬로뱐스크 Sloviansk ...74C4
시날로아 SINALOA ...94C3
시더래피즈 Cedar Rapids ...85I4
시드니 Sydney ...103K12
시디벨아베스 Sidi-bel-Abbes ...52G3
시라즈 Shiraz ...44H5
시라카와 Shirakawa ...25H4
시러큐스 Syracuse ...80N5
시리베시 Shiribesi ...24J10
시리아 SYRIA ...44E3, 48F3
시리아사막 Syrian Desert ...48F4
시마네 SHIMANE ...24D5
시모노세키 Shimonoseki ...5N5, 24C5
시모다 Shimoda ...25G5
시바스 Sivas ...44E2
시베쓰 Shibetsu ...24K9
시사크 Sisak ...67Q4
시안 Xian ...4I5, 5I5, 6D3
시애틀 Seattle ...84C3
시에나 Siena ...67N5
시에들체 Siedlce ...63K2
시에라 리온 SIERRA LEONE ...52D9
시에라네바다산맥 Sierra Nevada Mts. ...66G8
시에미아티체 Siemiatycze ...63K2
시엔 Skien ...60C4
시엠레아프 Siem Reap ...40C3
시우다드 마데로 Ciudad Madero ...84E4
시우다드 볼리바르 Ciudad Bolivar ...98F2
시우다드 빅토리아 Ciudad Victoria ...94E4
시우다드 오브레곤 Ciudad Obregon ...94C3
시우다드후아레스 Ciudad Juarez ...84F6
시즈란 Syzran ...74D3
시즈오카 Shizuoka ...5N5, 25G5, 5O4
시짱(티베트)자치구 XIZANG(Tibet) ...4E5
시칠리아 섬 Sicilia I. ...56F5, 67P8
시카고 Chicago ...85J4
시카르 Sikar ...46C3
시트웨 Sittwe ...40A1
시샹 Xinxiang ...5J4, 6E5
신셀레호 Sincelejo ...94C2
신시내티 Cincinnati ...85K5
신장위구르자치구 XINJIANG ...4D3
실리안호 Siljan L. ...60D3
심프슨사막 Simpson Desert ...102F5
심페로폴 Simferopol' ...74C4, 78E5
싱가포르 SINGAPORE ...40C5
싱구강 Xingu ...99H5
싼밍 Sanming ...5K6, 7F9
쑤이화 Suihua ...8C2
쑤저우 Suzhou ...5K5, 6E6
쓰 Tsu ...25F5
쓰루오카 Tsuruoka ...5P4, 25G3
쓰시마 Tsushima ...25F5
쓰촨성 SICHUAN ...4H5
쓰핑 Siping ...8B4

아

아과스칼리엔데스 Aguascalientes ...94D4
아길라스 Aguilas ...66H8
아그라 Agra ...4C6, 46D3
아그리젠토 Agrigento ...56F5, 67O8
아나리티 Anadyr ...79S3
아나우악 Anahuac ...84G7, 94D3
아네네스 Andenes ...60E1
아다나 Adana ...44E3
아덴 Aden ...44F7
아덴만 Gulf Aden ...53P8
아드라르 Adrar ...52G7
아드리아 해 Adriatic Sea ...56F4
아드주드 Adjud ...73F2
아디스아바바 ADDIS ABABA ...53N9
아라드 Arad ...48D5, 73C2

아라라트산 Ararat Mt. ·····44F3
아라우 Aarau ·····62D5
아라우카 Arauca ·····98D2
아라우코 Arauco ·····100B5
아라카주 Aracaju ·····99K6
아라푸라 해 Arafura Sea ·····102F1
아랄해 Aral Sea ·····44J2, 75F4, 78H5
아랍에미리트 ARAB EMIRATES ·····44H6
아레초 Arezzo ·····56F4
아레키파 Arequipa ·····98D7
아루나찰 프라데시 ARUNACHAL PRADESH ·····4G6, 47G3
아르다빌 Ardabil ·····44G3
아르메니아 ARMENIA ·····44F2, 78F5
아르비카 Arvika ·····60D4
아르빌 Arbil ·····44G3
아르티시강 Irtysh R. ·····75G2
아르한겔스크 Arkhangel'sk ·····78F3
아르헨티나 ARGENTINA ·····98F8, 100C4
아를 Arles ·····67H5
아를롱 Arlon ·····62B4
아리에주강 Ariege R. ·····66I5
아리카 Arica ·····98D7
아마 Armagh ·····59D4
아마다바드 Ahmadabad ·····46C4
아마조나스 AMAZONAS ·····98E4
아마파 AMAPA ·····99H3
아맘바이 Amambai ·····99G8
아무르강 Amur R. ·····5L1
아문센 만 Amundsen Gulf ·····80I2
아문센 해 Amundsen Sea ·····111H2
아미앵 Amiens ·····56E4, 66J2, 103K11
아바나 HAVANA ·····95H4
아바단 Abadan ·····44G4
아바데 Abadeh ·····44H4
아바시리 Abashiri ·····24L9
아바자 Abaza ·····75I3
아바즈 Ahvaz ·····44G4
아방카이 Abancay ·····98D6
아베셰 Abeche ·····53K8
아베스타 Avesta ·····60E3
아베이루 Aveiro ·····66D6
아보메 Abomey ·····52G9
아부다비 ABU DHABI ·····44H6
아부자 ABUJA ·····52H9
아부하메드 Abu Hamed ·····53M7
아비뇽 Avignon ·····67H4
아비스코 Abisko ·····60E1
아비시니아 고원 Abyssinian Plat. ·····53N9, 52H9
아비장 Abidjan ·····52F9
아사히카와 Asahikawa ·····5P3, 24K10
아산솔 Asansol ·····47F4
아삼 ASSAM ·····4F6, 47G3
아순시온 ASUNCION ·····100E3
아스마라 ASMARA ·····53N7
아스완 Aswan ·····53M6
아스타나 ASTANA ·····78H4
아스트라한 Astrakhan ·····44G1, 74D4, 78F5
아스티 Asti ·····67M4
아시가바트 ASHGABAT ·····44I3, 78G6
아시우트 Asyut ·····53M5
아시카가 Ashikaga ·····25G4
아얀 Ayan ·····79O4
아오모리 AOMORI ·····25H2
아우구스투프 Augustow ·····63K2
아우크스부르크 Augsburg ·····62E4
아유타야 Ayutthaya ·····40C3, 38C3
아이다호 IDAHO ·····84E4
아이딘 Aydin ·····44C3
아이슬란드 ICELAND ·····56C2, 60M6
아이오와 IOWA ·····85I4
아이치 AICHI ·····25F5
아이티 HAITI ·····95J5
아이티섬 Haiti I. ·····95J5
아일랜드 IRELAND ·····56D3, 58C5
아작시오 Ajaccio ·····67M6
아제르바이잔 AZERBAIDZHAN ·····44G2, 78F5
아지메르 Ajmer ·····46C3
아카바 Aqaba ·····44E5, 48D7
아카시 Akashi ·····24E5
아카풀코 Acapulco ·····94E5
아칸소 ARKANSAS ·····84G5
아커쑤 Aksu ·····4D3
아코루냐 (라코루냐) A Coruna(La Coruna) ·····56D4
아콜라 Akola ·····46D4
아크라 Acara ·····99I4
아크라 ACCRA ·····52F9
아크리 ACRE ·····98D5
아클린스섬 Acklins I. ·····95J4
아키타 AKITA ·····25H3
아키텐 분지 Aquitain Basin ·····66H4
아테네 ATHENS ·····73D6
아틀라스 산맥 Atlas Mts ·····52E4
아파리 Aparri ·····5L8, 39G2
아프가니스탄 AFGHANISTAN ·····2H6, 44J4

아피아 Apia ·····108n9
아헨 Aachen ·····62C3
아헤른 Achern ·····62D4
안가르스크 Angarsk ·····4H1, 79L4
안나바 Annaba ·····52H3
안나자프 An Najaf ·····44F4
안년 An Nhon ·····40D3
안데스산맥 Andes Mts. ·····98D7
안도라 ANDORRA ·····56E4, 66J5
안도라라베야 ANDORRA LA VELLA ·····66I5
안드라프라데시 ANDHA PRADESH ·····4D8, 46D5
안드로스 섬 Andros I. ·····73E7, 95I4
안디잔 Andizhan ·····4B3, 45L2, 75G4, 78I5
안산 Anshan ·····5L3, 6H2, 8A5
안셀브 Andselv ·····56F2, 60E1
안순 Anshun ·····4I6, 7B9
안시 Anxi ·····4G3, 7F10
안양 Anyang ·····5J4, 6E4
안치라베 Antsirabe ·····55I6
안타나나리보 ANTANANARIVO ·····55I6
안탈리아 Antalya ·····44D3
안토파가스타 Antofagasta ·····98D8, 100B2
안트베르펜(앤트워프) Antwerpen ·····62B3
안티레바논 산맥 Anti Lebanon Mts. ·····48E2
안후이성 ANHUI ·····5K5
알단 Aldan ·····79N4
알라고아스 ALAGOAS ·····99K5
알래스카 ALASKA ·····84S10
알래스카만 Gulf of Alask ·····80G4, 84U10
알레포 Aleppo ·····53N3
알렉산더 만 Alexander Bay ·····54C8
알렉산드리아 Alexandria ·····73D5
알렌 Aalen ·····62E4
알류산산맥 Aleutian Ra. ·····80F4
알마티 Almaty ·····4C3, 45M2, 78I5
알메리아 Almeria ·····56D5, 66G8
알바니아 ALBANIA ·····56F4, 73C5
알바세테 Albacete ·····66G7
알브달 Alvdal ·····60C3
알제 ALGER ·····52G3
알제리 ALGERIE ·····52G5
알코바사 Alcobaca ·····66D7
알타 Alta ·····60F1
알타미라 Altamira ·····99H4
알타이 Altay ·····4G2
알타이프 Al Taif ·····44F6
알토나 Altona ·····84H3
알트도르프 Altdort ·····56E4, 62D5
알프스 산맥 Alps Mts. ·····56E4, 62D5
암가 Amga ·····79O3
암리차르 Amritsar ·····46D2
암만 AMMAN ·····44E4, 48D5
암본 Ambon ·····39H6
암스테르담 AMSTERDAM ·····56E3, 62B2
앙골라 ANGOLA ·····54C5
앙제 Angers ·····66H3
앙주앙 섬 Anjouan I ·····55I5
앙카라 ANKARA ·····44D3
앙카라트라 산 Ankaratra Mt. ·····55I6
앙쿠드 Ancud ·····100B6
애너콘다 Anaconda ·····84E3
애들레이드 Adelaide ·····102F6
애디론댁 산맥 Adirondack Mts. ·····85M3
애리조나 ARIZONA ·····84E5
애머릴로 Amarillo ·····84G5
애모스 Amos ·····80N5, 85L3
애버딘 Aberdeen ·····56D3, 58F3, 84C3
애선스 Athens ·····85H6
애크런 Akron ·····85K4
애틀랜타 Atlanata ·····85K6
애팔래치아 산맥 Appalachian Mts. ·····85K5
앤 아버 Ann Arbor ·····85K4
앤티가 바부다 ANTIGUA AND BARBUDA ·····95L5, 96E1
앤티코스티 섬 Anticosti I. ·····80O5, 85O3
앨라배마 ALABAMA ·····85J6
앨리스스프링스 Alice Springs ·····106J10
앨버커키 Albuquerque ·····84F6
앨버타 ALBERTA ·····80J4
앨버타 호수 Albert L. ·····54F2
앵글시 섬 Anglesey I. ·····58E5
앵커리지 Anchorage ·····80G3
언게이바 만 Ungava Bay ·····80O4
얼렌하오터 Erenhot ·····5J3
야노스 Lianos ·····98E2
야렌 YAREN ·····108M8
야마가타 Yamagata ·····25H3
야마구치 Yamaguchi ·····24C5
야마나시 YAMANASHI ·····25G5
야마다 Yamada ·····25H3
야무수크로 YAMOUSSOUKRO ·····52E9
야보르 Jawor ·····63G3
야보주노 Jaworzno ·····63I3
야블라니차 Jablanica ·····73A4
야스베레니 Jaszbereny ·····63J5

야스워 Jasło ·····63J4
야안 Ya'an ·····4H5
야운데 YAOUNDE ·····52I10, 54B2
야이체 Jajce ·····73A3
야즈드 Yazd ·····44H4
야쿠츠크 Yakutsk ·····79N3
얄타 Yalta ·····74C4, 78E5
양곤 YANGON ·····40B2
양장 Yangjiang ·····7C12
에게르 Eger ·····63J5
에게르순 Egersund ·····60B3
에게해 Aegean Sea ·····73E6
에그몬트 산 Egmont Mt. ·····106E3
에네디 고원 Ennedi Plat. ·····53K7
에누구 Enugu ·····52H9, 54A1
에더 Ede ·····62B2
에데사 Edhessa ·····73C5
에데아 Edea ·····52I10
에드먼턴 Edmonton ·····80J4
에드워드 호 Edward L. ·····53M10
에든버러 Edinburgh ·····56D3, 58F4
에르모시요 Hermosillo ·····94B3
에르주룸 Erzurum ·····44F3
에르진칸 Erzincan ·····2E5
에르푸르트 Erfurt ·····62E3
에를랑겐 Erlangen ·····62E4
에리트레아 ERITREA ·····53N7
에미쿠시산 Emikoussi Mt. ·····53J5
에이다 Ada ·····85H6
에인트호번 Eindhoven ·····62B3
에번즈빌 Evansville ·····85J5
에브로강 Ebro R. ·····66I6
에비에 Evje ·····60B3
에센 Essen ·····56E3, 62C3
에스메랄다스 Esmeraldas ·····98C3
에스뷘 Edsbyn ·····56F2, 60E3
에스비에르 Esbjerg ·····60C5
에스키셰히르 Eskisehir ·····44D3
에스테포나 Estepona ·····66F8
에스텔리 Estell ·····94G6
에스토니아 ESTONIA ·····60G4
에스파뇰라 Espanola ·····85K3
에스페란스 Esperance ·····102C6
에스포 Espoo ·····60G3
에어 Ayr ·····58E4, 103H3
에콰도르 ECUADOR ·····98C4
에트네 Etne ·····60B3
에티오피아 ETHIOPIA ·····53N9, 54G1
에피날 Epinal ·····62C4
에히메 EHIME ·····24D6
엑서터 Exeter ·····58F6
엔나 Enna ·····67P8
엔더비 랜드 Enderby Land ·····111N2
엔세나다 Ensenada ·····84D6, 94A2
엔스헤데 Enschede ·····62C2
엘곤 산 Elgon Mt. ·····53M10
엘라지 Elazig ·····44E2
엘바섬 Elba I. ·····67N5
엘버트산 Mt. Elbert ·····84F5
엘베강 Elbe R. ·····62E2
엘브달렌 Alvdalen ·····60D3
엘살바도르 EL SALVADOR ·····94G6
엘오베이드 El Obeid ·····53M8
엘즈미어 섬 Ellesmere I. ·····80M2
엘즈워스 랜드 Ellsworth Land ·····111J2
엘패소 El Paso ·····84F6
엠덴 Emden ·····62C2
엠바 Emba ·····75E4
엥에랄 Engerdal ·····60C3
영국 UNITED KINGDOM ·····56D3, 58F4
영국해협 English Channel ·····56D4, 58G6
예나 Jena ·····62E3
예데데 Gaddede ·····60D2
예레반 YEREVAN ·····44G2, 78F5
예루살렘 JERUSALEM ·····44E4, 48D5
예리코 Jericho ·····48D5, 103H4
예링 Hjørring ·····56F3, 60C4
예멘 YEMEN ·····44G7
예블레 Gavle ·····56F2, 60E3
예비크 Gjøvik ·····60C3
예세니체 Jesenice ·····62F5
예세니크 Jesenik ·····63H3
예일로 Geilo ·····56E2, 60C3
예카테린부르크 Yekaterinburg ·····75E3
예테보리 Goteborg ·····56F3, 60C4
옌셰핑 Jonkoping ·····60D4
옌안 Yan'an ·····5I4, 6C4
옌타이 Yantai ·····6G4
옐레니아구라 Jelenia Gora ·····63G3
옐로나이프 Yellowknife ·····80J3
옐로스톤 Yellowstone ·····84F3
옐로스톤호 Yellowstone Lake ·····84E4
옐리바레 Gallivare ·····56F2, 60F2
옐리스타 Elista ·····78F5

오가 Oga ·····25G3
오가키 Ogaki ·····25F5
오거스타 Augusta ·····85K6, 102B6
오그던 Ogden ·····84E4
오드라(오데르)Odra(Oder) ·····62E2
오데사 Odessa ·····74C4, 78E5, 84G6
오덴세 Odense ·····60C5
오랑 Oran ·····52F3
오랄 Oral ·····74E3
오렌부르크 Orangeburg ·····85K6
오렌지 강 Orange R. ·····54C8
오루로 Oruro ·····98E7
오르스 Ars ·····60C4
오르스크 Orsk ·····78G4
오르후스 Arhus ·····56F3
오를레앙 Orleans ·····66I3
오리건 OREGON ·····84C4
오리노코강 Orinoco R. ·····98E2
오리사 ORISSA ·····4D7, 46F4
오리사바 Orizaba ·····94E5
오룔 Oryol ·····74C3
오마 Oma ·····25H2
오마라마 Omarama ·····106C6
오마치 Omachi ·····25F4
오마하 Omaha ·····85H4
오만 OMAN ·····44I6
오무 Omu ·····24K9
오무라 Omura ·····24C6
오바마 Obama ·····24E5
오번 Oban ·····58E3
오비도스 Obidos ·····99G4
오비에도 Oviedo ·····56D4
오비히로 Obihiro ·····24K10
오사르나 Asarna ·····56F2
오사산 Ossa Mt. ·····103H8
오사카 Osaka ·····5N5, 24E5, 25F5
오샤만베 Oshamambe ·····24J10
오셀레 Asele ·····60E2
오스나브뤼크 Osnabruck ·····62C2
오스트라바 Ostrava ·····56F4, 63I4
오스트레일리아 AUSTRALIA ·····102E4
오스트리아 AUSTRIA ·····56F4, 63G5
오스틴 Austin ·····85H6
오슬로 OSLO ·····56F3, 60C4
오악사카 OAXACA ·····94E5
오와카 Owaka ·····106B7
오울루 Oulu ·····60G2
오웬산 Owen Mt. ·····106D4
오이타 Oita ·····24C6
오카야마 OKAYAMA ·····24D5
오크니 제도 Orkney Is ·····56D3, 58F2
오클라호마 OKLAHOMA ·····84H5
오클랜드 Auckland ·····106E2
오키나와 Okinawa ·····25O13
오타고 OTAGO ·····106C6
오타루 Otaru ·····5P3, 24J10
오타와 Ottawa ·····85H5, 85J4
오타와 제도 Ottawa Is. ·····80M4
오하이오 OHIO ·····85K4
옥스퍼드 Oxford ·····58G6, 85J6
온다 Honda ·····98D2
온도 Ondo ·····24D5
온두라스 HONDURAS ·····94G5
온타리오 ONTARIO ·····80M4
온타리오호 Lake Ontario ·····85L4
올덴 부르크 Oldenburg ·····62C2
올랜도 Orlando ·····85K7
올림피아 Olympia ·····84C3
올버니 Albany ·····106J11
올보르 Aalborg ·····60C4
올슈틴 Olsztyn ·····63J2
옴두르만 Omdurman ·····53M7
옴브로네강 Ombrone R. ·····67N5
옴스크 Omsk ·····75G2, 78I4
와가두구 OUAGADOUGOU ·····52F8
와스카나니쉬 Waskaganish ·····80N4, 85L2
와이오밍 WYOMING ·····84F4
와지마 Wajima ·····25F4
와카야마 Wakayama ·····24E5
왓카나이 Wakkanai ·····24J9
외레브로 Orebro ·····56F3, 60D4
욀란드 섬 Oland I. ·····56F3, 60E4
요나고 Yonago ·····24D5
요르단 JORDAN ·····44E4, 48E6
요코하마 Yokohama ·····5P4, 25G5, 25H2
요크 York ·····58G5, 84H4, 85L5
요크곶 York C. ·····103G2
요크모크 Jokkmokk ·····60E2
욕구야카르타 Yogyakarta ·····38E7
요하네스버그 Johannesburg ·····54E8
우간다 UGANDA ·····53M10
우드스톡 Woodstock ·····85N3
우디네 Udine ·····62F5, 67O3
우라와 Urawa ·····25G5

우라카와 Urakawa ···24K10
우랄산맥 Ural Mts. ···57J2
우랄스크 Ural' sk ···78G4
우루과이 URUGUAY ···100E4
우루무치 Urumqi ···4E3
우방기강 Ubangi R. ···54D2
우베 Ube ···24C6
우블라 Ubla ···63K4
우스리스크 Ussuriysk ···5N3, 79O5
우스트카 Ustka ···63H1
우시 Wuxi ···5L5, 6C7
우아누코 Huanuco ···98C5
우아라스 Huaraz ···98C5
우앙카벨리카 Huancavelica ···98C5
우앙카요 Huancayo ···98C6
우에다 Ueda ···25G4
우엘바 Huelva ···66E8
우웨이 Wuwei ···4H4, 6F7
우자인 Ujjain ···46D4
우저우 Wuzhou ···5J7, 7D11
우즈베키스탄 UZBEKISTAN ···44J2, 75F4, 78H5
우지다 Oujda ···52F4
우치 Lodz ···63I3
우크라이나 UKRAINA ···74C4
우타르프라데시 UTTAR PRADESH ···4D6, 46D3
우하이 Wuhai ···4I4
울란바토르 ULAN BATOR ···4I2, 79L5
울란우데 Ulanude ···4I1
울리야놉스크 Ulyanovsk ···74D3
울버햄프턴 Wolverhampton ···58F5
울친 Ulcinj ···56F4, 73B6
울프 섬 Wolf I. ···98A4
울프포인트시드니 Wolf Point ···84F3
웁살라 Uppsala ···56F3, 60E4
워링턴 Warrington ···58F5
워싱턴 WASHINGTON ···84C4, 85L5
워터빌 Waterville ···85N4
워터타운 Water town ···85H4
워터퍼드 Waterford ···56D3, 58F5
워털루 Waterloo ···85I4
월비스베이 Walvis Bay ···54B7
웨들섬 Weddell I. ···100D8
웨들해 Weddell Sea ···111O3
웨스턴오스트레일리아 WESTERN AUSTRALIA ···102C5
웨스트버지니아 WEST VIRGINIA ···85K5
웨스트우드 West Wood ···103K10
웨스트포인트 West Point ···85H4
웨양 Yueyang ···5J6, 7D8
웨이번 Weyburn ···80K4, 84G3
웨이코 Waco ···85H6
웨이팡 Weifang ···5K4
웨이하이 Weihai ···5L4
웰링턴 WELLINGTON ···106E3
위니스크강 Winisk R. ···85J2
위니펙 Winnipeg ···80L5, 85H3
위니펙호 Winnipeg Lake ···84H2
위먼 Yumen ···4G4
위수 Yushu ···4G5, 8C3, 47H2
위스콘신 WISCONSIN ···85J4
위트레호트 Utrecht ···62C2
윈난성 YUNNAN ···4H7
윈덤 Wyndham ···102D3
윈드워드해협 Windward passage ···95J5
윈저 Windsor ···85K4
윌란(유틀란트) 반도 Jutland Pen. ···56E3
윌슨 Wilson ···85L5
유베쓰 Yubetsu ···24K9
유주노사할린스크 Yuzhno-Sakhalinsk ···5P2, 79P5
유진 Eugene ···84C4
유카탄 YUCATAN ···94G4
유카탄반도 Yucatan pen. ···94G5
유콘 Yukon ···80G3
유콘주 YUKON TERRITORY ···80H3, 84V9
유타 UTAH ···84E5
은돌라 Ndola ···54E5
은자메나 N' DJAMENA ···53J8
은자메나 N'Djamena ···50F4
음바바네 MBABANE ···54F8
음반다카 Mbandaka ···54C2
음발라 Mbala ···54F4
음부지마이 Mbuji May ···54D4
이가르카 Igarka ···78J3
이기디 사막 Erg Igudi ···52F6
이나리 Inari ···60G1
이냠바느 Inhambane ···54G7
이노브로츠와프 Inowroclaw ···63I2
이누빅 Inuvik ···80H3
이닝 Yining ···4D3
이드레 Idre ···60D3
이라크 IRAQ ···44F4
이라클리온 Iraklion ···44C3, 73E8
이라푸아토 Irapuato ···94D4
이란 IRAN ···46A3
이르쿠츠크 Irkutsk ···4H1, 79L4

이리 Erie ···85K4
이리호 Lake Erie ···85K4
이마바리 Imabari ···24D5
이모트스키 Imotski ···73A4
이바노보 Ivanovo ···74D3, 78F4
이바단 Ibadan ···52G9
이바라 Ibarra ···98C3
이베리아 반도 Iberia Pen. ···56D5
이비사 섬 Ibiza I. ···56E5
이빈 Yibin ···4H6, 7A8
이스라엘 ISRAEL ···44D4, 48C4
이스마일리아 Ismailia ···44D4
이스탄불 Istanbul ···44C2
이스트 런던 East London ···54E9
이스트메인강 Eastmain R. ···80N4, 85L2
이스파한 Isfahan ···44H4
이스피리투 산투 ESPIRITO SANTO ···99K7
이슬라마바드 ISLAMABAD ···45L4
이시카리 Ishikari ···24J10
이식쿨호 Issykkul L. ···75G4
이아시 Iasi ···73F2
이얼스 Yirshi ···5K2
이오니아 Ioanina ···73C6
이오니아해 Ioanian Sea ···67Q8
이와나이 Iwanai ···24J10
이와키 Iwaki ···25H4
이와테 Iwate ···25H3
이자크 Izsak ···63I5
이젭스크 Izhevsk ···74E3, 78G4
이즈미르 Izmir ···44C3
이집트 EGYPT ···53L5
이창 Yichang ···5J5, 6D7
이춘 Yichun ···7E9, 8C2
이카 Ica ···98C6
이케다 Ikeda ···24D6
이키케 Iquique ···98D8, 100B2
이키토스 Iquitos ···98D4
이탈리아 ITALIA ···56F4, 67O6
이탈리아반도 Italian Pen. ···56F4, 67O5
이토이가와 Itoigawa ···25G4
이포 Ipoh ···40C5
인강 Inn R. ···62F4
인도 INDIA ···45M6
인도네시아 INDONESIA ···39G7
인도양 Indian Ocean ···53P10, 54G8, 102B2
인디애나 Indiana ···85J4
인디애나폴리스 Indianapolis ···85J5
인버카길 Invercargill ···106B7
인뷔그다 Innbygda ···60D3
인살라 In Salah ···52G5
인스브루크 Innsbruck ···62E5
인촨 Yinchuan ···4I4, 6B3
인터라켄 Interlaken ···62C5
인하베트 Innhavet ···56F2
일로린 Ilorin ···52G9
일로일로 Iloilo ···39G3
일루서라 섬 Eleuthera I. ···85L7, 95I3
일리노이 ILLINOIS ···85J5
임팔 Imphal ···4F7, 47G4
임페리아 Imperia ···56E4
입스위치 Ipswich ···58H5, 103I4
잉골슈타트 Ingolstadt ···62E5
잉커우 Yinkou ···5L3
잉탄 Yintan ···5K6

자

자그레브 ZAGREB ···67P4
자다르 Zadar ···56F4, 67P4
자르브뤼켄 Saarbruecken ···62C4
자메이카 JAMAICA ···95I5
자발푸르 Jabalpur ···4C7, 46D4, 46E4
자스크 Jask ···44I5
자야푸라 Jayapura ···39K6
자이푸르 Jaipur ···46D3
자카르타 JAKARTA ···38D7
자코파네 Zakopane ···63J4
자킨토스 섬 Zakinthos I. ···73C7
자프나 Jaffna ···46D7
잔장 Zhangjiang ···5J7
잔지바르 Zanzibar ···54G4
잘러우 Zalau ···73D2
잘레강 Saale R. ···62E3
잘츠부르크 Salzburg ···62F5
잠베지 Zambezi ···54D5
잠베지강 Zambeze R. ···54F6
잠불 Dzhambu ···4B3, 75G4, 78I5
잠비 Jambi ···38C6
잠비아 ZAMBIA ···54E5
잠셰드푸르 Jamshedpur ···4E7, 46F4
장수성 JIANGSU ···5L5, 6F6
장예 Zhangye ···4H4
장자커우 Zhangjiakou ···5J3
장저우 Zhangzhou ···5K7, 7F10

재스퍼 Jasper ···80J4, 84D2
잭슨 Jackson ···84E4, 85I6
잭슨빌 Jacksonville ···85I5, 85L6
저장성 ZHEJIANG ···7G8
적도기니 EQUATORIAL GUINEA ···52H10
질롱 Geelong ···103G7
정저우 Zhengzhou ···5J5
제너럴산토스 General Santos ···39H4
제네바 Geneva ···56E4
제노바 Genova ···67M4
제닌 Jenin ···48D4
제르진스크 Dzerzinsk ···60G5
제다 Jeddah ···44E6
제야 Zeya ···79N4
제임스 James ···84H3
제임스 섬 James I. ···98A4
제임스만 James Bay ···85K2
제임스타운 Jamestown ···84H3, 85L4
제퍼슨 시티 Jefferson City ···85I5
조드푸르 Jodhpur ···46C3
조스 Jos ···52H8
조지아 Georgia ···85K6
조지아 GEORGIA ···44F2, 78F5
조지타운 GEORGETOWN ···52D8, 84H6, 85L6
조호르 바루 Johor Baharu ···40C5
졸링겐 Solingen ···62C3
좀바 Zomba ···54G6
종굴다크 Zonguldak ···44D2
죄르 Gyor ···63H5
죈죄시 Gyongyos ···63I5
주노 Juneau ···80H4, 84V10
주룽 Jurong ···6F7
주바 JUBA ···53M10, 54F2
주아제이루 Juazeiro ···99J5
주앙 페소아 Joao Pessoa ···99L3
주장 Jiujiang ···5K6, 7E8
주취안 Jiuquan ···4G4
중가리아 분지 Dzungaria Basin ···4E2
중산 Zhongshan ···5J7, 7D10
마시프상트랄(중앙고원)Massif Central ···56E4
중앙아프리카공화국 CENTRAL AFRICAN REP. ···53K9, 54D1
쥐라산맥 Jura Mts. ···67L3
지겐 Siegen ···62C3
지난 Jinan ···5K4, 6E4
지닝 Jining ···6E5
지룽 Keelung ···5L6, 7G10
지린 Jilin ···5M3, 8C4
지바 CHIBA ···25H5
지부티 DJIBOUTI ···53O8
지브롤터 Gibraltar ···56D5
지브롤터 해협 Gibraltar Str. ···56D5
지중해 Mediterranean Sea ···48B3, 56E5
진데르 Zinder ···52H8
진시 Jinxi ···7E9
질러 Zala ···63H5
짐바브웨 ZIMBABWE ···54E6
징더전 Jingdezhen ···5K6
쯔궁 Zigong ···4H6, 7A8
쯔보 Zibo ···5K4

차

차가이 Chagai ···46A3
차드 CHAD ···53J8
차드 호 Chad L. ···52I8
차만 Chaman ···46B2
차오양 Chaoyang ···5L3, 6G2, 7E11
차차크 Cacak ···73C4
차차포야스 Chachapoyas ···98C5
차코 CHACO ···100D3
차터스타워스 Charters Towers ···103H4
찬디가르 Chandigarh ···4C5
찰라테낭고 Chalatenango ···94G6
찰스턴 피크(산) Charleston Peak(Mt.) ···84D5
창더 Changde ···5J6, 7D8
창두 Qamdo ···4G5
창사 Changsha ···5J6, 7D8
창원 Changwon ···5M4
창즈 Changzhi ···5J4, 6D5
창춘 Changchun ···5M3, 8B4
채널제도 Channel Islands ···66G2
채터누가 Chattanooga ···85I6
천저우 Chenzhou ···5J6
청나일 강 Blue Nile R. ···53M8
청두 Chengdu ···4H5, 6A7
체글레드 Cegled ···63I5
체렘호보 Cheremkhovo ···79L4
체르니우치 Chernivtsi ···78D5
체르니히우 Chernihiv ···74C3, 78E4
체르스키 Cherskiy ···79R3
체복사리 Cheboksary ···74D3
체서피크 Chesapeake ···85L5
체스터 Chester ···58F5
체코 CZECH ···56F4, 63G4

체투말 Chetumal ···94G5
첸나이 Chennai ···46D6
첼랴빈스크 Chelyabinsk ···75F3
첼레 Celle ···62E2
촐루테카 Choluteca ···94G6
추르고 Csurgo ···63H5
추메브 Tsumeb ···54C6
추부트 CHUBUT ···100C6
춤폰 Chumphon ···40B3
충칭 Chongqing ···4I6, 7B8
취리히 Zurich ···56E4, 62D5
츠펑 Chifeng ···5K3, 6F1
치난데가 Chinandega ···94G6
치르본 Cirebon ···38D7
치앙마이 Chieng Mai ···40B2
치얀 Chillan ···100B5
치와와 CHIHUAHUA ···94H4
치치하얼 Qiqihar ···5L2, 8B2
치클라요 Chiclayo ···98C5
치타 Chita ···5J1, 79M4
치타공 Chittagong ···4F7
칠레 CHILE ···98D8, 100B4
칠로에 섬 Chiloe I. ···100B6
칭골라 Chingola ···54E5
칭다오 Qingdao ···5L4
칭하이 QINGHAI ···47G2

카

카간 Kagan ···75G5, 78H6
카나리아 제도 Canarias Is. ···52C5
카나번 Carnarvon ···102A4
카노 Kano ···52H8
카두나 Kaduna ···52H8
카디스 Cadiz ···56D5
카디프 Cardiff ···56D3, 58F6
카라 Kara ···52G9
카라간다 Karaganda ···4B2, 75G4, 78I5
카라마 Karama ···48D5
카라벨라스 Caravelas ···99K7
카라수 Kara Suu ···45L2
카라치 Karachi ···46B4
카라카스 CARACAS ···98E1
카라크 Karak ···48D5
카레이 Carei ···73D2
카렐리아 공화국 REP. KARELIA ···78E3
카르라 Karla ···53N7
카룸바 Karumba ···103G3
카르나타카 KARNATAKA ···46D6
카르도주 섬 Cardoso I. ···100G3
카르말라 Karmala ···46D5
카르타고 Cartago ···95H7
카르타헤나 Cartagena ···56D5, 66H8, 98C1
카리바 호 Kariba L. ···54E6
카리브 해 Caribbean sea ···95I6, 98C1
카마구에이 Camaguey ···95I4
카마던 Carmarthen ···58E6
카멘스크-우랄스키 Kamensk-Ural'sky ···75F3
카메룬 CAMEROON ···52I10, 54B2
카보베르데 CABO(CAPE) VERDE ···52S12
카불 KABUL ···46B2
카브웨 Kabwe ···54E5
카빈다 CABINDA ···54B4
카사마 Kasama ···54F5
카사블랑카 Casablanca ···52E4
카샨 Kashan ···44H4
카세레스 Caceres ···99G7
카슈가르 Kashgar ···4C4
카슈미르 KASHMIR ···46D2
카스피 해 Caspian Sea ···74D4
카슨시티 Carson City ···84D5
카신 Kashin ···74C3
카아사파 Caazap ···100E3
카야 Kaya ···52F8
카야오 Callao ···98C6
카우케네스 Cauquenes ···100B5
카이리 Kaili ···7B9
카이로 CAIRO ···53M4
카이세리 Kayseri ···44E3
카이펑 Kaifeng ···5J5
카자흐스탄 KAZAKHSTAN ···4C2, 78H5
카잔 Kazan ···74D3
카즈빈 Qazvin ···44G3
카치나 Katsina ···52H8
카타니아 Catania ···67P8
카타르 QATAR ···44H5
카타마르카 CATAMARCA ···100C3
카탄차로 Catanzaro ···67Q7
카테테 Katete ···54F5
카토비체 Katowice ···63I3
카트만두 KATHMANDU ···4E6, 46F3
카펀테리아만 Gulf of Carpentaria ···102F2
카폰 Kaf ···48F5

카하마르카 Cajamarca ·····98C5
칸다하르 Kandahar ·····44K4
칸드와 Khandwa ·····46D4
칸스크 Kansk ·····78K4
칸푸르 Kanpur ·····4D6, 46E1
칸푸르 Khanpur ·····46C3
칼라바르 Calabar ·····52H9, 54A2
칼라일 Carlisle ·····58F4, 85L4
칼리 Cali ·····98C3
칼리닌그라드 Kaliningrad(konigsberg) ·····60F5
칼마르 Kalmar ·····56F3, 60E4
칼미키아 공화국 REP.KALMYKIA ·····78F5
캄보디아 CAMBODIA ·····40D3
캄팔라 KAMPALA ·····53M10
캄페체 CAMPECHE ·····94F5
캄포 Campo ·····52H10, 54B2
캄포바소 Campobasso ·····67P6
캄푸스 CAMPOS ·····99I6
캄피나스 Campinas ·····99I8
캇발로간 Catbalogan ·····39H3
캉딩 Kangding ·····4H5
캐나다 CANADA ·····80K2, 84H2
캐스트리스 CASTRIES ·····95I4
캣섬 Cat I. ·····85M8, 95I4
캔버라 CANBERRA ·····103H7
캔자스 KANSAS ·····84G5
캔자스시티 Kansas City ·····85H5
캔터베리 CANTERBURY ·····106D5
캘거리 Calgary ·····80J4
캘리포니아 CALIFORNIA ·····84C5
캠루프스 Kamloops ·····80I4
캠던 Camden ·····85I6
커노라 Kenora ·····85I3
커라마이 Karamay ·····4D2
컬콜디 Kirkcaldy ·····58F3
컬럼비아 Columbia ·····84D2
컬럼비아 산맥 Mt. Columbia ·····84D2
컴벌랜드 Cumberland ·····85L5
컴벌랜드 제도 Cumberland Is. ·····85L5
케냐 KENYA ·····53N10, 54G2
케냐산 Kenya Mt. ·····53N11, 54G3
케랄라 KERALA ·····46D6
케레타로 Queretaro ·····94D4
케르마 Kerma ·····53M7
케르만 Kerman ·····44I4
케르만샤(바흐타란) Kermanshah ·····44G4
케메로보 Kemerovo ·····78J4
케미 Kemi ·····60G2
케손 Quezon ·····38F4
케손시티 Quezon City ·····39G2
케언스 Cairns ·····103J9
케이프 커내버럴 Cape Canaveral ·····85K7
케이프요크 반도 Cape York Pen ·····103G2
케이프코스트 Cape Coast ·····52F9
케이프타운 Cape Town ·····54C9
케임브리지 Cambridge ·····58H5, 85I3, 106E2
케임브리지베이 Cambridge Bay ·····80K3
켄터키 KENTUCKY ·····85J5
켐니츠 Chemniz ·····62F3
코나크리 CONAKRY ·····52D9
코네티컷 CONNECTICUT ·····85M3
코니아 Konya ·····44D3
코르도바 Cordoba ·····66F8, 84G7, 100D4
코디액 Kodiak ·····80F4, 84T10
코디액섬 Kodiak Island ·····80F4, 84T10
코로 Coro ·····98E1
코로 Koro ·····52E9
코로만델 Coromandel ·····99I7, 106E2
코룸바 Corumba ·····99G7
코르시카 섬 Corsica I. ·····56E4, 67M5
코리엔테스 CORRIENTES ·····100E3
코린트 Corinth ·····85J6
코마노 Komano ·····63I5
코모 Como ·····67M4
코모로 COMOROS ·····55H5
코모로 제도 Comoros Is ·····55I5
코미 공화국 REP. KOMI ·····78G3
코바 Cobar ·····103H6
코비하 Cobija ·····98E6
코블렌츠 Koblenz ·····62C3
코센차 Cosenza ·····67Q7
코소보 KOSOVO ·····73C4
코스타나이 Kostanay ·····75F3, 78H4
코스타리카 COSTA RICA ·····95H7
코스트산맥 Coast Mountains ·····80I4
코스티 Kosti ·····53M8
코아트사코알코스 Coatzacoalcos ·····94F5
코임바토르 Coimbatore ·····46D6
코임브라 Coimbra ·····66D6
코지고드(캘리컷) Kozhikode ·····46D6
코차밤바 Cochabamba ·····98E7
코츠섬 Coats I. ·····80M3
코친 Cochin ·····46D7
코코스도 Cocos Is. ·····108G9

코콜라 Kokkola ·····60F3
코크 Cork ·····56D3, 58C6
코크런 Cochrane ·····80M5, 85K3
코타바루 Kotabaru ·····38F6
코타바루 Kota Baharu ·····46D3
코타바토 Cotabato ·····39G4
코텔 Kotel ·····73F4
코텔니치 Kotel'nich ·····74D3, 78E4
코토르 Kotor ·····56F4, 73B4
코트디부아르 COTE DIVOIRE ·····52E9
코틀라스 Kotlas ·····74D2, 78F3
코퍼마인 Coppermine ·····80J3
코퍼스크리스티 Corpus Christi ·····85H7
코펜하겐 COPENHAGEN ·····56F3, 60C5
콘셉시온 Concepcion ·····95H7, 99G7, 100E2
콘스탄티나 Constantina ·····66F7
콘스탄차 Constanta ·····73G3
콜라르 Kolar ·····46D6
콜럼버스 Columbus ·····84H4, 85J5, 85K4
콜로니아 Colonia ·····39J4
콜로라도 COLORADO ·····84F5, 100D5
콜로라도스프링스 Colorado Springs ·····84G5
콜론 Colon ·····95H4, 95I7
콜롬보 Colombo ·····46E7
콜롬비아 COLOMBIA ·····98D3
콜리마 COLIMA ·····94D5
콜카타 Kolkata ·····4E7, 47G4
콤베 Kombe ·····54E3
콤소몰스크나아무레 Komsomolsk-na-Amure ·····79O4
콧부스 Cottbus ·····63G3
콩고 CONGO ·····53J10
콩고강 Congo R. ·····54C2
콩고민주공화국 REP. CONGO ·····53J10, 54C3
콩고분지 Congo Basin ·····53K10, 54D2
콩스탕틴 Constantine ·····50E2
콩코드 Concord ·····80N5
콩피에뉴 Compiegne ·····66J2
쾨뢰시강 Koros R. ·····63J5
쾰른 Koln ·····56E3, 62C3
쿠레 Kure ·····24D5
쿠르간 Kurgan ·····45K3, 75F3, 78H4
쿠르스크 Kursk ·····74C3, 78E4
쿠리코 Curico ·····100B5
쿠리치바 Curitiba ·····100G3
쿠마나 Cumana ·····98F1
쿠마이 Kumai ·····38E6
쿠마시 Kumasi ·····52F9
쿠바 CUBA ·····95I4
쿠스코 Cuzco ·····98D6
쿠알라룸푸르 KUAIA LUMPUR ·····40C5
쿠알라트렝가누 Kuala Terengganu ·····40C4
쿠어 Chur ·····62D5
쿠얼러 Korla ·····4E3
쿠엥카 Cuenca ·····66G6, 98C4
쿠웨이트 KUWAIT ·····44G5
쿠이비셰프 Kuybyshev ·····78I4
쿠이아바 Cuiaba ·····99G7
쿠처 Kucqa ·····4D3
쿠칭 Kuching ·····40E5
쿠쿠타 Cucuta ·····98D2
쿠타크 Cuttack ·····4E7, 46F4
쿡산 Cook Mt. ·····106C5
쿡 타운 Cooktown ·····103H3
쿡스타운 Cookstown ·····58D4
쿡해협 Cook Strait ·····106E4
쿤밍 Kunming ·····4H6
쿨가디 Coolgardie ·····102C6
쿨나 Khulna ·····47F4
쿨라 Kula ·····73D4
쿨리아칸 Culiacan ·····94C4
콤(쿰) Qom ·····44H4
퀘벡 QUEBEC ·····80N4, 85M2
퀘타 Quetta ·····46B2
퀸모드랜드 Queen Maud Land ·····111R2
퀸샬럿 Queen Charlotte ·····80H4
퀸샬럿 섬 Queen Charlotte I. ·····80H4
퀸스타운 Queenstown ·····52E9, 103H8, 106B6
퀸엘리자베스제도 Queen Elizabeth Is. ·····80K2
퀸즐랜드 QUEENSLAND ·····103G5, 106J10
크라스노다르 Krasnodar ·····74C4
크라스노야르스크 Krasnoyarsk ·····75I3, 79K4
크라이스트처치 Christchurch ·····106D5
크라쿠프 Krakow ·····63I3
크로아티아 CROATIA ·····56F4, 67Q4, 73A3
크루커드 섬 Crooked I. ·····85M8, 95J4
크리비리흐 Kryvyi Rih ·····74C4, 78E5
클라이페다 Klaipeda ·····60F5
클레르몽 Clermont ·····66J2, 103H4, 106J10
클레르몽페랑 Clermont-Ferrand ·····56E4, 66J4
클론커리 Cloncurry ·····103G4
클루지나포카 Cluj-Napoca ·····73D2
클리블랜드 Cleveland ·····85K4
클리블랜드 산 Cleveland Mt. ·····84E3
클리프덴 Clifden ·····58B5

키갈리 KIGALI ·····54F3
키로프 Kirov ·····74D3, 78E4
키루나 Kiruna ·····60F2
키르기스스탄 KYRGYZSTAN ·····4B3, 45L2, 75H4, 78I5
키르쿠크 Kirkuk ·····44F3
키리바시 KIRIBATI ·····109m8
키상가니 Kisangani ·····54E2
키시네우크라슈 Chisineu Cris ·····73C2
키시너우 CHISINAU ·····73G2
키스카섬 Kiska I. ·····84Q10
키예프 KIEV ·····74B3, 78D4
키질 Kyzyl ·····4F1, 75I3
키질오르다 Kzylorda ·····75F4, 78H5
키타 Kita ·····52E8
키토 QUITO ·····98C4
키프로스 KYPROS ·····44D3, 48B2
킨다 Kinda ·····54D4
킨샤사 KINSHASA ·····54C3
킨타나로오 QUINTANA ROO ·····94G5
킬 Kiel ·····62E1
킬리만자로산 Kilimanjaro Mt. ·····54G3
킴벌리 Kimberley ·····54D8
킹레오폴드산맥 King Leopold Mts. ·····102C3
킹섬 King I. ·····103G7
킹스린 Kings Lynn ·····58H5
킹스빌 Kingsville ·····85H7
킹스타운 KINGSTOWN ·····95L6
킹스턴 Kingston ·····102F7, 106B6
킹에드워드포인트 King Edward Point(U.K) ·····111O4
킹윌리엄섬 King William I. ·····80L3
킹조지만 King george B. ·····100D8

타

타나미 Tanami ·····102D3
타나호 Tana L. ·····53M8
타라고나 Tarragona ·····66I6
타라나키 TARANAKI ·····106E3
타라와 TARAWA ·····108N7
타라즈 Taraz ·····4B3, 75G4
타르투 Tartu ·····60G4
타리하 Tarija ·····100D2
타마울리파스 TAMAULIPAS ·····94E4
타밀나두 TAMIR NADU ·····46D6
타바스코 TABASCO ·····94F5
타보라 Tabora ·····54F4
타보르 Tabor ·····63G4, 79Q3
타부 Tabou ·····52E9
타브리즈 Tabriz ·····44G3
타슈켄트 TASHKENT ·····45K2, 78H5
타인호아 Thanh Hoa ·····4I8, 7B13, 40D2
타우아 Tahoua ·····52H8
타운즈빌 Townsville ·····103H3
타이 THAILAND ·····4G8
타이난 Tainan ·····39G1
타이베이 Taipei ·····5L6, 7G10
타이완 TAIWAN ·····5L7, 7G11, 39G1
타이위안 Taiyuan ·····5J4, 6D4
타이충 Taichung ·····5L7
타이핑 Taiping ·····40C5
타지키스탄 TAJIKISTAN ·····4B4, 45L3, 75H5
타쿠아렘보 Tacuarembo ·····100E4
타타르스크 Tatarsk ·····75G3, 78I4
타하트산 Tahat Mt. ·····52H6
타히티 Tahiti ·····109K9
탄자니아 TANZANIA ·····54F4
반다르람풍 Bandar Lampung ·····38D6
탈린 TALLINN ·····60G4
탈카 Talca ·····100B5
탐보프 Tambov ·····74D3
탐페레 Tampere ·····60F3
탐피코 Tampico ·····94D3
탕구 Tanggu ·····5K4
탕헤르 Tanger ·····52E3
태즈메이니섬 Tasmania I. ·····103H8
태즈메이니 TASMANIA ·····103H8
탤러해시 Tallahassee ·····85K6
탬파 Tampa ·····85K7
터코마 Tacoma ·····84C3
터키 TURKEY ·····44E2
터터바너 Tatabanya ·····63I5
털러도 Toledo ·····85K4
털사 Tulsa ·····85H5
테구시갈파 TEGUCIGALPA ·····94G6
테나세림 Tenasserim ·····40B3
테네리페섬 Tenerife I. ·····52C5
테네시 TENNESSEE ·····85J5
테레지나 Teresina ·····99J5
테루엘 Teruel ·····56D4
테르메스 Termez ·····45K3
테무코 Temuco ·····100B5
테쿠치 Tecuci ·····73F3

테플리체 Teplice ·····62F3
테픽 Tepic ·····94D4
테헤란 TEHERAN ·····44H3
텍사스 TEXAS ·····76H6
텍사스시티 Texas City ·····85I7
텍사캐나 Texarkana ·····85I6
텔아비브 Tel Aviv ·····48C4
톈수이 Tianshui ·····4I5
톈진 Tianjin ·····5K4
토고 TOGO ·····52G9
토러스해협 Torres Str ·····103G2
토런스호 L. Torrens ·····102F6
토론토 Toronto ·····80N5, 85L4
토르토사 Tortosa ·····66I6
토리노 Torino ·····56E4, 67L4
토베이 Torbay ·····58F6
토칸칭스 TOCANTINS ·····99I6
토피카 Topeka ·····85H5
톤부리 Thon Buri ·····40C3
톤스타드 Tonstad ·····60B3
톨너 Tolna ·····63I5
톨레도 Toledo ·····66F7, 85K4
통가 TONGA ·····108n10
퇴네르 T ø nder ·····60C5
퇸스베르그 T ø nsberg ·····60C4
투라 Tura ·····47G3, 75F3, 79K3
투란 Turan ·····79K4
투르 Tours ·····56E4, 66I3
투르케베 Turkeve ·····63J5
투르쿠 Turku ·····60F3
투르크메니스탄 TURKMENISTAN ·····44I3, 78G6
투루판 Turpan ·····4E3
투먼 Tumen ·····5M3, 8D4
투바 공화국 REP. TUVA ·····79K4
투발루 TUVALU ·····108N8
투티코린 Tuticorin ·····46D7
투홀라 Tuchola ·····56F3, 63I2
툰하 Tunja ·····98D2
툴 Toul ·····62B4
툴롱 Toulon ·····56E4, 67H5
툴루아 Tiulua ·····98C3
툴루즈 Toulouse ·····56E4, 66I5
툼베스 Tumbes ·····98B3
퉁구 Toungoo ·····4G8, 40B2
퉁랴오 Tongliao ·····8A4
퉁장 Tongjiang ·····5N2, 6B7, 8E2
퉁화 Tonghua ·····5M3, 8B5
튀니스 TUNIS ·····52I3
튀니지 TUNISIE ·····52H4
튀보뢴 Thybor ø n ·····60C4
튜멘 Tyumen ·····75F3
트라브니크 Travnik ·····73A3
트라브존 Trabzon ·····44F2
트라파니 Trapani ·····56F5, 67O7
트레비녜 Trebinje ·····73B4
트레비쇼프 Trebisov ·····63J4
트렌친 Trencin ·····63I4
트렌턴 Trenton ·····85I4
트렌토 Trento ·····56F4, 67N3
트로이 Troy ·····85J6
트론헤임 Trondheim ·····56E2, 60C3
트롬쇠 Troms ø ·····60E1
트르구프루모스 Tirgu Frumos ·····73F2
트루히요 Trujillo ·····94G5, 98C5
트르나바 Trnava ·····63H4
트리니다드 토바고 TRINIDAD AND TOBAGO ·····95L6, 99G1
트리니다드섬 Trinidad I. ·····95L6, 98F1
트리반드룸 Trivandrum ·····46D7
트리폴리 TRIPOLI ·····52I4
트리푸라 TRIPURA ·····4F7
트빌리시 TBILISI ·····78F5
트셰브니차 Trzebnica ·····63H3
티라나 TIRANA ·····73C5
티라섬 Thira I. ·····73E7
티레니아해 Tyrrhenian Sea ·····56F5, 67O7
티마루 Timaru ·····106C6
티모르해 Timor Sea ·····102D2
티에레델푸에고 TIERRA DEL FUEGO ·····100C8
티티카카호 Titicaca L. ·····98E7
티후아나 Tijuana ·····84D6, 94A2
티히 Tychy ·····63I3
팀북투 Timbuktu ·····52F7
팀푸 THIMPHU ·····4E6

파

파나마 PANAMA ·····95H7
파나마 운하 Panama canal ·····95H7
파나지 Panaji ·····46C5
파네베지스 Panevezys ·····60G5
파당 Padang ·····38D6
파두츠 VADUZ ·····56E4, 62D5
파드리 섬 Padre I. ·····85H7
파라 PARA ·····99H4

파라과이 PARAGUAY ·····99G8, 100E2
파라나 PARANA ·····100F2
파라마리보 PARAMARIBO ·····99H2
파라이바 PARAIBA ·····99K5
파로 Paro ·····47F3
파루 Faro ·····66D8, 99G4
파루강 Paru R. ·····99H3
파리 PARIS ·····56E4, 66J2
파마구스타 Famagusta ·····44D3, 48B1
파마구스타만 Famagusta Bay ·····48C1
파블롭스크 Pavlovsk ·····75H3
파스토 Pasto ·····98C3
파이살라바드 Faisalabad ·····46C2
파추카 Pachuca ·····94E4
파키스탄 PAKISTAN ·····45L5, 46B3
파타고니아 PATAGONIA ·····100B7
파트나 Patna ·····46E3
파푸아뉴기니 PAPUA NEW GUINEA ·····39K7
파푼 Papun ·····40B2
판단 Pandan ·····39G3
판지 Panzi ·····54C4
팔라완 섬 Palawan I. ·····39I4, 43
팔라우 PALAU ·····39I4, 43
팔레르모 Palermo ·····56F5, 67O7
팔렘방 Palembang ·····38D6
팔룬 Falun ·····60D3
팔리키르 PALIKIR ·····108L7
팔마데마요르카 Palma de Mallorca ·····56E5
팔머 Palmer ·····80G3, 84U9
팔켄베르크 Falkenberg ·····60D4, 62F3
팔콘호 Falcon Lake ·····84H7
팜파 Pampa ·····84G5
팜파스 PAMPAS ·····100C5
패터슨 Paterson ·····85M4
퍼거라슈 Fagaras ·····73E3
퍼스 Perth ·····58F3, 99I7, 102B6
펀자브 PUNJUB ·····46D2
펄티체니 Falticeni ·····73F2
페로 제도 Faroe Is ·····56D2
페루 PERU ·····98D6
페르피냥 Perpignan ·····56E4, 66J5
페름 Perm ·····74E3, 78G4
페스 Fes ·····52E4
페어웰 곶 Farewell C. ·····106D4
페첸가 Pechenga ·····78E3
페초라 Pechora ·····74E2
페치 Pecs ·····63I5
페테슈티 Fetesti ·····73F3
펜실베니아 PENNSYLVANIA ·····85L4
펜자 Penza ·····74D3, 78F4
포드고리차 FODGORICA ·····67R5
포리 Pori ·····60F3
포로순드 Farosund ·····60E4
포르모사 FORMOSA ·····98F8, 100D2
포르반다르 Porbandar ·····46B4
포르탈레자 Fortaleza ·····99K4
포르토노보 PORTONOVO ·····52G9
포르토프랑스 PORT-au-PRINCE ·····87J5
포르투갈 PORTUGAL ·····56D5, 66D7
포르투알레그리 Porto Alegre ·····100F4
포르투 벨류 Porto velho ·····98F5
포사리카 Poza Rica ·····94E4
포산 Foshan ·····7D11
포시 Posse ·····99I6
포소 Poso ·····39G6
포자 Foggia ·····56F4, 67P6
포즈난 Poznan ·····56F3, 65H2
포차 Foca ·····73B4
포츠담 Postdam ·····62F2
포츠머스 Portsmouth ·····56D3, 58G6, 85K5
포토시 Potosi ·····98E7, 100C1
포트 올버니 Fort Albany ·····85K2
포트딕슨 Port Diekson ·····40C5
포트로더데일 Fort Lauderdale ·····85K7
포트로빈슨 Port Robinson ·····106D5
포트루이스 PORT LOUIS ·····55L11
포트모르즈비 PORT MORESBY ·····103H1, 108K8
포트빌라 PORT VILA ·····108M9
포트수단 Port Sudan ·····53N7
포트엘리자베스 Port Elizabeth ·····54E9
포트엘리스 Port Ailce ·····84B2
포트앨버니 Port Alberni ·····84B3
포트오브스페인 PORT OF SPAIN ·····98F1
포트워스 Fort Worth ·····85H6
포트웨인 Fort Wayne ·····85J4
포트유콘 Fort Yukon ·····80G3, 84U8
포트조지 Fort George ·····80N4, 85L2
포트하커트 Port Harcourt ·····52H10
포틀랜드 Portland ·····84C3, 85M3
포파얀 Popayan ·····98C3
폰세 Ponce ·····95K5
폰티아낙 Pontianak ·····38D6
폴란드 POLAND ·····63I3

퐁디셰리 Pondicherry ·····46D6
퐁텐블로 Fontainebleau ·····66J2
푀르데 F ørde ·····60B2
푸껫 Phuket ·····40B4
푸네 Funen ·····46C5
푸노 Puno ·····98D7
푸루스강 Purus R. ·····98E5
푸리 Puri ·····46F5
푸순 Fushun ·····5L3, 6H2
푸신 Fuxin ·····5L3, 6G1, 8A4
푸앵트누아르 Pointe-Noire ·····54B3
푸에고 섬 Fuego I. ·····100C8
푸에르테올림포 Fuerte Olimpo ·····99G7, 100E2
푸에르토 리코섬 Puerto Rico I.(U.S.A) ·····95K5
푸에르토 프린세사 Puerto Princesa ·····38F4
푸에르토몬트 Puerto Montt ·····100B6
푸에르토말도나도 Puerto Maldonado ·····98E6
푸에르토플라타 Puerto plata ·····95J5
푸에블라 Puebla ·····94E5
푸에블로 Pueblo ·····84G5
푸우투스크 Pultusk ·····63J2
푸저우 Fuzhou ·····5K6, 7E8
푸젠성 FUJIAN ·····5K6
푼샬 Funchal ·····52C4
푼타고르다 Punta Gorda ·····94G5
푼타아레나스 Punta Arenas ·····100B8
풀라 Pula ·····56F4, 67O4
퓐섬 Fyn I. ·····60C5
프놈펜 PHNOMPENH ·····40C3
프라데시 PRADESH ·····4C5
프라이부르크 Freiburg ·····56E4
프라이아 PRAIA ·····52T13
프라하 PRAHA ·····56F3, 63G3
프랑스 FRANCE ·····56E4, 60B5, 66J3
프랑크푸르트 Frankfurt ·····56F3, 62D3, 63G2
프랭크퍼트 Frankfort ·····85J5
프레더릭스버그 Fredericksburg ·····85L5
프레드리카 Fredrika ·····60E2
프레스턴 Preston ·····58F5, 84E4
프레이저 Fraser ·····80I4, 84C2
프레이저 섬 Fraser I. ·····103I4
프레쥐스 Frejus ·····67L5
프레즈노 Fresno ·····84D5
프로비던스 Providence ·····85M3
프리드리히스하펜 Friedrichshafen ·····62D5
프리맨틀 Fremantle ·····102B6
프리부르 Fribourg ·····62C5
프리빌로프제도 Pribilof Islands ·····84R10
프리예도르 Prijedor ·····73C4
프리타운 FREE TOWN ·····52D9
프리토리아 PRETORIA ·····54E8
프린스루퍼트 Prince Rupert ·····80I4
프린스에드워드 아일랜드 PRINCE EDWARD ISLAND ·····80O5, 85O3
프린스앨버트 Prince Albert ·····80K4, 84F2
프린스조지 Prince George ·····80I4
프린시페섬 Principe I ·····52H10
프슈치나 Pszczyna ·····63I4
프투이 Ptuj ·····67P3
플렌스부르크 Flensburg ·····56E3, 62D1
플로레스 Flores ·····94G5
플로렌스 Florence ·····84E6, 85J6
플로리다 FLORIDA ·····85K7
플로리다만 Florida Bay ·····85K7
플로리다해협 Straits of Florida ·····85K8
플로리아노폴리스 Florianopolis ·····100G3
플리머스 Plymouth ·····58E6
플린더스섬 Flinders I. ·····102E6
플린더스 강 Flinders R. ·····103G3
플린트 Flint ·····85K4
플젠 Plzen ·····56F4
피닉스 Phoenix ·····84E6
피닉스 시티 Phenix City ·····85J6
피라미드호 Pyramid Lake ·····84D4
피레네산맥 Pyrenees Mts. ·····56D4, 66H5
피렌체 Firenze ·····56F4, 67N5
피어 Pierre ·····84G4
피에(프롬) Pye ·····4G8, 40B2
피우라 Piura ·····94B5
피지 FIJI ·····108N9
피츠버그 Pittsburgh ·····85L4
피터버러 Peterbdorough ·····58G5
피터즈버그 Petersburg ·····84V10
핀란드 FINLAND ·····60G2, 56G2
핀스네스 Finnsnes ·····60E1
핀스퐁 Fipspang ·····60E4
필라델피아 Philadelphia ·····85L5
필리아시 Filiasi ·····73D3
필리핀 PHILIPPINES ·····5L8, 39G2
핑샹 Pingxiang ·····5J6, 7B11

아

하겐 Hagen ·····62C3
하그포스 Hagfors ·····60D3

하노버 Hannover ·····56E3, 62D2
하노이 HANOI ·····4I7, 40D1
하데르슬레우 Haderslev ·····60C5
하롱 Ha Long ·····4I7, 40D1
하르툼 KHARTOUM ·····53M7
하리치 Harwich ·····58H6
하마 Hamah ·····48E1
하마단 Hamadan ·····44G4
하마마쓰 Hamamatsu ·····25H3
하멜른 Hameln ·····62D2
하미 Hami ·····4F3
하바롭스크 Khabarovsk ·····5O2
하시메사우드 Hassi Messaoud ·····52H4
하얼빈 Harbin ·····5M2, 8C3
하엔 Jaen ·····66G8
하와이 HAWAII ·····84Y12
하와 Howe C. ·····103H7
하우라 Howrah ·····47F4
하이난성 HAINAN ·····5J8
하이데라바드 Hyderabad ·····46B3
하이룬 Hailun ·····8C2
하이커우 Haikou ·····7C13, 40E1
하이파 Haifa ·····48C4
하이퐁 Haiphong ·····4I7, 7B12, 40D1
하일 Hail ·····44F5
하체그 Hateg ·····73D3
하치노헤 Hacinohe ·····25H2
하코다테 Hakodate ·····5P3, 25H2
하트퍼드 Hartford ·····85M3
하퍼 Harper ·····52E9
한단 Handan ·····5J4, 6E4
할라피엔리케스 Jalapa Enriquez ·····94E5
할레 Halle ·····62B3, 62F2
할리스코 JALISCO ·····94D5
할리우드 Hollywood ·····58D5, 85K7
함메르달 Hammerdal ·····60D3
함메르페스트 Hammerfest ·····60F1
함부르크 Hamburg ·····56E3, 62E2
항저우 Hangzhou ·····5L5, 6G7
항코 Hanko ·····60F4
해리스버그 Harrisburg ·····85L4
해밀턴 Hamilton ·····84E3, 85L4, 95L2, 106E2
해밀턴섬 Hamilton Island ·····103J10
핼리팩스 Halifax ·····80O5
핼리팩스 산 Halifax Mt. ·····103J9
허강 Hegang ·····5N2, 8D2
허난성 HENAN ·····5J5, 6D6
허드슨 만 Hudson Bay ·····80M4, 84G2
허드슨 해협 Hudson Strait ·····80N3
허베이성 HUBEI ·····5J5
허스트 Hearst ·····80M5, 85K3
허커우 Hekou ·····4H7
허톈 Hotan ·····4D4
허페이 Hefei ·····5K5, 6F7
헐 Hull ·····56D3, 58G5, 85L3
험버강 Humbe R.r ·····58H5
헝가리 HUNGARY ·····56F4, 63I5
헝양 Hengyang ·····5J6, 7D9
헤라트 Herat ·····46A2
헤레스 Jerez ·····56D5
헤로나 Gerona ·····66J6
헤리퍼드 Hereford ·····62D2
헤브론 Hebron ·····48D5
헤브리디스제도 Hebrides Is. ·····56D3, 58D3
헤슬레홀름 Hasslenholm ·····60D4
헤시피 Recife ·····99L3
헤우게순 Haugesund ·····56E3, 60B3
헤이 Hay ·····103G6
헤이강 Hay River ·····80J3
헤이그 Hague ·····56E3, 62B2
헤이룽장성 HEILONGJIANG ·····5M2, 8C2
헤이스팅스 Hastings ·····58H6, 84H4, 106F3
헤이허(아이훈) Heihe ·····5M1
헬레나 Helena ·····84E3
헬몬트 Helmond ·····62B3
헬싱키 HELSINKI ·····60G3
헹크 Genk ·····62B3
호놀룰루 Honolulu ·····84Y12
호니아라 Hodeida ·····108M8
호도닌 Hodonin ·····63H4
호라주도비체 Horazdovice ·····62F4
호라이마 RORAIMA ·····98F3
호로노베 Horonobe ·····24J9
호른 Horn ·····63G4
호바트 Hobart ·····103H8
호브드 Hovd ·····4F2, 79K5
호브로 Hobro ·····60C4
호슈치노 Choszczno ·····63G2
혼닝스보그(호닝스버그) Honningsvag ·····60G1
혼도니아 RONDONIA ·····98F6
홀름순드 Holmsund ·····60F3
홀스테브로 Holstebro ·····60C4
홋카이도 HOKKAIDO ·····25H2

홍콩 Hong Kong ·····7E11
홍해 Red Sea ·····53N5
화이난 Huainan ·····5K5, 6F6
화이트우드 White wood ·····84G2
획스뷔 Hogsby ·····60D4
효고 HYOGO ·····24E5
후난성 HUNAN ·····7D9
후네도아라 Hunedoara ·····73D3
후디스발 Hudiksvall ·····60E3
후루카와 Furukawa ·····25H3
후메네 Humenne ·····63K4
후블리 Hublin ·····46C5
후시 Husi ·····73F2
후에 Hue ·····40D2
후카가와 Fukagawa ·····24K10
후쿠시마 Fukushima ·····5P4, 25H4
후쿠에 Fukue ·····24B6
후쿠오카 Fukuoka ·····5N5, 24C6
후쿠이 FUKUI ·····25F5
후허하오터 Hohhot ·····5J3, 6D2
후후이 JUJUY ·····98E8, 100C2
휴런 Huron ·····84H4
휴런호 Lake Huron ·····85K3
휴스턴 Houston ·····80I4, 85H7
흐로닝언 Groningen ·····62C2
흐로드노 Hrodno ·····60G5, 78D4
흐루딤 Chrudim ·····63G4
흐루비에슈프 Hrubieszow ·····63K3
흐바르섬 Hvar I. ·····67Q5
흑해 Black Sea ·····85I5
히노테페 Jinotepe ·····94G6
히다카 Hidaka ·····24K10
히로사키 Hirosaki ·····25H2
히로시마 Hiroshima ·····5N5, 24D5
히로오 Hiroo ·····24K10
히마찰프라데시 HIMACHAL PRADESH ·····46D2
히사르 Hisar ·····46D3
히야마 Hiyama ·····24I10
히우그란지 Rio Grande ·····100F4
히우그란지두술 RIO GRANDE DO SUL ·····100F2
히우브랑쿠 Rio Branco ·····98E6
히타치 Hitachi ·····5P4
히토요시 Hitoyoshi ·····24C6
히트라 Hitra ·····60C3
히혼 Gijon ·····56D4, 66F5

(주)성지문화사 지도 출판 안내

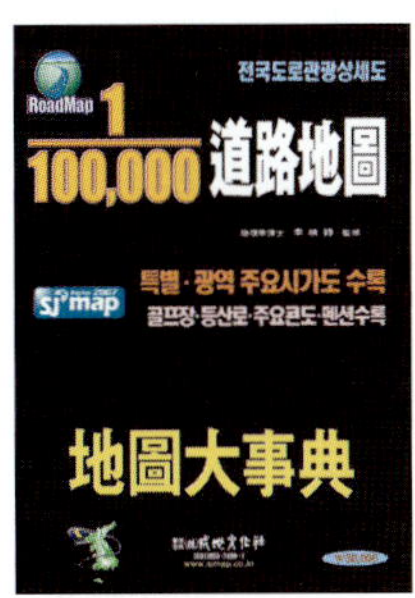

A4 반양장 360면 값 30,000원

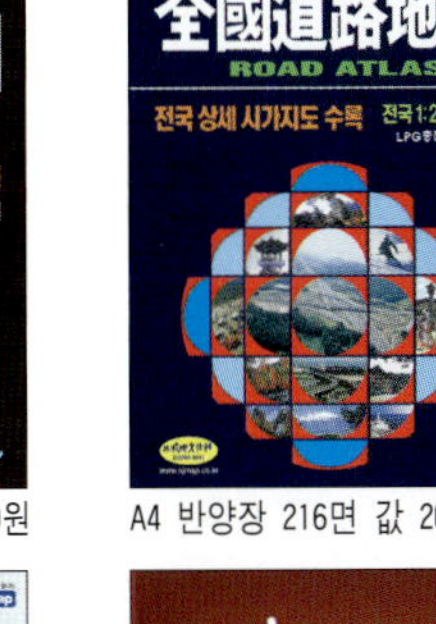

A4 반양장 216면 값 20,000원

A4 반양장 352면 값 30,000원

A4 반양장 184면 값 18,000원

A4 반양장 256면 값 25,000원

A4 반양장 272면 값 28,000원

A4 반양장 136면 값 25,000원

A4 반양장 120면 값 30,000원

A4 반양장 80면 값 20,000원

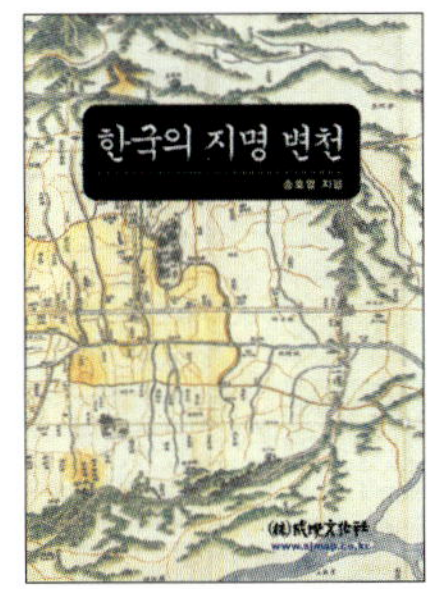

A5 반양상 960면 값 100,000원

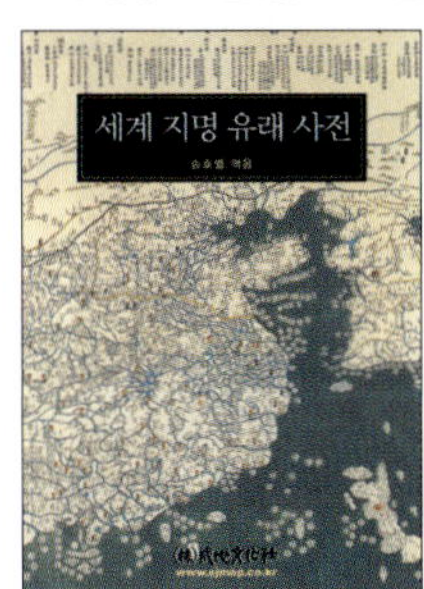

A5 반양장 496면 값 35,000원

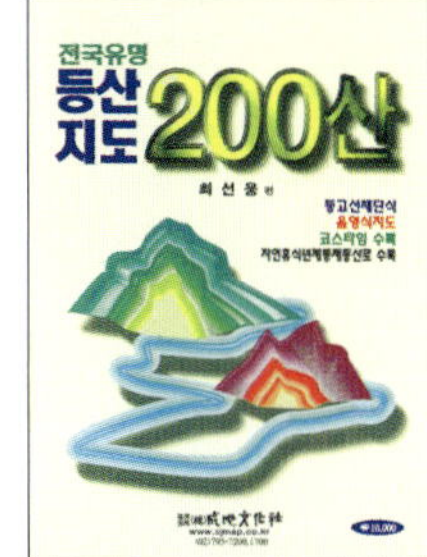

A5 반양장 256면 값 18,000원

지 도 목 록

도로관광지도

품목	규격	가격
10만 도로지도 (지도대사전)	A4 360면	30,000원
전국 도로지도	A4 216면	20,000원
서울 도로지도	A4 184면	18,000원
수도권 도로지도 (생활지도)	A4 352면	30,000원
KOREA ATLAS	A4 80면	20,000원
중국여행지도	A4 120면	30,000원
신한국관광지도	A4 256면	25,000원
세계관광여행지도	A4 136면	25,000원
한국의지명변천	A5 960면	100,000원
세계지명유래사전	A5 496면	35,000원

특별시 · 광역시 · 도별지도

품목	규격	가격
서울특별시 전도 (행정)	108×78cm	6,000원
서울특별시 전도 (행정)	156×108cm(2매)	24,000원
서울특별시 (전도/주요부)	108×78cm(각1매)	14,000원
부산광역시 전도	108×78cm(양면)	8,000원
대구광역시 전도	108×78cm(양면)	8,000원
인천광역시 지도	108×78cm	7,000원
광주광역시 지도	93×63cm(양면)	7,000원
대전광역시 전도	93×63cm(양면)	7,000원
제주도전도	93×63cm(양면)	7,000원
제주도전도(제주시주요부)	108×78cm(양면)	10,000원
경기도전도	108×78cm	7,000원
강원도전도	108×78cm	7,000원
충청남도전도	108×78cm	7,000원
충청북도전도	108×78cm	7,000원
전라북도전도	108×78cm	7,000원
전라남도전도	108×78cm	7,000원
경상북도전도	108×78cm	7,000원
경상남도전도	108×78cm	7,000원

시별도로안내도

품목	규격	가격
수원시 도로안내도	93×63cm(양면)	7,000원
성남시 도로안내도	93×63cm(양면)	7,000원
의정부시 도로안내도	93×63cm	8,000원
안양·과천시 도로안내도	93×63cm(양면)	7,000원
부천시 도로안내도	93×63cm(양면)	7,000원
평택시 도로안내도	93×63cm	8,000원
안산시 도로안내도	93×63cm(양면)	7,000원
고양시 도로안내도	93×63cm(양면)	8,000원
구리·남양주시 도로안내도	93×63cm	8,000원
시흥시 도로안내도	93×63cm	8,000원
군포·의왕시 도로안내도	93×63cm	8,000원
용인시 도로안내도	93×63cm(양면)	7,000원
김포시 도로안내도	93×63cm	7,000원
춘천시 도로안내도	93×63cm(양면)	7,000원
원주시 도로안내도	93×63cm	8,000원
천안시 도로안내도	93×63cm(양면)	8,000원
청주시 도로안내도	93×63cm	7,000원
아산시 도로안내도	93×63cm	8,000원
전주시 도로안내도	93×63cm	7,000원
군산시 도로안내도	93×63cm	6,000원
여수시 도로안내도	93×63cm	8,000원
경주시 도로안내도	93×63cm(양면)	7,000원
구미시 도로안내도	93×63cm(양면)	7,000원
제주시 도로안내도	93×63cm(양면)	7,000원

전국 및 기타 지도

품목	규격	가격
대한민국전도(행정)	78×108cm	각6,000원
대한민국전도(행정)	108×156cm(2매)	24,000원
대한민국전도(지세)	108×195cm(25매)	36,000원
행정교통도(고속국도노선도)	78×108cm	7,000원
행정교통도	108×156cm	24,000원
수도권주요부	108×78cm	7,000원
수도권광역도로지도	108×156cm(2매)	24,000원
전국 도로 관광안내도	78×108cm(양면)	10,000원
세계지도(정치)	108×78cm	6,000원
세계지도(정치)	156×108cm(2매)	24,000원
세계지도(지세)	156×108cm(2매)	24,000원
세계지도(정치)	123×93cm(2매)	20,000원
세계지도(지세)	123×93cm(2매)	20,000원
세계지도(정치)	216×156cm(4매)	48,000원

영문지도(원지)

품목	규격	가격
Map of Korea	72×102cm	10,000원
Tourist Guide Map	93×63cm(양면)	10,000원
Map of Seoul	93×63cm(양면)	10,000원
The World	102×72cm	7,000원
The World	216×102cm(3매)	36,000원
The World(지세)	156×108cm(2매)	24,000원
The World(지세)	216×156cm(4매)	48,000원
The World(지세)	108×78cm	7,000원
The World(정치)	108×78cm(양면)	8,000원
The World(정치)	123×93cm(2매)	20,000원
세계지도(지세)	123×93cm(2매)	20,000원
세계지도(정치)	123×93cm(2매)	20,000원
세계지도(정치)	108×78cm	6,000원
세계지도(정치)	108×78cm(양면)	7,000원
Asia	93×63cm	10,000원
South East Asia	102×72cm	10,000원
India(정치)	108×78cm	12,000원
The Middle East	102×72cm	12,000원
Australia	93×63cm	10,000원
Europe	102×72cm	10,000원
Europe	108×78cm(양면)	14,000원
Russia(정치)	108×78cm(양면)	14,000원
North America	93×63cm	10,000원
North America(정치)	108×78cm(양면)	14,000원
United States of America	102×72cm	10,000원
South America	93×63cm	10,000원
Middle America(정치)	108×78cm	12,000원
Africa	93×63cm	10,000원
중국전도	102×72cm(양면)	12,000원
중국전도	156×108cm(2매)	30,000원
일본전도	108×78cm(양면)	12,000원
일본전도	156×108cm(2매)	30,000원

코팅 및 코팅표구지도

품목	규격	코팅	코팅표구
대한민국전도(행정)	78×108cm(양면)	12,000원	25,000원
대한민국전도(행정)	108×156cm(2매)	30,000원	45,000원
대한민국전도(지세)	108×195cm(25매)	50,000원	60,000원
행정교통도(고속국도노선도)	78×108cm(양면)	12,000원	25,000원
행정교통도	108×156cm(2매)	30,000원	45,000원
수도권광역도로	108×156cm(2매)	35,000원	50,000원
세계지도(정치)	108×78cm	12,000원	25,000원
The World(정치)	123×93cm(2매)	25,000원	40,000원
세계지도(정치)	123×93cm(2매)	25,000원	40,000원
세계지도(지세)	123×93cm(2매)	25,000원	40,000원
세계지도(정치)	156×108cm(2매)	30,000원	45,000원
세계지도(지세)	156×108cm(2매)	30,000원	45,000원
The World(정치)	216×102cm(3매)	50,000원	70,000원
The World(지세)	216×156cm(4매)	65,000원	80,000원
세계지도(정치)	216×156cm(4매)	65,000원	80,000원

등산안내지도

품목	규격	가격
등산지도 (200산)	A5 256면	18,000원
전국 600산 등산지도	A4 272면	28,000원
타이벡 등산안내지도 국립공원1	63×47cm(양면)	6,000원
타이벡 등산안내지도 수도권	63×47cm(양면)	6,000원
타이벡 등산안내지도 강원도	63×47cm(양면)	6,000원
타이벡 등산안내지도 충청도	63×47cm(양면)	6,000원
타이벡 등산안내지도 전라북도	63×47cm(양면)	6,000원
타이벡 등산안내지도 전라남도	63×47cm(양면)	6,000원
타이벡 등산안내지도 경상북도	63×47cm(양면)	6,000원
타이벡 등산안내지도 경상남도	63×47cm(양면)	6,000원

롤스크린(실사천)지도

품목	규격	실사천	롤스크린
대한민국전도(행정)	82×112cm	45,000원	70,000원
대한민국전도(행정)	112×154cm	85,000원	120,000원
대한민국전도(지세)	112×192cm	100,000원	150,000원
대한민국전도(행정)	112×192cm	100,000원	150,000원
행정교통도(남한)	82×112cm	45,000원	70,000원
행정교통도(남한)	112×154cm	85,000원	120,000원
서울시전도	154×112cm	85,000원	120,000원
세계전도(지세)	112×82cm	45,000원	70,000원
세계전도(정치)	112×82cm	45,000원	70,000원
세계전도(정치)	112×82cm	45,000원	70,000원
세계전도(지세)	154×112cm	85,000원	120,000원
세계전도(정치)	154×112cm	85,000원	120,000원
THE WORLD(지세)	154×112cm	85,000원	120,000원
THE WORLD	215×112cm	135,000원	180,000원
세계전도(정치)	123×93cm	70,000원	100,000원

WORLD ATLAS For TOURIST — 세계관광여행지도

2005년 3월 5일 초판 발행
2018년 7월 5일 1판 5쇄 발행

발행처
(주)성지문화사
본사: 경기도 파주시 광인사길 68 (파주출판도시)
TEL : (031)955-7490~1
FAX : (031)955-7499
등록번호 : 제3-47호(1979.4.7)

발행인
최종윤

제작진행
김기호

지도제작
(주)성지문화사 기술부(제01-5029호)

지도편집
(주)성지문화사 편집부

디지털편집
추해권, 김성호

표지디자인
성지문화사 디자인팀

자료기준
2018년 6월 현재

※ 본 책자가 발행된 후 수록내용이 변할 수 있습니다. 변화된 내용, 표기상의 오류사항이나 문의사항은 본사 편집부로 연락주시면 감사하겠습니다. 다음판 발행시 수정·보완토록 하겠습니다.

값 25,000원

© (주)성지문화사 2018

http://www.sjmap.co.kr

ISBN 978-89-390-0148-0

※ 규격 외 지도, 기타 롤스크린(실사천)지도 주문 제작.

1.룩셈부르크 LUXEMBURG
2.체코 CZECH
3.슬로바키아 SLOVAKIA
4.스위스 SWITZERLAND
5.리히텐슈타인 LIECHTENSTEIN
6.오스트리아 AUSTRIA
7.헝가리 HUNGARY
8.슬로베니아 SLOVENIA
9.보스니아헤르체고비나 BOSNIAHERZEGOVINA
10.세르비아 SERBIA
11.마케도니아 MACEDONIA
12.알바니아 ALBANIA
13.크로아티아 CROATIA
14.몬테네그로 MONTENEGRO
15.코소보 KOSOVO

그린란드 Greenland (덴)
아이슬란드 ICELAND
레이카비크

북극권 ARCTIC CIRCLE

세베르나야제믈랴 제도 Severnaya Zemlya Is.
노보시비르스크 제도 Novosibirsk Is.
노바야제믈랴 섬 Novaya Zemlya I.
스발바르 제도 Svalbard Is.
카 라 해 Kara Sea
바렌츠해 Barents Sea
오호츠크해 Sea of Okhotsk
사할린 섬

러 시 아 RUSSIA

노르웨이 NORWAY
스웨덴 SWEDEN
핀란드 FINLAND
헬싱키 Helsinki
유 럽 EUROPE
오슬로 Oslo
스톡홀름 Stockholm
북 해 North Sea
아일랜드 IRELAND
더블린 Dublin
영국 UNITED KINGDOM
런던 London
덴마크 DENMARK
코펜하겐 Copenhagen
에스토니아 ESTONIA
라트비아 LATVIA
리투아니아
민스크
모스크바 Moskva

아스타나 Astana
카자흐스탄 KAZAKHSTAN
몽 골 MONGOL
울란바토르 UlanBator
바이칼호
비슈케크 Almaty
아 시 아 ASIA
베이징 Beijing
대한민국 KOREA
평양 Pyeongyang
서울 Seoul
일본 JAPAN
도쿄 Tokyo
동해 East Sea
중 국 CHINA
상하이 Shanghai
황해 Yellow Sea
동중국해 East China Sea
타이완 Taipei

네덜란드 NETHERLAND
암스테르담 Amsterdam
벨기에 BELGIE
브뤼셀 Brussel
독일 FED.REP.OF GERMANY
베를린 Berlin
폴란드 POLAND
바르샤바 Warszawa
키예프 KIEV
우크라이나 UKRAINA
몰도바 MOLDOVA
루마니아 RUMANIA
불가리아 BULGARIA
프랑스 FRANCE
파리 Paris
흑해 Black Sea
카스피해 Caspian Sea
우즈베키스탄 UZBEKISTAN
타슈켄트 Tashkent
투르크메니스탄 TURKMENISTAN
아슈하바트 Ashkhabad
키르기스스탄 KYRGYZSTAN
타지키스탄 TAJIKISTAN

포르투갈 PORTUGAL
리스본 Lisbon
스페인 ESPANA
마드리드 Madrid
안도라 ANDORRA
모나코 MONACO
이탈리아 ITALIA
로마 Roma
그리스 GREECE
아테네
튀니지 TUNISIE
튀니스 Tunis
지 중 해
터 키 TURKEY
앙카라 Ankara
키프로스
시리아 SYRIA
레바논
이스라엘 ISRAEL
아르메니아 ARMENIA
아제르바이잔
바그다드 Baghdad
이라크 IRAQ
이 란 IRAN
테헤란 Teheran
아프가니스탄 AFGHANISTAN
카불 Kabul
이슬라마바드 Islamabad
파키스탄 PAKISTAN

서사하라 Western Sahara
북회귀선 Tropic of Cancer
모로코 MOROCCO
라바트 Rabat
알제 Alger
알제리 ALGERIE
튀니스
트리폴리 Tripoli
리비아 LIBYA
이집트 EGYPT
카이로 Cairo
요르단 JORDAN
쿠웨이트 KUWAIT
바레인 BAHRAIN
리야드 Riyadh
카타르 QATAR
아랍에미리트 UNITED ARAB EMIRATES
무스카트 Muscat
오만 OMAN
사우디아라비아 SAUDI ARABIA
예멘 YEMEN
사나 Sanaa

뉴델리 New Delhi
카트만두 Kathmandu
네팔 NEPAL
부탄 BHUTAN
팀부 Thimphu
인 도 INDIA
방글라데시 BANGLADESH
다카 Dacca
미얀마 MYANMAR
네피도 Naypyidaw
라오스 LAOS
비엔티안 Vientiane
하노이 Hanoi
베트남 VIETNAM
타이 THAILAND
방콕 Bangkok
캄보디아 CAMBODIA
프놈펜 Phnompenh
남중국해 South China Sea
마닐라 Manila
필리핀 PHILIPPINES

아 프 리 카 AFRICA
모리타니 MAURITANIE
누악쇼트 Nouakchott
말리 MALI
니제르 NIGER
차드 CHAD
은자메나 Ndjamena
수단 SUDAN
하르툼 Khartoum
에리트레아 ERITREA
아스마라 Asmara
지부티 DJIBOUTI
에티오피아 ETHIOPIA
아디스아바바 Addis Ababa
소말리아 SOMALIA
모가디슈 Mogadishu

세네갈 SENEGAL
다카르 Dakar
감비아 GAMBIA
기니비사우 GUINEA BISSAU
기니 GUINEA
코나크리 Conakry
부르키나파소 BURKINA FASO
나이지리아 NIGERIA
시에라리온 SIERRA LEONE
프리타운 Freetown
라이베리아 LIBERIA
몬로비아 Monrovia
코트디부아르
가나 GHANA
아크라 Accra
적도기니
베냉 BENIN
토고
포르토노보 Porto Novo
카메룬 CAMEROON
중앙아프리카공화국 CENTRAL AFRICAN REP
남수단 SOUTH SUDAN
우간다 UGANDA
캄팔라 Kampala
케냐 KENYA
나이로비 Nairobi

가봉 GABON
리브르빌 Libreville
상투메프린시페 SAO TOME AND PRINCIPE
콩고 CONGO
브라자빌 Brazzaville
콩고민주공화국(자이르) DEMOCRATIC REP. OF CONGO
킨샤사 Kinshasa
르완다 RWANDA
부룬디 BURUNDI
탄자니아 TANZANIA
다르에스살람 Dar es Salaam
코모로 COMORDS
세이셸 SEYCHELLES
빅토리아 Victoria

적 도 EQUATOR
앙골라 ANGOLA
루안다 Luanda
잠비아 ZAMBIA
루사카 Lusaka
말라위 MALAWI
릴롱궤 Lilongwe
모잠비크 MOZAMBIQUE
마다가스카르 MADAGASCAR
안타나나리보 Antananarivo
포트루이스 Port Louis
모리셔스 MAURITIUS

나미비아 NAMIBIA
빈트후크 Windhoek
보츠와나 BOTSWANA
가보로네 Gaborone
짐바브웨 ZIMBABWE
하라레 Harare
프리토리아 Pretoria
마푸토 Maputo
스와질란드 SWAZILAND
레소토 LESOTHO
마세루 Maseru
남아프리카공화국 SOUTH AFRICA
남회귀선 TROPIC OF CAPRICORN

인 도 양 INDIAN OCEAN
아라비아해 Arabian Sea
벵골만 Bay Of Bengal
스리랑카 SRI LANKA
콜롬보 Colombo
몰디브 MALDIVES
말레 Male

말레이시아 MALAYSIA
쿠알라룸푸르 Kuala Lumpur
싱가포르 SINGAPORE
브루나이 BRUNEI
반다르세리베가완 Bandar Seri Begawan
인도네시아 INDONESIA
자카르타 Jakarta
동티모르 TIMOR-LESTE
딜리 Dili
파푸아뉴기니 PAPUA NEW GUINEA
포트모르즈비 Port Moresby

팔라우 PALAU
미크로네시아 MICRONE
멜레케옥 Melekeok
팔리키르 Palikir
마셜

오 세 아 니 아 OCEANIA
오스트레일리아 AUSTRALIA
퍼스 Perth
캔버라 Canberra
멜버른 Melbourne
시드니 Sydney

국제연합(UN)
대한민국
가 나
가 봉
가이아나
감비아
과테말라
그레나다
그리스
기 니
기니비사우
나미비아
나우루
나이지

라오스
라이베리아
라트비아
러시아
레바논
레소토
루마니아
룩셈부르크
르완다
리비아
리투아니아
리히텐슈타인
마다가스카르
마케도니아

몽 골
미 국
미얀마
미크로네시아
바누아투
바레인
바베이도스
바하마
바티칸
방글라데시
베 냉
베네수엘라
베트남
벨기에

상투메프린시페
세네갈
세르비아
세이셸
세인트루시아
세인트빈센트그레나딘
세인트키츠네비스
소말리아
솔로몬
수 단
수리남
스리랑카
스와질란드
스웨

아프가니스탄
안도라
알바니아
알제리
앙골라
에리트레아
에스토니아
에콰도르
에티오피아
엘살바도르
앤티가바부다
영 국
예 멘
오

인도네시아
일 본
자메이카
잠비아
적도기니
조지아
중 국
중앙아프리카공화국
지부티
짐바브웨
차 드
체 코
칠 레
키리

쿠 바
쿠웨이트
크로아티아
키르기스스탄
키프로스
타 이
타지키스탄
탄자니아
터 키
토 고
통 가
투르크메니스탄
투발루
튀니